蜀道上青天

一条解决中国能源与环保问题的途径

谢中立 章文扬◎著

全国百佳图书出版单位
时代出版传媒股份有限公司
安徽人民出版社

图书在版编目(CIP)数据

蜀道上青天:一条解决中国能源与环保问题的途径/谢中立　章文扬著.—合肥：安徽人民出版社，2014.9

ISBN 978 - 7 - 212 - 07492 - 0

Ⅰ.①蜀…　Ⅱ.①谢…②章…　Ⅲ.①能源发展—研究—中国　②环境保护—研究—中国　Ⅳ.①F426.2　②X-12

中国版本图书馆 CIP 数据核字（2014）第 179093 号

蜀道上青天:一条解决中国能源与环保问题的途径
SHUDAO SHANG QINGTIAN

谢中立　章文扬　著

出　版　人:胡正义
责任编辑:任　济　袁小燕
装帧设计:陈　爽

出版发行:时代出版传媒股份有限公司 http://www.press-mart.com
　　　　　安徽人民出版社 http://www.ahpeople.com
　　　　　合肥市政务文化新区翡翠路 1118 号出版传媒广场八楼
　　　　　邮编:230071
　　　　　营销部电话:0551-63533258　0551-63533292(传真)
制　版:合肥市中旭制版有限责任公司
印　刷:安徽联众印刷有限公司

开本:787mm×1092mm　1/16　　　印张:16.5　　　字数:360 千
版次:2014 年 12 月第 1 版　2014 年 12 月第 1 次印刷

标准书号:ISBN 978 - 7 - 212 - 07492 - 0　　　定价:58.00 元

版权所有,侵权必究

自序

　　许多事物习以为常，就会忽略其特性。就像太阳光，没注意是看见了还是没看见，没有特别感觉其存在。我们可以静默五分钟来想一想太阳光的特性。别人会说真傻，活的不耐烦了是不是？太阳要怎样就怎样，难道还想爬上天去修理太阳？其实，太阳光还真有两个重大缺点：能量密度过低与时间上不连续。晚上漆黑一片，哪有太阳能可用？说来"聚光储热"还真行，能对太阳能作些改进。什么是"聚光储热"？怎没听说过？是，社会一般以为太阳能就是光伏，不知道光伏还有个哥哥"聚光储热"。"聚光"有些历史，一百多年前在埃及，有位美国发明家就建有槽式聚光设置，用以驱动一座抽水用的蒸汽机。埃及是作"聚光"实验的好地方，就在撒哈拉沙漠附近，阳光强烈。

　　"聚光储热"不难懂，就是将太阳光聚焦，用以加热介质到高温，然后将热能作储存，随时想用就能取用。"聚光储热"有"聚"与"储"两个作用。"聚"是以聚焦提升了能量密度，弥补太阳能能量密度过低的缺点，使得太阳能可以生产高温热能。"储"是借储热来弥补太阳光的波动与间歇性，使得供能可以连续与稳定。"聚光储热"弥补了太阳能的两大缺点，在庞大太阳光支持下很自然地就成了清洁可再生能源里的主力骨干，与化石能源地位一样同为主流能源。"聚光储热"在适当的应用安排下，可以用来热电兼供，全面替换化石能源，如果希望明日能源清洁可再生，尤其在世界都很注意排放与地球升温的时候，这样好的东西应该是踏破铁鞋无觅处，怎会变成被人忽略，见而不识呢？

在回答之前，我们得唉！唉！先叹几声气。美国太阳能资源丰富，科技先进，力量最大，就以美国为例。"聚光储热"成本高、一次性投资大、无法在市场上直接与化石能源竞争。同时化石能源利益庞大，关系辽阔，既得利益的政治、经济与军力集团打死也不肯松手，不肯让路给新能源。还有人民贪图近利与生活上的舒适方便，使得民主议会在经济立法上近视到反向而行。美国有识之士称能源、环保与经济为3E（Energy、Environment、Economics）问题，号称里面比三角恋爱还复杂，比一个死结还纠缠不清。为什么要叹气？这仗太难打了！现代经济是"工业革命"以化石能源所打造的，有其惯性与惰性，而其思想框架与方式早已渗透进入社会潜意识里了。能源是文明的底盘，对能源的改朝换代，现代经济坚持不跳旧朝的圈圈，其实也不知道要怎样跳，因为现代经济本身就是圈圈。所以看起来现代经济非常成功，无所不能，我们应该小心点，不能奢望现代经济以它自身能力能够带领人们走出能源困境。

美国有困难，中国也有同样困难，甚至困难还更大。因为中国是发展中国家，必须仰仗现代经济来工业化，很难在仰仗中又要执意躲开。我们顺手举二例来说说中国的困难。在能源政策上与美国一样，中国现代经济与现代社会希望看到的是以波动最小、花费最低的办法来解决能源环保问题。应景而出就会是一些治标性、片面性与暂时性的所谓能源政策。现今能源发展着重天然气与核电，这是说明日能源连不可再生也可以接受，为的就是迁就目前东部人口与工业中心。现代经济以供应与维护目前经济与社会发展作原则来构建能源政策，结果只得暂时性方案，能拖延就拖，先灭火再说。其实如果站出来，略远一点就能清楚看到，中国太阳能资源是在西部，要想建设"聚光储热"就得开发西部。中国十多年前就有"西部大开发"计划，翻开那计划就会发现里面没有只字提及太阳能资源，没有真正认识西部潜力。另外需要指出的是，中国能源政策过于偏重发电，看起来就像只有电源政策，没有能源政策。能源包括热能与电能，哪能忽略热能呢？在中国工业能耗里，热能超出电能三倍，几乎全靠烧煤供热。中国雾霾严重，工业供热与住家供暖是主要起因。不知如何供热供暖，逼得自己指望天然气，仿效欧美去走死巷子，而西部太阳能资源若以"聚光储热"方式生产热能，其热量巨大无比又遍地都是，还清洁可再生。这

自序

可是奇怪吧？是不是值得自己好好想一想？

能源这仗不容易打，现代经济势力无所不在，市场机制的手只图近利，也许这就是需要"革命"的原因，"革命"不容易，总是逆流而上。"能源革命"要求能源政策不受现代文明尤其现代经济的束缚，要能站得高才能看得远。有可能做到吗？对政治来说，要能跳出圈圈就是不受制于现代经济；不得看重市场近利而失去了远见的智慧；不得沦为经济附庸，有如美国狗尾巴摇狗那模样。科学可以帮助政治，不过科学得坚持其就事论事的客观精神；不能被利益捆绑，利益一牵鼻子就会骨气尽失。其实，能源环保问题没有三角恋爱那般复杂，中国太阳能资源在西部，所谓"能源革命"就是要政治与科学全力支持"西聚"——开发西部与建设"聚光储热"，使其成为明日能源与可持久的社会。

美国艾森豪威尔总统在其1961年1月告别演讲里特别有提到学术精神。他说："自由的大学，在历史上作为自由主义与科学发现的源泉，近来经验到一种研究行为的转变。由于大额的研究费用，政府的科研项目变成了学术好奇心的替代品。"艾森豪威尔进而警告："政府的金钱主宰了国家的学者，这是需要严重关切的一个危险。"这是五十多年前艾森豪威尔对美国的告诫。今天猛然一看，还以为他在告诫中国哩，真是出了一身冷汗，虚惊了一场。惊人奇怪的是，隔了个太平洋，换了个国家，时间差上了半个世纪，这老头说活怎会还是如此精准？一针见血！

本书是基于作者自己的兴趣与意愿，与政府所有项目、所有机构没有任何关系；与学术界与科研单位也没关系；与工商业，不论国企与民营，一概都没有关系。编写中除了亲朋数人与安徽人民出版社编辑之外，没人知道这本书草稿的存在。我们要说的是：本书源起于作者的好奇心，对科学的爱好，对能源环保的关心。我们相信艾森豪威尔总统在天之灵如果知道如此，会引我们为傲、会向我们微笑。

本书与众不同，连我们自己也说不出算哪一门，哪一类，可以担保绝对不是科学报告。我们希望尽量作到浅显通俗，避免生硬干燥，最好是像喝茶聊天那样，"谈笑间，樯橹灰飞烟灭"。不过,我们没那本领，只能扯哪算哪。有不顺地方，也只好挥拳舞腿，霸王硬过关了。能源是社会上很多人关心的问题，我们意图是让读者知道我们在讲什么，也许能源改朝换代是有地方不容易清楚。所以，我们建议是连读带跳，不要轻易气馁，先跳过不知所云部分，常常前节不通，后节又会顺些，重要是有个轮廓、有些感觉。虽说我们讲求具体与实例，不过目的不是想说服人，只是想激发思考与讨论，起码可以向自己发问，有助于建立自己的认识与想法。本书另一特点是国际色彩很浓，在认识问题上有个环球立体感觉是会有帮助的，当然这里面混夹了许多作者自己的看法与判断，所以只能当作试靶的稻草人。对中国能源，由于书中大部分是自外向内看，观点可能会有些奇怪不熟悉，希望能有挑战性与激起兴趣。世界不小，在能源问题上美国是个前车之覆轨，后车之明鉴，不是一个省事照着拷贝的模范。德国比美国要认识清楚，也是最有勇气的国家（请见第五章）。我们在这里脱帽致敬，希望他们"德不孤、必有邻"，将来有机会帮助彼此。

我们在这里特别要感谢两位亲朋章建华与叶向东，谢谢他们的鼓励与支持。

作者老少两人，简称老作与青作。老作以前从事核能聚变科研工作，退休后受邀前来国内，在这里要向中国科学院等离子体物理所，特别是所长李建钢，副所长万宝年、姚建铭、董少华表示感谢，谢谢邀请与各方面照顾。老作曾向中科院合肥分院前院长邱励俭、潘垣院士、万元熙院士及俞昌旋院士请教中国能源现况，受益匪浅，在此致谢。

本书前期编辑是由青作贤内助䇹赟帮忙，多谢了。后期是由安徽人民出版社编辑任济与袁小燕帮忙，他们热情洋溢、非常专业，我们十分感激。

老作被谴责育孙不力，经常飞快潜逃，一下就不见人影。除了要宴请全家多上几次馆子之外，还得在此向老伴李锦霖认罪赔礼。老作是诚心的，下次不敢飞快了，会稍为慢一点。

谢中立　章文扬

2014年7月

目录

第一章：引言
1.1 能源革命 — 003
1.2 十个问答 — 004
1.3 稻草人 — 008
1.4 简介内容走向 — 009

第二章：认识"能源革命"
2.1 3E的三角恋爱 — 016
  2.1.1 为什么要替换化石能源 — 016
  2.1.2 加州能源恩仇记 — 020
  2.1.3 美国联邦能源恩仇记 — 020
  2.1.4 伊拉克战争费用约三万亿美元 — 022
2.2 工业革命 — 026
  2.2.1 工业革命所造成的社会变化 — 026
  2.2.2 中国工业化历程——封建农业传统思想的潜在影响 — 029
2.3 能源革命的引导原则（"引稻"） — 030
  2.3.1 引稻一：不要等待 — 031
  2.3.2 引稻二：自己认识与解决自己的问题 — 031
  2.3.3 引稻三：最好的希望，最坏的打算 — 032

2.3.4 引稻四：医生是干啥的　　　　　　　　　　　　033
2.3.5 引稻五：戈定绳结——亚历山大挥刀斩死结　　　033

第三章：能流面条图→梦中组合→梦中能源

3.1 能流——能量流程　　　　　　　　　　　　　　037
  3.1.1 能与能源　　　　　　　　　　　　　　　　037
  3.1.2 "替换化石能源"对新能源的要求　　　　　　037
  3.1.3 能之形式　　　　　　　　　　　　　　　　038
  3.1.4 能量单位　　　　　　　　　　　　　　　　039
  3.1.5 能量与功率　　　　　　　　　　　　　　　040
  3.1.6 储能、输能　　　　　　　　　　　　　　　040
  3.1.7 转能、能网　　　　　　　　　　　　　　　041
  3.1.8 能耗：工业、住家、商业、交通　　　　　　041
3.2 面条图——以世界能流作参考　　　　　　　　　　042
3.3 第一组：美国、德国、中国　　　　　　　　　　　047
3.4 第二组：俄国、芬兰　　　　　　　　　　　　　　051
3.5 第三组：加拿大、加州　　　　　　　　　　　　　054
3.6 第四组：法国、日本　　　　　　　　　　　　　　057
3.7 认识误区　　　　　　　　　　　　　　　　　　　061
3.8 设计能流→梦中组合（"能稻"）　　　　　　　　064
3.9 梦中能源（"源稻"）　　　　　　　　　　　　　067

第四章：梦中能源"聚光储热"

4.1 什么是"聚光储热"　　　　　　　　　　　　　　073
4.2 为什么"聚光储热"会是主力能源　　　　　　　　077
4.3 梦中能源——"聚光储热"　　　　　　　　　　　080
4.4 简介"聚光储热"：欧美科研机构、聚光设置种类与特性　084
  4.4.1 非聚光与聚光的太阳能应用　　　　　　　　084

4.4.2　欧美CSP科研机构　　　　　　　　　　　　　　　085

　　4.4.3　聚光两参数——直射正向日照DNI、聚光比CR　　086

　　4.4.4　聚光设置种类　　　　　　　　　　　　　　　　088

　　4.4.5　聚光设置一些特性　　　　　　　　　　　　　　089

4.5　图片里的"聚光储热"　　　　　　　　　　　　　　　090

　　4.5.1　聚光四式（Trough、CLFR、Dish、Tower）及熔盐储热装置　090

　　4.5.2　聚光部件：反射镜与吸光器　　　　　　　　　　092

　　4.5.3　简介用于熔盐储热之熔盐　　　　　　　　　　　093

　　4.5.4　聚光储热设置　　　　　　　　　　　　　　　　094

第五章：中国何去何从

5.1　美国DNI资源与聚光应用估算　　　　　　　　　　　101

5.2　美国发展"聚光储热"的难处　　　　　　　　　　　103

5.3　德国"破釜沉舟"的故事　　　　　　　　　　　　　107

5.4　世界（包括中国）DNI太阳能应用资源　　　　　　　116

5.5　中国何去何从　　　　　　　　　　　　　　　　　　123

第六章：大棚农业

6.1　Sundrop农场　　　　　　　　　　　　　　　　　　　130

6.2　Sahara Forest Project 撒哈拉森林计划　　　　　　　135

6.3　西班牙大棚农业　　　　　　　　　　　　　　　　　139

6.4　荷兰大棚农业　　　　　　　　　　　　　　　　　　141

6.5　Desertec与SFP之异同　　　　　　　　　　　　　　　145

6.6　中国西部发展大棚农业的一些考虑　　　　　　　　　146

第七章：西部开发：科技上的一些考虑

7.1　西部开发占地模式——聚光大棚与农业大棚　　　　156

7.2 天之因素（一）——大棚与ETFE材料　　　　　　　160

7.3 天之因素（二）——大棚结构　　　　　　　　　　167

7.4 天之因素（三）——聚光装置　　　　　　　　　　177

7.5 地之因素——热网与气凝胶（Aerogel）材料　　　180

7.6 人之因素——人选、科研、教育与组织　　　　　　192

7.7 时程估计——五十年　　　　　　　　　　　　　　197

第八章：开发西部：政治与经济上的一些考虑

8.1 "聚光储热"是西部开发的天然动力　　　　　　　203

  8.1.1 能源动力　　　　　　　　　　　　　　　　　203

  8.1.2 政治动力　　　　　　　　　　　　　　　　　204

  8.1.3 经济动力　　　　　　　　　　　　　　　　　205

  8.1.4 天作之合　　　　　　　　　　　　　　　　　205

  8.1.5 "西聚"与"西资"之不同　　　　　　　　　207

8.2 经济上的考虑　　　　　　　　　　　　　　　　　209

  8.2.1 以美国为例认识主要是什么　　　　　　　　209

  8.2.2 现代经济与"西聚"的冲突　　　　　　　　213

  8.2.3 老楼新楼在经济上之安排——"经稻"　　　218

8.3 政治上的考虑　　　　　　　　　　　　　　　　　220

  8.3.1 中国"工业革命"的真正使命　　　　　　　220

  8.3.2 推行"西聚"的政治安排——"政稻"　　　222

8.4 教育上的考虑　　　　　　　　　　　　　　　　　228

8.5 一个讲求"生存"与"持久"的社会　　　　　　231

第九章：结语

9.1 "日稻"　　　　　　　　　　　　　　　　　　　237

9.2 提纲　　　　　　　　　　　　　　　　　　　　　245

9.3 "远稻"　　　　　　　　　　　　　　　　　　　251

第一章 引言

DIYIZHANG YINYAN

20'

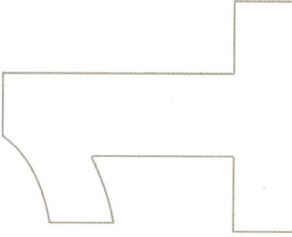

1.1 能源革命

人类生产力与文明发展有直接关系。每当生产力与生产方式有重大改变,就会影响人类文明。历史学家告诉我们——在人类文明史上,有两次变革影响深远。一次是从渔猎社会进入农业社会,我们称之为"农业革命"。再来就是从农业社会进入工业社会,我们称之为"工业革命"。两次革命都改变了人类生活方式、生活素质与社会形态。譬如说,生活素质每次都有显著提升。农业生活比渔猎生活要安全与稳定。工业社会也比以往农业社会有更高的生活水平。

也许一百年后,历史学家会说人类文明共有三次重大革命。第三次是"能源革命"——以一种清洁可再生的新能源组合替代了储量有限与污染严重的化石能源。在新能源组合里面,有一个作为中心骨干与主力的新能源。这就是"聚光储热",全名为太阳能—聚光光热—带高温熔盐储能—新能源。新能源组合也许在应用上没有化石能源那样轻便灵活,不过在能量供应上也能满足庞大的工业、商业、住家与交通需求。那时我们会看到在新能源基础上,有个新的经济组织,与一群可以与新能源接头的新工业、新农业。自然环境在化石能源严重污损后也在缓缓恢复中。人类生活有大幅的变化——譬如说,新的人口与工业分布会比较分散,不会集中在东部沿海。昔日高楼遍布、人口稠密的都会城市已逐渐消失,取而代之的是一群有自立能力与独特色彩的小城小镇。在信息科技的协助下,偏远地区也会有一流的文化教育。教育也有了新的学习方法与机会。也许历史学家会说,与旧时(今天)工业社会相比,"能源革命"所建立的新社会改进了生活的素质,使得人类文明变得比较持久,比较自然,比较公平,比较独立,比较有创造力,比较自由并到处充满阳光。

这听起来也许太美好了,怎么感觉像是一个舞会的邀请?不是的,没有音乐,没有舞伴,没有可以婆娑起舞的舞会。"能源革命"是最后一班列车,赶漏了或是上错了列车,一百年后也许就不会有历史学家来说三道四,两百年后也许得请最后一人鞠躬谢幕。继恐龙之后,人类走进了地球的历史。

1.2 十个问答

关于本书的大致重点，也许下面所列的十个问答可以供作简介。

问一：目前有没有一种清洁可再生能源有能力可以全面取代化石能源？是哪一种新能源？全面取代估计需要多长时间？

答：有！有一种新能源组合可以全面取代化石能源。这是一种以"聚光储热"作为主干，以风电、光伏、水电与生物能为辅的组合。组合里全部成员都是清洁可再生的新能源。如果我们认识清楚并尽力而为的话，估计可以在40到50年之内全面取代化石能源。

问二：为什么"聚光储热"会有能力取代化石能源？为什么"聚光储热"没有被一般社会所认识？

答：太阳能清洁可再生，能量上也足够取代化石能源。不过太阳能有两个缺点：能量密度过低与时间上不连续。"聚光"是将光线聚焦以增加太阳能量密度。"储热"是将收集的高温热能储存起来，使得供能上可以连续、稳定与可调。"聚光储热"弥补了太阳能的两个缺点，使得高温光热成为新的一种主流能源，有足够能力可以取代化石能源。一般人没能认识"聚光储热"是因为在考虑新能源时过于偏重电能与市场价格，忽略了热能与能源的功用。西方在有天然气供热情况下，从来就是偏重像风电、光伏、水电与核电这些围绕着电能的能源。中国在能源认识上未能跳出以电能为主的西方框架。

问三：目前发展"聚光储热"是不是有困难？是什么样的困难？

答：是！目前有重重困难！"聚光储热"规模大，资金筹集不容易。发电成本又高，是火电两倍到两倍半，比风电与光伏都要高。在供热上，当然成本不敌煤炭与天然气。许多国家（德国除外）是以当前发电成本作为比较标准，要想超越市场来表达事物的真正价值，现实上可说是逆水行舟。在以市场作为引导来发展新能源的能源政策里，"聚光储热"其实是没有生存空间的。现在没被扫地出门，是多亏了西方能源科研单位的强力支持。

问四：是不是时机不对？再过二十年，等化石能源价格节节上升，或能源与环保问题更加尖锐，那时再来发展"聚光储热"机会也许会好一些？

答：时机可分两种：市场时机与能源环保时机。后者其实已经从时机变成危机了，所以不能等！不仅新能源在工程发展与工程建造上需要时间，最为紧迫不能拖延的原因是排放影响气候。气候变化过大就有可能脱轨而出，在完全失去平衡的情况下，再也不能回归到以往气候状态了。没人知道这回归点的确切位置。如果按照目前排放趋势，有猜测说在10年之内就会越过回归点的可能范围（CO_2排放：400~450ppm范围，而目前正好在400ppm）。以目前排放增长趋势来看，脱轨机率很大。将来全球气候变动会更加剧烈，降雨肯定会有新的地理分布。干旱之地扩大，湿地更多水灾。海水上涨会淹没世界大部分海岸地区。在粮食生产欠缺的情况下，大规模饥荒与死亡很难避免。将来情况不容乐观，甚至有可能危及人类生存。有科学证据显示由于气候的变化，地球历史上有过多次大批生物灭绝。我们不相信自己会有如此厄运，不过在作最好希望的同时，也应该作一些最坏的打算。

问五：如果中国想以"聚光储热"来解决能源与环保危机的话，要怎样来进行？

答：第一，要认识高温光热就是明日能源主力，是解决能源环保问题最好的作法。清洁可再生是以"聚光储热"为主力，其他新能源为辅。第二，全力发展"聚光储热"。不要学美国，发展新能源时老盯住市场。其实，现在用于发展的费用只会是以后花费的九牛之一毛，不值得如此谨慎。第三，要全力开发西部。中国日照良好的区域都在西部，所以需要切实开发西部。譬如说，高温光热需要热电并用，以提高太阳能整体使用效率，而热能不能传远，所以部分人口与耗能产业得迁往西部太阳能充沛地区。虽然我们不希望将来气候带来灾难，当灾难来临时，所谓最坏的打算就是建设西部使其成为避风港。开发西部必须以"聚光储热"新能源作为动力，太阳能力量强大，可以持久。明日西部不仅有能源与工业力量，连农业也可以做到自给自足，包括主粮在内。

问六：为什么说"聚光储热"会是西部开发持久的动力？

答：好问题。什么才是西部开发持久的动力？是政治？是经济？是政治加经济？政治与经济是有其力量，但难以持久。回顾工业革命，历史学家说革命动力是来自生产力与生产方式的改变。其实，追根究底在这些变革背后，真正的动力是能源，是化石能源打造了现代经济与现代社会。动力最好是出自底盘，底盘就是能源。西部开发需要先发展新能源，再以新能源作开发动力。要动就动底盘，"聚光储热"就是最好的底盘动力，既清洁也可再生，并且应该是没有比太阳能更庞大与更持久的动力了。

问七：西部地区气候情况与地理环境会使得开发工作十分艰难。科技上是否有办法帮助开发？

答：在全世界所有日照良好的地区中，以中国西部最难开发。中国科技需要接受考验，自己去赚取信心。在没有别国可作先锋、没有先例可循的情况下，自己就得冲锋陷阵。困难是会有的，不过还没看见有真正跨不过的地方。譬如说我们考虑到建造大面积的大棚，用以把恶劣气候隔离在外。棚顶使用ETFE材料，与北京水立方所用一样。ETFE有透明、质轻、强韧、耐久、不沾灰尘这些优秀特性，是上天所赐恩物。由于棚顶没多少重量，大棚设计没有必要使用一般建筑原则（不会采用水立方的钢架结构）。大棚另外一个重要作用是收集雨水。雨水是荒原里的重要资源，需要贮存于专用蓄水池里作大棚用水。ETFE需要自力生产以降低成本。ETFE大棚分两种：农业大棚供发展农业；聚光大棚供"聚光储热"与工业使用。

问八：看来开发西部好像规模庞大，这是不是应该先谈谈谁来出这笔钱？

答：百分之百，中央政府出资。不是的，不要怕，开个玩笑而已。我们无意拖垮中央政府。自然，开发西部中央得起个头，进行基础建设与建造示范设置，随后应该会由地方政府与产业慢慢接手过去。高温热能在这里面起了一些巧妙作用。热能不能输远，所以高温光热加上发电余热只能就地使用，属地方性能源。对地方政府来说，巨量热能就像烫手大山芋，弃之可惜，只得寻求东部产业合作。所谓中央引导就需使得西部地方性热能价格相对低廉。在供应充足、价格稳定的情况下，许多产业，尤其是能耗较大的产业，为了生存会愿意落户西部，与地方共唱主角一起来开发西部。产业落户西部是关键。每年地方与产业投资于西部开发不能太少，西部开发总和应该有全国GDP好几个百分点才行。值得再度提醒，时间上限是50年。

问九："能源革命"会把西部建设成什么模样？难道还真想化沙漠为桑田？

答："能源革命"的目标就是要以清洁可再生能源"取代化石能源"。"能源革命"有如"工业革命"会对经济与社会产生长远的影响。清洁可再生的含意就是"生存"与"持久"。西部"生存"力将会十分顽强，与东部脆弱的都会城市很不一样。西部每个或数个县镇联合起来就能自立。在充足的新能源支持下有自己的工业与农业，在生活必需物品上可以做到自给自足。由于现代经济、现代社会都是化石能源的产物，本质上都有持久性问题，所以西部发展会有自己发展的格式，不与东部一样。譬如说，一丁点雾霾就会影响日照，所以西部对化石能源的使用会严格管制。由于太阳能是分布性能源，西部一切都会带有分布性。西部县镇十分分散，不会像东部那样有成群十分集中的都会城市。能源与信息是平行的两个革命。分布性会更加需要信息科技来缩短距离。信息的大量使用会使得西部成为一个"信息社会"。"持久"会要求环保与节俭。种种特性可能使得西部兼具工业与农业社会的长处。农业社会几千年下来有自立、稳定与持久的好处。至于"化沙漠为良田"，这是世界上大棚农业已经做到的事，不是梦想。荷兰就是大棚农业的模范。这种使用hydroponics技术的大棚农业在欧洲已占地有数百平方千米了。大棚农业只需要阳光，能源（"聚光储热"）和一般农业用水的十分之一（或年降雨量>50mm），就能进行生产。我们希望在未来的灾难里，这样开发出来的西部会是一个良好的避风港，可以躲避最坏打算里可能前来的灾难。

问十：推行"能源革命"需要担忧些什么？阻力是什么？

答：许多人以为能源环保问题未能解决，主要是科技上还没有一个解决的办法。这是十分错误的看法。其实，科技上已有办法，社会一般只是不认识，不愿认识或不以为然。主要阻力还是来自现代经济与现在社会的惯性与惰性。美国就是个好例子。工业化愈成功，人民生活愈舒适，惰性也愈强。人们潜意识等待的是对现在经济与社会震动最小、花费最低的办法来解决能源环保问题，自然就会鼓励暂时的、治标的与片面性的一些作法。真正治本之计因其要求严格，成本不够低廉与生活或经济改动幅度过大变成不顺民意，自动被安置在视线盲点，面对面也会看不见，更谈不上愿意接受。美国联邦政府在新能源上之所以寸步难行，并不是资源与科技上有问题，而是社会、政治与经济上各种势力的阻挠。上天最不公平的是，不管美国如何胡搞乱来，等灾难降临时，凭其天生各种本钱还会是损害最轻、最容易脱身的一个国家。起先中国很难摆脱封建农业社会的潜在影响，而现在工业化有进展，变成又很难摆脱现代经济的潜在影响。要想在能源环保上夺得主动，就得在认识上破除社会的惰性或惯性，从而解开现代经济在潜在意识里所上的枷锁。具体的表现就是"开发西部"与发展"聚光储热"。外在因素当然会有些阻力，不过阻力最大的还是自己本身。自己能就事论事，认清目标，一直保持主动，不让外力牵着鼻子走，在作最好希望时也作最坏打算，其他就不用杞人忧天了。

1.3 稻草人

说几句有关我们写这书的目的与所采用的方式。我们目的就是为了给新能源扎些稻草人，用以招人视线与给人练箭当靶子射。有人声称清洁可再生新能源很多种，可是还没有一种主流能源可以承担得起类似化石能源的功能与负荷。这话我们知道是以偏概全，以部分新能源代表了全部。可是环顾四周连个挂有新能源标签的稻草人都没有，有关这方面的讨论十分欠缺，那怎能怪人说得不全呢？以后有我们扎的这些稻草人站岗，希望能有点靶标与指路作用。其实，我们并不在乎发言对错。能源环保是个非常重要的问题，只要有人不停关注，愿意发言，就是好的现象。

英文管稻草人叫"strawman"，作用之一是有个引子可以帮助团队开会讨论特别项目。主持人在开会之前嘱咐一人或一小组就一个题目作些准备。在开会时拿出稻草人来作引案以引人介入讨论，或用作靶案以让人对已有的提案（稻草人）作轰打批评，看看哪里有弱点；或抛砖引玉，看看能否会有更好提案出现。总之，一般在经过引案、靶案来回几次之后，才会有希望变成草案。稻草人不是草案，充其量只是引草案或草草案。所以，我们的目的不是想说服人，只是摆个样子引人参与，有个靶子也方便别人练箭，希望经由引草案能帮助建立草案。

大家都知道要解决能源环保问题需要有能力的新能源来"替换化石能源"。可是很少人会接下去问，如果有了这样新能源，是不是就可以一往直前进行替换工作了呢？如是在美国的话，尤其在联邦能源政策、能源立法上，并且在美国市场机制里，答案居然是否定的。原因十分简单，新能源也许有不可或缺的作用，可是在政策建立与推行上，经济与政治才握有实权。所以，如何"替换化石能源"不得不与经济及政治碰头，不得不认识在科技之外的情况。

我们稻草人不是学者，从开头就不会自限于科技领域。它会死咬住"替换化石能源"，随其穿越传统的经济、政治、历史、社会、教育、法律与其他相关领域。只要与新能源一擦上边，那边界地区就都算是新领域。就这样，总和起来有一大块新领域，围在当中的就是"替换化石能源"。在这新领域里，我们希望有一些新的习俗——像不认边界，不认权威，只认任务；不能呓呓哦语只有自己懂，必须沟通；场中有个稻草人，目标显明，场里人有三种选择——轰垮它，帮它更进一步，或自己也来扎个稻草人。

1.4 简介内容走向

我们从化石能源的由来说起，解释为什么需要替换与其迫切性。主要是两个理由：储量有限与气候回归。由于排放所造成的气候问题已是危机，最为迫切。不同社会与经济势力对"替换化石能源"反应不一，有主动开始节能减排的，也有处心积虑坚决反对的。在美国两种情况都有，并且出招花样不时翻新，情况生动。

在"替换化石能源"许多可能中，最干净利落、最没有遗患的情况是全面使用清洁可再生新能源。我们大概可以猜到，这会对现代生活方式与现代经济带来大幅度变更。这大幅度变化就是所谓的"能源革命"，社会变动将会有如"工业革命"那样剧烈。全面走向清洁可再生能源当然不会顺利，所以我们得对"能源革命"有所认识，尽量避免陷入被动。必要之处还得勇于与现代文明作切割。

接下来讨论的是如何全面替换化石能源。化石能源使用起来灵活方便，很不容易替换。新能源不是说列出种类、特性与产量就可以作替换了，必须仔细安排整个能量流程（简称"能流"）——从能量源头经由转能与分布一直到应用的能耗方式。每个国家由于可用资源与应用情况不同，"能流"组合因而有所不同。在多种能流样式里，我们感觉有一种看来特别适合新能源的安排，我们称其为"梦中能流"。在"梦中能流"中也很清楚，必须有一种清洁、可再生能源作骨干，对其他新能源提供储能与调能的救助作用。这主力能源我们称其为"梦中能源"。所谓主力能源其实是与火电有相同功用，有能力担负起基本负荷与巅峰负荷。有了"梦中能源"作主干，所有清洁可再生能源就能参与能流运作。明日能源就是这样一种清洁可再生新能源组合。

在简单介绍太阳能"聚光储热"的同时，我们也逐项证明其符合作"梦中能源"的一系列要求。聚光是收集太阳光能将其转为高温热能，储热是将热能大规模储存起来，然后按需求的量级与时间供热与供电，没有昼夜之分。最早聚光装置SEG是上世纪80年代建于加州，在工作近30年后还是照常发电，没有退休意图。目前"聚光储热"在世界市场上发展并不顺利，主要是因为成本高、规模大、占地广，而储热功能对目前电力市场没有多大利益与好处。在没有排放税与用水税（火电、核电都需要水冷，气冷增加成本与减低效率）之下，化石能源在成本上，占有绝对优势。我们清楚知道新能源的真实价值不是市场所能衡量出来的。美国以市场作引导来发展新能源是绝对错误的作法。

中国在西部地区有良好的太阳光资源。看地图是左一大片，右一大片，好像土地面积很大。不过，我们最好小心一些，有可能可用之地与可用时间比想象要少许多。中国日照许多地区偏北，纬度过高，冬天太阳很斜，不是单凭DNI（直射日照测量）就能说清楚的了。西部地理与气候环境十分严峻，开发工作比起世界其他日照地区要艰难许多。这些困难欧美并没经历过，所以中国得自己来面对，自己来解决。真正去开发西部，这里面风险与回报都很大。这不是容易做的一个决定，需要超常的远见与勇气。一旦决定要"破釜沉舟"，平常难以克服的困难反而比较容易解决。

请不要以为"破釜沉舟"就是疯狂，或疯狂到天下无双，其实德国还更疯狂！中国日照不错，也许很难想象一个日照不足国家的可怜，德国就是这样被逼到墙角的一个国家。德国新能源科技与远见算得上世界第一，了解德国有多疯狂，像等不及地想以巨资（Desertec计划）帮助北非诸国发展太阳能光热。也许再回头看看中国西部，那些被闲置、被荒废的太阳能，如没有异样感觉的话，至少应该有个疙瘩。

若以"破釜沉舟"的决心来开发西部，这也就干净利落，简单了许多。没有必要去征询科技工程单位意见。就像在战场上要包围敌人，不管多难就是要包围敌人，"破釜沉舟"就是没有选择。美国童话"绿野仙踪"里有头狮子。狮子怕这怕那，好像没有勇气，其实是欠缺自信。自信不是别人能给的，是要靠自己去赚取。西部开发就是赚取机会。要靠科技这头狮子的地方很多。譬如说，有太阳的地方就该有农业，荒野高原可以，甚至沙漠之中都有可能。在发展大棚农业方面，荷兰是世界的模范。

我们把开发西部科技上的困难分为天、地、人三类。天是说以大棚来与气候作隔离。大棚规模非常巨大，分有农业大棚来发展农业，及聚光大棚来发展聚光能源与热能工业。地是说如何以高温光热来发展工业。为了方便输热与配热，工厂的分布有一定的安排。看得出这是一种开发面极为广阔的西部开发，不仅包括资源开发与环境保护，也包括农业、工业、住家与县镇的发展。人的方面则要求：人要年轻、要动手、要有志。组织上要让年轻人有呼吸空间，有机会大展拳脚。

热能不能输远，需要就地使用，所以它天生就是开发西部的地方性动力。尽管使用热能不像电能那样灵活方便，热能是什么活都能干，当然也包括发电。高温光热其实不仅是工业与农业的动力，也是政治与经济的动力。譬如说，高温光热可以促使东部耗能产业西迁，可以使得地方政府与落户产业共同来开发西部。高温光热来自太阳，讲强大与讲持久，应该没有东西能比得上太阳能了。

清洁可再生的意义就是"生存"与"持久"。西部生态脆弱，不容任何污染。西部绝对不可以为了一时方便变成东部的翻版。开发西部是想以清洁可再生能源来建造一个"生存"力与"持久"力都十分强大的社会。西部县镇都得有自立能力。清洁可再生能源是个开始，开发出来的新西部也会是一个开始，是一个可以开始设计与实验明天的新经济、新社会与新文明。我们希望能以最好的资源装备，最实干的人才来发展明天的方方面面，不仅科技也包括农业、交通、建筑、教育、政治、经济、法律、历史、医学、城镇建设、城镇管理、语言交通、商业经营等。这是说，我们得计划让全社会都能参与，得想法开放与激起热情。不是吗？到头来，这还是一个舞会邀请。这是个盛大公开的舞会，有美好的音乐，优雅的舞伴，在世界历史的舞台上婆娑起舞。

第二章
认识「能源革命」

50′

DIERZHANG
RENSHI「NENGYUAN
GEMING」

第二章
认识"能源革命"

有人不相信，为了替换化石能源就有"能源革命"需要？因而会问：改变如此之大，至于吗？并且谁能预料革命会发生什么事？目前生活不是还过得去吗？一鸟在手总比两鸟在树要实际。能维持现状就好，何需革命？还有，能源问题不是说可以由科技创新与市场竞争来解决吗？现代工商业十分强大，问题就算再大，迟早也能解决的。能源这么一个局部科技上的问题有必要波及现代经济、现代社会、现代文明全面吗？

这一连串问题都是好问题。能发问，能表达不同意见就是上好的开端。我们可以把不同想法都摆在桌上，利用想法或观点之不同作为我们探讨的动力与讨论的焦点。下列有一连串焦点：

- 为什么非得"替换化石能源"？
- 科技创新与市场竞争就真能解决能源环保问题？
- 为什么减排与环保一直到现在还难见成效？
- 现代经济是否适合参与新能源政策的拟定与推动？
- 现代经济或现代社会在"替换化石能源"上会不会起枷锁与误导作用？
- 为什么需要"能源革命"？革谁的命？
- "能源革命"会给社会带来多大变化？
- 中国"能源革命"有哪些引导原则？

上面一条接一条，蛮多条的。有必要这样麻烦吗？照说应该有吧。说得严重些，能源之对社会有如心脏之对人体。血液循环一出问题就有可能危及生命。如果不相信，我们可以做个实验试试：切断送去北京的电源与天然气，堵塞所有进出的运煤与石油卡车，过个几星期，看看会发生什么事？

现在我们还有自由，不想实验就不实验。再过十年、二十年，只怕身不由己，天天都得亲身体验。每天生活在污染的黄雾里，气候干湿冷热无常，担心的不是今天缺油，就是明天停电。我们可以自叹命苦，怎么好日子没过几天，就开始每况愈下？其实到那时候能有日子过就不错了，世界上还有很多地方，不仅没见识过好日子，反而一有灾难就会首当其冲。

譬如说，南亚的孟加拉国，位于恒河和布拉马普特拉河冲击而成的三角洲上，四面临水，地势低下。孟加拉是世界人口密度最为稠密的地区之一。全国工业落后，没尝到现代生活好处，没消耗过多少化石能源，也没做过多少排放。然则在全球升温下，只要海水一上涨孟加拉就会有大片土地沦为海底，千万人无田可种，无家可归。

这还只是灾难之一小角,并且还只是开始,真正的苦难还在后头。所谓作最好的希望与最坏的打算,意思是希望这些都不会发生,如果不幸来临的话,不要惊慌失措,事先得有个应对之策。

2.1 3E的三角恋爱

能源与天下事务都有关联,有牵一发动全身的效应,这就是麻烦的地方。所谓能源问题,许多人都以为能源就是问题的主轴,属于科技领域里的问题。这看法大概只管前两步,两步过后再走下去我们就会发现问题开始错综复杂,管事的人愈来愈多,相互牵扯,剪不断,理还乱。

能源(Energy)、经济(Economy)与环保(Environment)在英文里都是以大写"E"开头,一般称呼三者之间关系为3E问题。美国总统奥巴马的第一任白宫科学顾问侯君先生(John Holdren)就曾说过他研究3E问题长达四十年,他觉得里面关系很像是个三角恋爱,而其发展情况是愈来愈不妙了。他认为如何走出3E困境,对已发达与发展中国家一样,将会是世界迈向可持续文明所遇挑战里最为困难的部分。

这三角恋爱颇耐人寻味,我们好奇且有兴趣想知道到底是谁爱,谁不爱?除了这三角恋爱,还有件奇怪的事。美国是现在世界上最大强国:自然资源多,科技水平高,创新能力强,工业基础厚,经济力量大,有问题美国应该领头解决就是了。怎会连美国也走不出这3E困境?怎会客气到希望发展中国家与已发达国家并列,手牵手共同来解决?

2.1.1 为什么要替换化石能源

我们不需要强调化石能源的重要性,这是人人都知道的事。现代工业与现代经济都是建立在化石能源之上,化石能源使得社会享受现代化的生活水准。倘若化石能源在供给上出了问题,轻者可能导致全球经济进入衰退,重者影响粮食生产造成饥荒。化石能源是世界所有资源里最为重要的资源,被认作顶级战略物资。世界强国有如美国,拥有强大军备武力,其目的之一就是控制类如中东那样石油与天然气产地及保护所谓生命线——能源运输路线。

化石能源可以说是现代社会的心脏,而代表环保与新能源的组合,却坚持非得替

第二章
认识"能源革命"

换心脏，并且还要求尽早替换。为什么要坚持与尽早呢？其实大多数人也都意识到那将要来临的狂风暴雨。只是当前还只见风未见雨，或雨还不够大，有拖延与侥幸之心。其实科技只是一个皮球，在三角恋爱的角力中，可怜的皮球被踢来踢去。皮球不是完全没有感觉，踢得愈用力就会跑得愈远，不仅看到了谁的脚在踢，也见识到那错综复杂的游戏。

我们得从故事开头——化石能源如何产生说起。化石能源里以石油最为复杂，请让我们拿石油作为代表。在一个比恐龙还更为古老的时期（数亿年前），那时阳光普照大地，地球海洋里与陆地上长满了各种生物，尤其海里微生物繁殖茂盛。当时生物在死去之后，有些会下沉到海底形成化石沉淀层。千万年下来，沉淀层积累密实变成一个不透水也不透气的口袋。或者地壳在远古时变动频繁，在一连串山崩地裂中，生物与化石层被埋入一些封闭不透气的地壳口袋。早期地球地壳变动频繁。原先只有一块大陆，在一连串地壳分裂、挤压与运动之后才形成了今天五大洲模样。

口袋里温度高，压力大，因为封闭不透气导致缺氧不能燃烧，只有一些带提炼性质（提升其能量密度）的化学反应能够在口袋里缓缓进行。我们今天所挖掘出来的，就是这些长久被埋、经过高温高压提炼的化石能源。整个过程可以简单描述为：

远古太阳能→光合作用→许多许多代的生物能量→埋葬进了密封口袋→长时间高温高压提炼→化石能源→工业革命→现代文明。

所以化石能源真正源头其实是远古太阳。太阳能经光合作用转为生物能；生物化石再经过埋葬过程与长时间在高温高压缺氧的提炼下才形成今天所谓的化石能源。过程里每一步都漫长到海枯石烂好几回才成。这样的能源不可能是可再生能源。或者说可再生机率微乎其微。就算大自然同意合作，今天来个山崩地裂，正巧把我们埋进不透气高温高压地层下，在接受千万年化学提炼后，才有那微乎其微的机会让我们得以石油模样再见天日。可以说，化石能源是大自然贴了老本送给人类的一次性礼物，不管我们用作庆祝生日或悼问自己葬礼，没得多的，就只有这么多。

化石能源不可再生，还剩多少就是多少，没法添加。储量要看消耗情况，消耗大了，那剩下可用年数就会缩短。目前全世界已证实的石油储量以目前年均消耗量来估算大概可以用上50年（天然气75年，煤100年上下）。将来当然还会有新发现，不过世界消耗量也在持续增加中，所以不见得会拖延多久。我们就说100年好了。化石能源不可再生，剩余储量依当前消耗速度，还可以用上100年。

人类等了一阵子才认识到化石能源是大自然所赠送的宝物，打开礼包发现里面尽是山珍海味好吃的东西。于是人类大喜，一天过一个年，天天过年。不停吃啊！吃啊！结果吃出毛病来了。这是说人类在百年内耗费了大自然亿万年的生物化石积存。时间太短，消耗太大，这就像一记快速的重拳打在大自然身上使其失去了平衡。

这是个循环的平衡，一边是光合作用，另外一边是氧化燃烧。世界上植物经由光合作用将太阳能转为生物能，过程中吸收二氧化碳与释放氧气；而氧化燃烧是反道而行，转生物化石能为热能，过程中吸收氧气与释放二氧化碳。大自然平常就是靠了这吸与吐建立起一个平衡，稳定住自然环境。

现在情况是亿万年积存在百年间吐出。化石能源燃烧所产生巨量的二氧化碳，远远超过了整个世界上植物所能吸收，于是只得在大气层里积放。在空气里的二氧化碳有反射红外线的作用，阻挡地球散热，造成了一般所说的温室效应。在温室效应下，大自然失去平衡，环境参数只得改变，像全球升温与地区气候的剧烈变化就是其所带来的效应。

温室效应强弱由积累在空气里的二氧化碳所决定，与过去燃烧历史有关。请注意不是说明天停止燃烧，温室效应就会跟着消失。停止排放只是停止增长而已，消减过程需要漫长时间。为什么过去排放会积累，是因为消减不够快速。大自然失去平衡有轻重程度上的差别。轻的一种在积累消减后还能回到原来平衡状态。就像在园坑里滚球，力道够轻，球不出坑，还会回到原来坑底。如果力道过大，球就会出坑，这就是超越了所谓回归点。大自然就会离坑而去，寻找新的平衡。在这种情况下，就算二氧化碳可以消减降回原值，大自然也不会有机会回到原先的坑底。就算不要工业了，只想回归农业社会，那也回不到原先农业社会的气候情况了。

气候环境学家一般以二氧化碳在空气里含量（100~1000ppm）与地球升温所增加的温度（1~10℃）来表达失衡的状况。譬如说，有专家估算回归点应当在400~450ppm范围内，而据夏威夷岛上测量站所测，我们在2013年5月排放累积已经达到了400ppm。排放带惯性，不是说停就能停，看来超越回归点已经是难以避免的了，除非大幅削减排放。削减排放当然有可能影响目前经济与人们就业。

使用全球平均升温来作表达，气候学家原先是希望限制排放使得全球平均升温不超过摄氏2度，现在知道不太容易能守住这道防线。为切实际，开始认真模拟升温3与4度情况。参考地球以前所留的各种记录，在十三万年前平均温度曾经比公元1900年

第二章
认识"能源革命"

的平均温度要高2度,海平面那时比现在要高5米左右。在3000万年前,平均温度要高3度,海平面要高25米。世界银行最近发出警告,如果本世纪末升温达到4度,许多社会,尤其是比较贫穷落后国家将无法生存下去。有专家说如果本世纪用尽化石能源的话,二氧化碳与升温就会分别达到满值:1000ppm与10度。在这种情况下,人类等许多生物类种就会谢幕,步进地球历史。

许多人不相信气候环境专家所作的模拟预测。这里面不是没有原因的。气候环境学十分复杂,不容易或不可能作隔离试验,所以没法像物理与工程那样凭借实验可以给出精确数字。在数学模拟里,大自然是所谓的非线性系统,其活动轨迹会因起始与边界条件上的微小差异而大不相同。模拟可以不断调节系数来产生与观测相似现象,但这并不代表模拟就能预测气候。普林斯顿高等研究院理论物理学家戴生(Freeman Dyson)对气候模拟的不确定性曾表示过强烈意见,他觉得模拟没有价值并完全不可信。科学家都清楚预测气候不是模拟估算的强处,但在帮助了解自然现象与过程上,应该有其参考价值。完全不信也可以,只是目前于事无补。Dyson有权表达自己意见,科学领域是自由的,意见完全一致反会令人担心。其实,气候观察比什么都要重要。譬如说,许多地区的气候开始变化剧烈。温高、温低、大旱、大雨接二连三破了以往记录。并且全球各地冰川包括喜马拉雅山、格陵兰岛、南北极地区都在明显后撤。

现在如果有人问:"为什么非得替换化石能源?""非得替换"有两个原因:储量有限与环境回归。储量有限的时限大概在百年左右。环境回归时限要求大幅减排,行动上时限在数十年。我们注意在时间要求上环境回归远比储量有限要迫切。我们真正惧怕的不是有一天化石能源用完了,如果到了那种地步,因为排放影响气候,我们早已进入万劫不复之地了。目前环境回归防线设在450ppm CO_2与2度升温。现在看来情况不乐观,气候专家开始研究550ppm CO_2与3度升温的情况。有相当高的机率是我们在气候上的回头路将会被我们自己炸毁,就是想退也不可能退回到从前农业社会了。我们需要面对可能的将来,继续消减(Mitigation)、适应(Adaption)与忍受(Suffering)。所以环境看来会持续变化下去,一直到自然遇上新的平衡点。这可能是一个千年万年的过程。地球不会在意或着急,再长也只是瞬间。

的确,我们看到的是一些模糊不清的数据与不尽一致的议论要求尽早替换化石能源,这好像有些荒谬可笑。不过,在飞机几乎要撞山之前,坚持数字要精确,考虑前面所剩是五百米还是一千米,这恐怕也是一种荒谬。至于不甘心一直想撑到最短的距离，在最后时刻才肯转向，那这荒谬可又加了些玩命的刺激性。

2.1.2 加州能源恩仇记

美国加州认识到"化石能源必需替换"，进而采取了实际行动来抑止化石能源的排放与消耗。在2006年9月，经由州议会通过，州长施瓦辛格签字，AB-32环保条例正式变成法律。其中规定加州排放吨量在2020年要降回到1990年水准，相当需要削减当时排放量的四分之一。立法不是空的放炮，条例里明确规定了负责单位、检验程序与执法权利。在2011年4月又更进一步，经由州议会通过，州长布朗签字立法SB-X1-2，明确规定加州在2020年之前供电要有三分之一来自可再生能源。加州是世界第十二大经济体系，说动就敢动，的确很不容易。不过加州资源丰富，科技强大领先，教育普及，敢抢在世界前面作先锋，也是经过仔细估算的。不过，这两项立法一出来就变成美国化石能源工业集团的肉中刺，眼中钉，他们非得去之而后快。

加州有一个全民表决的提案制度，只要有足够选民签字同意，就可以将一项提案交付全民表决，如果通过就可以变成新的立法。在2010年，经由德克萨斯州两家石油公司资助，提案第23号收集到足够签名，成功提交成为全民表决的提案之一。提案23号规定只有在失业率连着四季都低于5.5%情况下，环保法案（削减排放到1990年水准）AB-32才得运作。这是个巧妙的挂钩战术，利用人们对失业的恐惧心理来拖垮环保立法AB-32，实质上将其变为废纸。这项提案当时闹得沸沸扬扬，赞助的一边是保守团体包括外来石油势力与加州共和党，反对的一边是反外力介入与绿色团体的组合，加上作为共和党党员的州长施瓦辛格。在州长施瓦辛格强力支持下，反对组合发动了草根运动。在一番热闹后，反对组合最终以60：40选票击败了提案23。目前是稳住了AB-32，且看下回石油集团如何反扑。

2.1.3 美国联邦能源恩仇记

美国加州清楚认识化石能源必须尽早替换，进而在州权管辖范围内采取了行动。至于在能源环保上，美国联邦政府与美国国会是持什么样的态度呢？在小布什做总统期间，官方态度很清楚，主要两点如下：

（1）化石能源新产地不断被发现，怎能说储量有限？化石能源勘测工作不够与开采工作受阻于种种环保规定，这些才是能源问题。

（2）气候变化证据薄弱。不清楚是自然还是人为因素所导致。气候专家模拟推论不一致，甚至相互冲突，所以环境变化还有待科学证明。

这完全是与加州持相反的态度。美国联邦政府把化石能源的储量有限转为开采问题，并且推脱气候变化为自然因素，完全不认为化石能源有任何问题。这种意识形态其实就是美国保守派一向所主张的，代表的不仅是小布什政府，还有美国国会、美国工商业集团与美国基本教义教会组织的心愿与态度。一个科学如此昌明，言论如此自由，诺贝尔奖得主无数的国家，居然会在既得利益集团与保守政治组织的影响下扭曲自己到这种地步，这对世界各地想解决能源环保问题的人来说是个很好的警惕。

布什家族一直与石油工业有关系，小布什还钻过油井。小布什一上任后就任命副总统切尼总管能源政策。钱尼在政治安排上立即采取主动，将一些与化石能源有关人手安插到各个能源委员会里，以撤换人马来保证在能源政策上可以符合美国国会与化石能源集团的愿望。在目前美国经济里，有三种势力对美国国会有巨大影响力：一是军工业，其次银行金融业，再来就是化石能源工业。美国国会不仅拥有立法权，还有审核与决定政府各项目预算的权利。

就像前面所说，美国工商业集团没能控制加州州议会，没能挡住加州环保立法，随后企图架空环保立法也没成功。在美国联邦层次，工商业集团影响力十分强劲，经由美国国会反环保立法异常有效。在1997年中，赶在联合国有关管制排放的京都协议正式出炉之前（草案已定），美国国会参议院以95-0票无异议情况下通过S.Res.98号立法，清楚表达美国国会绝无意愿接受任何具备以下两个条件的国际排放协议：（1）协议里对开发中国家没有设置管制；（2）严重损害美国经济利益。1998年当时副总统戈尔还在协议上签了字，不过知道事不可为，始终没将协议提交国会。接下来小布什当政，一上任就将美国撤出京都会议，声称对排放的管制只会有如束腰紧身一样捆绑经济，代价过高，条件不切实际，会导致大量失业。

小布什在作决定时并不孤单，每次站在小布什后面是美国国会，站在国会后面的是庞大的工商业集团与美国保守民众。美国民众最担心增税与失业率增高，并且在生活上自由与舒适惯了，不情愿受到节制。保守派有四部曲，一是故意卸转力道或混淆目标，再是以商业利益与减税作引诱，三是以失业率作威胁，四是以自由与没有管制作号召。

能源、经济与环保要能合作的确不简单。难怪侯君面对3E问题四十年无可奈何。

与美国问题相似性质的问题世界上每个国家多少也会有一些。像既得利益集团是在维护自身利益？是广大人民安于舒适的惰性所使然？还是经济与政治在制度上有基本弱点变成难以适应时代的变迁？我们注意同是美国，联邦与加州在态度与作法上又完全相反。也许政治、社会与经济学家可以来为我们解说。

奥巴马总统上任后有心整顿联邦能源环保政策。他组建了一个世界一流的绿色团队，队员包括侯君，与能源部部长朱棣文(Steven Chu)等十余部门首长，带来了一番新气象，可是成绩有限。因为工商业既得利益集团与保守势力一直把持国会，奥巴马第一届在连任的压力下，没敢轻启战端。在奥巴马连任成功后，想要关闭一些烧煤的火电厂，我们可以嗅到火药气味渐浓，联邦与国会双方都在布阵，冲突随时可能爆发。在胜算很低情况下，奥巴马准备使用行政特权，而国会也在准备一连串立法与预算运作来作对抗。美国立法、司法、行政三权独立，最终有可能牵动最高法院，大法官里保守势力较强，最多也只会变成长期抗战了。世界各国只能作壁上观，结局不仅影响美国，也会大幅影响世界能源环保局面。

2.1.4 伊拉克战争费用约三万亿美元

"替换化石能源"与美国军工业集团(Military-Industrial Complex)也可以扯上一段曲折而有意义的关联，我们特别绕道来谈一谈这段历史经历。早在1961年初，美国总统艾森豪威尔在两任届满之时作了一个临别演讲。演讲内容有些出乎人意料之外的严肃，里面没有多少惜别之词，重点置放在一些告诫上。他说："我们必须避免只顾今天生活的冲动，为了今天的方便与舒适去抢夺明日资源。我们不可能典当了祖孙后辈的资源而还能把政治与精神传统留存下去。我们要民主能代代相传，不要变成明天欠债累累的鬼魂。"接着他要大家注意军工业集团，防御他们势力的扩张。大意是说："在政府事务中，我们必须谨防军工业集团在有意或无意中来获取不当影响力。在权利滥用上，其无度增长的可能性不仅存在并且还会持续不衰。我们不要以为事情当然如此，人民需要有认识有警觉才能使上力量将庞大工业集团与军方作适当组合，使其在我们追求和平的方法与意图上给予协助，兼顾我们的安全与自由。"今天看了这两段文字，很难相信这些会是五十多年前的话语。

艾森豪威尔曾任二次大战大西洋联军统帅，是美国20世纪唯一出身军人的总统。他的告诫有人说出自他的失败，他清楚知道军工业集团的可怕性，而未能成功阻挡其势力的上涨。如果连艾森豪威尔也挡不住的话，其后续发展不用猜也就知道了。以前所谓军工业集团，现在已改称为军工业国会集团(MICC，Military-Industry-Congressional Complex)，加上了国会以表达国会已是集团内的一分子了。既然如此，那也省了用不着强调集团对国会有多大影响了。2011年美国军事费用占全球军事费用总和的41%，这庞大到足以把在坟墓里的艾森豪威尔吓醒。美国国防经费占总预算可调用部分（Discretionary Spending）的一半左右。这会使吓醒的艾森豪威尔又会被吓晕了过去。

有工业，有生产，就得有市场，有消费。工业哪能一直生产而没有市场来消费呢？平常工业如此，军工业也是如此。另外，国防对国家所需资源，尤其是像石油之类战略资源，是有明确责任去争取、控制并维护其运输上的安全的。所以，美国一直很在意中东产油地区，不惜以武力加强对该地区的控制。在"9·11"事件后，小布什看到一个对伊拉克用兵的机会，于是与副总统切尼采取主动，一起张罗。

战争准备是在2001年开始作业。美国陆军没料到马上就得出兵，在开头还有些措手不及。军工业集团与石油工业集团自然巴不得地欣喜。在这种情况下美国国会自然乐见其成，于是在2002年10月通过立法H. J. Resolution 114授权政府出兵。

次年3月伊拉克战争开始。这是一场从开头就很拙劣的演出，作为出兵借口的伊拉克大规模杀伤武器没有找到，战争理由成了莫须有。出兵没得到联合国同意，被世人谴责为无法无天，视国际法规为废纸。作为世界武力最为强大国家，战争进展起先得意一阵子，随后就变得愈来愈不尽如人意。尽管增兵多次，战况还是愈变愈糟，并且一拖就八年，最后不得不硬摔才脱得了身。

这些挫败不是说没有前车之鉴，显然越战来过不够，还得再来一次。其实，艾森豪威尔如果还活着的话，他会说问题就是出在军工业国会集团与化石能源集团。集团本身有生存条件，需要定期来满足。在其影响力下，国会成了伙伴。正副总统等不及地前来效劳。原先以为看到了机会，结局应该是各方人马皆大欢喜。结果是赔了夫人又折兵，引爆了伊拉克内战，战况愈变杂乱。自己声誉扫地不说，还花费了许多许多钱。在花费上，庞大到出乎任何人所能意料。

美国在伊拉克战争上到底花了多少钱？据多种调查计算，数字大约在二万亿到六万亿美元。2013年美国布朗大学在三十多位学者与专家参与工作下发表了瓦森学院调查报告（Watson Institute Report，Brown University）。报告说目前计算出来底数是2.2万亿，最终有可能上升到6万亿。另外哥伦比亚大学诺贝尔经济奖得主斯蒂格利茨

（Joseph E. Stiglitz）与哈佛大学教授比麦司（Linda J. Bilmes）共同估算，得出三万亿底数。两个人还写了一本书《三万亿元的战争——伊拉克冲突的真实费用》。

强大军力是为了控制化石能源产地，可是一场战争下来花掉三万亿美元，值得吗？战争输了，当然是不值得。就算战争胜了，那也得盘算盘算吧？也许三万亿是个意外，没人料到战事在增兵多次后还久久不能结束。可是出兵之前不能说心里完全没数，军工业有一定的消费需求。军工业平时就生产不停，有生产就得有市场，有消费。伊拉克是个好市场，没有一两万亿美元的消费，军工业是不会愿意松手的。

三万亿美元是多少？万是四个零，亿是八个零，万亿是十二个零。换成人民币就还得再加一个零，总共二十万亿人民币左右。目前美国火电厂装机量大约是1,000GW或10亿千瓦（中国也拥有相同的装机量）。火电装机成本每kW大约在3,000美元左右，所以三万亿美元正好可建美国全国火电装机量10亿千瓦。目前光热可再生新能源装机成本是火电的二倍左右，这是说光热新能源规模可以达到5亿千瓦，解决美国全国一半供电所需。

为了化石能源打了一仗，还是建光热新能源5亿千瓦足够供全国一半所需，这费用看起来都是三万亿美元，其实还有更多差别。军工业与军队得一直养着，化石能源得一直花钱购买，并且将来也许还得上缴排放税。这与清洁可再生的光热没有燃料、不需武力、没有污染情况相比，那得怎样来作比较？来作估算呢？

伊拉克战争是历史上一个不小的讽刺。讽刺第一是战争不仅没收到预期效果，世界最强国家花了大钱后还没法脱身。最大讽刺是战争根本就没必要，还有一条比战争更能解决能源问题，并且还是一劳永逸的路可走。只是自己没有意愿来认识这条路，并且从头就敌视其存在。

这就是艾森豪威尔比小布什要强的地方。虽然两个人都是是共和党，都代表美国保守派，可是艾森豪威尔比较有认识，有本领。艾森豪威尔认识到在总统之位上只有公没有私，天下之土皆皇土，天下之民皆皇民，应该超出派别，眼光必须提高，视线必须及远。其次是艾森豪威尔有勇气、有本领跳出圈圈，不落被动，不被人牵鼻子走。

艾森豪威尔是军人出身，一生都在军工领域打滚。可是他跳出圈圈，警告民众："必须谨防军工业集团在有意或无意中来获取不当影响力。在权利滥用上，其无度增长的可能性不仅存在并且还会持续不衰。我们不要以为事情当然如此，人民需要有认识有警觉才能使上力量将庞大工业集团与军方作适当组合，使其在我们追求和平的方法与意图上给予协助，兼顾我们的安全与自由。"老头厉害，真是字字千钧，视线够高够远，姜是老的辣。相比之下，小布什年轻时候钻过油井，算是石油企业家，然后虽说当了总统，也没意愿跳出石油领域的视角。

艾森豪威尔明明知道美国社会在生活上不愿受到任何节制，并且美国资本主义经济的本质，为了繁荣经济与提高就业率，就得万分鼓励消费，而他偏偏要跳出这些美国经济传统来告诫："我们必须避免只顾今天生活的冲动，为了今天的方便与舒适去抢夺明日资源。我们不可能典当了祖孙后辈的资源而还能把政治与精神传统留传下去。我们要民主能代代相传，不要变成明天欠债累累的鬼魂。"老头的话当时可以说非常不合时宜，多亏大多数人没注意，也听不懂他说的是什么。

这里可以看到艾森豪威尔有自己主见，没有意思去将就美国经济传统。他要看的是美国的未来，眼光必须超越当时的政治与经济。所以，他才会告诫不要将武力发展到超过维持和平与安全之需。他一反美国经济与生活传统，希望人民生活有节制，不要去抢夺明日资源。在这总统位上，小布什不及艾森豪威尔远甚，艾森豪威尔眼光够高，视线够远。小布什从来没有意愿要超越美国工商业利益。他即位后等不及地撤出京都环保协议。没多久，就发动伊拉克战争，跳入泥沼，愈陷愈深，世界最大强国居然会落到无力自拔地步。

20世纪英国小说家毛姆（W. Somerset Maugham）写了一本小说《人性枷锁》（Of Human Bondage）。小说十分成功，曾数次拍成电影。他在写小说时参考了17世纪荷兰哲学家斯宾诺莎（Baruch Spinoza）在伦理学上的议论，进而引用"热情的被动是人性的枷锁"作为主题含义，解释十分恰当精彩。小说是说一段不能自主的畸形爱情，不过可以推广为一个人如果丧失自主能力，有形或无形落入被动，仰仗美女、好酒、什么主义、教条、信仰或外在事物来带动自己，这就是卡上了人性的枷锁。被卡上不一定自觉，愈热情还伤害愈重。我们要还小布什一个公平，在美国被卡的其实包括有美国国会、美国工商业既得利益集团与美国基本教义派民众（或共和党右派）。

伊拉克战争应该是个例子，是个教训。在能源环保问题上，需要能跳出自己的老窝。我们遭遇的是个新的世界，不要轻信自己以往的见识与自己成功的经验，永远不能放松对既得利益集团的警惕。眼光要高，视线要远。要保持主动，就算陷入泥沼，要能自拔。从"替换化石能源"角度来看这段历史经过，三万亿美元就在眼皮下这样溜走，真是心痛、胃痛、肝痛、肺痛、全身都痛。

2.2 工业革命

2.2.1 工业革命所造成的社会变化

工业革命是过去大家都知道的历史。我们为什么要重述这段历史呢？这是因为"能源革命"与"工业革命"相似，同样改变了用作生产力的能源。能源一改，经济与社会就会有很大变化。我们要认识巨大变化是很自然的事。我们可以要求清洁可再生能源供应与化石能源相等的能量，其实能做到这一步已是万幸了。其他方面就得尽可能将就清洁可再生能源，而不是新能源得将就现有的社会生活和现代经济。如果还是以现有为重，不管是明知还是潜意识如此，这就会严重误导新能源发展。这就是我们要以"能源革命"来作提醒，做好在革命中现有一切要有改变的准备。

在上古时候，人类祖先是靠采集果实、猎兽捕鱼为生。如果说得上有动力能源来维持这渔猎社会的话，那就是人们个人的劳力体能，靠的是自己的双手双足。后来人类知道如何种植五谷与畜养动物。于是开始定居，从事耕耘生活，建立起所谓的农业社会。在生产动力上，添加了一些兽力，不过重要的是，自此劳动力有了组织，有了分工。劳动力得有组织才有工程力量。譬如说，开展农业得凿渠引水，建造灌溉渠道。有了工程力量就能从事开山拓荒、筑路建桥，进而建立起一个个模样有如春秋战国那时的封建王国。

"农业革命"不仅是劳动力的改变，社会在组织结构上有新的两个因素——劳力组织与劳力分工——特别有助于人类古代文化的发展。当年孔子可以"渔而不网，弋不射宿"，钓鱼不网鱼，弯弓不射回家之鸟，这是因为他老人家生活不靠渔猎。渔猎偶有所获最多也只添加几样副食而已。老子从事图书管理（周守藏史），孔子开创了民营教育（首创私学）。两个人不需终日辛勤渔猎，这才有机会从事文化教育工作，建立起来了中国古代文化。

接下来尽管国家有生灭，朝代有兴衰，而世界各地农业社会持续不断。这情况一直维持到距今250年前才开始走样。当时在英国，有一位瓦特先生（千瓦时-能量单位-中间瓦的由来）改良了一种称为蒸汽机的机械装置，以煤炭作燃料就可以有效地产生巨大机械动力。所谓工业就是以这机械动力用于大量生产，使得生产力远远超越了人力兽力。这就开启了著名的"工业革命"。在巨大生产动力下，各式各样的工业与商业得以萌芽成长。生产力的能量是来自化石能源，起先是煤(蒸汽机燃料)，后来用上了石油与天然气。机械作用是把热能转为动能，起先是蒸汽机，后来有了内燃机、涡轮机。早期参与工业发展的是纺织与采矿工业，接着是大规模炼铁与制钢。再来是轮船、火车交通工业。新兴水陆交通使得原料与产品的运输变得方便，加快了工业成长与社会工业化的步伐。

我们说"工业革命"改变了生产力，其实随着工业的开展（工业化）改变的东西很多。工业首先得生根，不能生根就没机会成长，那生产力再大也是枉然。生产力只是工业化的必需条件，不是全部条件。譬如说，为了生根与成长，工业发展需要大量流动资金，工厂方面必需有原料、化石能源、机械装备与技术劳工。另外在产品生产出来之后，就得经由商业设置将其销售出去。销售需要市场并招徕顾客。简单说来，要想工业化，就得有六大因素——资金、能源、原料、设备技术、劳力与市场——形成一个周转不已的六节循环。我们不要小看了这六节循环。这就是工业社会的血液系统。并且这是一个自己能成长的循环，不停建造新的器官新的血管。所谓工业化就是在经济与政治安排下加快与改进这六节循环的运转与成长。

农业社会既不能供给工业所需的大量资金与原料，也没有成群有钱的顾客来光顾市场。譬如说，有两种社会，俄国十月革命前的古老农奴社会与美国内战前的南方黑奴社会——特别不适合工业发展。黑奴不仅做不成市场的顾客，连他们自己也是市场里的货品。这种社会是由在上位的贵族与大地主所控制，他们为了保护统治权与既得利益，绝对反对任何社会变动。

我们注意"工业革命"不是要以工业取代农业，生活得有粮食供应，农业是不能取代的。那"工业革命"是革谁的命？简单说来就是革农业社会的命。"工业革命"是在工业化的需求下，使得农业社会渐渐转变成为一个能够支持工业成长的工业社会。

西方列强在工业化过程中留下了许多轨迹。譬如说，下面所列就是农业社会所经历的一些变化。

1.人口重新分布：人口流动剧烈，从乡村涌进城镇。小镇变大城，大城变都会城市。英国伦敦曾多年是世界最大城市。后来欧洲人口开始越洋移动，前前后后有不少移民涌进美国，参与了美国工业化过程。农业在机械化后并不需要太多人力，现今在美国农夫家庭约占总人口2%。

2.人民生活水准不断提高，人口随着剧增：工业用于大量生产与农产品加工，产品物美价廉，充斥市场，供给人们吃的、穿的、用的。人口涌进城市，起先居住情况很差，在都市扩建后才得舒解。交通运输工业也随轮船、火车出现而日益发达。

3.社会权势换手：社会权势从专制王朝、旧式贵族与大地主转入公司企业、资本家、议会政客与中产阶级手中。政治从专制转向民主。英、美则是先有了民主政体，后来才工业化。

4.现代经济组织与制度的建立："工业革命"催生了现代经济。所谓工业化其实是工业与经济两头并进。所谓银行法、公司法、股票交易法与国家税务法，种种制度的设置都是方便工业与经济相互扶持，灵活配合。资本主义鼓励个人图利，保护私有财产，赢利所得最好用于再投资，否则抽以重税。这作法使得资本不得停留，须要持续流动以收资本最大功效。现代经济的作用不容忽视，不仅推进了工商业，并且提高了民众生活水平与建立了今天所谓的现代社会。

5.新的社会问题：资本主义鼓励贪得无厌，工业化自然而然也带来了过分剥削劳工、忽视劳工安全、利润分配不公平，进而造成了社会阶级对立等社会问题。美国大部分是靠立法与经济措施来缓解社会问题，像工会法、劳工法、税收累进制、反托拉斯法（反垄断）、失业救济制、社会安保制等都是对付工业化所引起的种种弊端。

6.帝国主义之兴起：帝国主义的兴起是西方工业化的一个直接结果。一方面是制铁炼钢在技术与规模上的提升，使得船舰枪炮发展迅速，军力变成无所不克。另一方面是工业化的六节循环所产生的巨大压力逼迫国家去增加能源、原料供应与加大市场消费。两边合起来就产生了帝国主义。当时世界第一强国是英国，工业化最为先进，进军全球，所向无敌，所到之处极尽其搜刮（包括搜刮能源）之能事。为了赚取资金贩卖黑奴与强售鸦片，什么都来。国内还有法律限制，国际上是无法无天，武力就是准绳。大英帝国极盛期，殖民地遍布全球，号称为日不落帝国。不提道德含义，我们如果要看工业化在没约束情况下的形影，帝国主义可说最为赤裸，其主宰性、高压性、侵略性，表现得淋漓尽致。

从西方工业化的轨迹里，我们可以感觉到"工业革命"的威力。在开头只是生产动力与生产方式有所改变,到后来社会各个部分在经济压力下不得不参与改革。"工业革命"不是一场流血的战争,可是它比任何战争规模要大,为时要久,影响更深。"工业革命"里的"革命"二字可以说当之无愧。"能源革命"更换了能源(生产力的源头)与"能流"(能量的分布与耗用方式),有可能会造成同样规模的社会变化。

2.2.2 中国工业化历程——封建农业传统思想的潜在影响

从十九世纪七八十年代清朝洋务运动起到二十世纪八十年代新中国,中国工业化不是说没有高潮,只是百年下来,东奔西跑尽是绕圈跑,没能跑离出发点。突然,从八十年代又开始跑,一下子就冲了出去,排名由尾巴往前赶,第十五……第十……第五……三十年内以奥林匹克破纪录之速,在生产总值上居然赶到世界第二。真是难以相信,自己也不信。吃了大力丸了?怎么回事?下面是我们所了解的最简化、最直接的一种说法。

回顾当年洋务运动,作为领袖之一的张之洞那时说过"中学为体,西学为用"。据说这是他最喜欢说的话,他可能想借体用之分来强调西学的重要,重点其实是放在"用"上。不过认识上成了"器变道不变",工业化只是器——几台蒸汽机,上几个螺丝钉而已。道是传统的封建农业思想传统,是国家社会之本。当时严复眼光略高一筹。他说:"有牛之体,则有负重之用,有马之体,则有致远之用,未闻以牛为体,以马为用者也。"这是说牛体牛用,马体马用,没有牛体可作马用的道理。要用就得把牛体转成马体,才能作马用。这转体可不容易,为什么老在出发点转,就是左转转一阵,右转转一阵,怎样都转体不成(顽固的封建农业传统使然)。

于是有人把牛体漆成马体模样,然后来当马用,这也许看起来像马,可是骑上去还是只能走牛步。总之,不转体不行,瞎转也不行。这事后来交到邓小平先生手上。邓小平先生自然很着急,这转体已转了百年了,各种口号各种主义都喊过奉行过,真是谈何容易。有天他突然识被机关,恍然大悟。他说管他是牛是马,能用的就用,牛体牛用,马体马用,就这样了。

邓小平先生所识破的机关就是这工业化六节循环圈,可以分节运作。牛体牛用,马体马用。中国牛体就跑资源、能源、劳力三节。交付出去是资金、技术与市场三节给国际马队,牛队马队接力跑循环,好处大家分。这一跑,起先在接力上还得调节适应一番，后来就是风驰电掣，就像大家看到与体验到的那样快速。好几代下来，想要中国工业化是个超级重任。邓小平先生站得够高，看得够远，拿得起，放得下。多亏了他那回马一枪，完成了历史交付给他们那一代的最高使命。也够惊险的，赶上的可能是在气候灾难来临前，最后一班驶往工业化的列车。

"能源革命"与当初工业化相比，情况相当接近。"能源革命"现在也被看作几块太阳板或几片风扇叶，上几个螺丝钉就是了。变成"经济为体，能源为用"，或"现代经济为体，新能源为用"。又是牛体马用，体用不合。这是条新的山路，没有国际马队知道怎样跑，得靠自己的马队去试着跑。马队就得是马队，不能是什么潜在意识所漆的看起来像马的牛队。看来下面一代人真的需要转体，这"能源革命"对中国来说，其实可以看作中国"工业革命"的后半部，要与邓小平先生跑接力，也是历史使命一部分，不容忽视。

2.3 能源革命的引导原则（"引稻"）

一件事讲不清楚，也许多讲几次，多花点时间就会弄清楚。"三角恋爱"不太一样，不管怎样讲，花多少时间，最后糊里糊涂好像又回到原点，似乎从来就没离开过原点。也许最终会发现，一切都是"鸡同鸭讲"，重要的根本不在讲话，而是在行动。

何去何从？行动需要有个方向与一些引导原则。有行动经验的人自己很容易就可以扎一个稻草人作引导，制定三五条引导原则。我们为"能源革命"扎了个稻草人"引稻"，权充为引导原则。原则强调行动，行动会有拖延，会怕自己率先犯错，会有各方阻力，会不注意就落入被动。我们方向目标十分清楚，主要就是要死咬住"以清洁可再生能源全面替换化石能源"。下面就是我们所扎的"引稻"五原则。

引稻一：不要等待

引稻二：自己认识与解决自己的问题

引稻三：最好的希望，最坏的打算

引稻四：医生是干啥的

引稻五：戈定绳结——亚历山大挥刀斩死结

2.3.1 引稻一：不要等待

科学家知道有关能量相当的多，相当的周全。譬如说，真正的能量源头可以分成三种：核聚变、核分裂、核衰减。太阳能是太阳内部核聚变反应的产物，地心的热力是核衰减所供应，目前核电站所得热能是来自铀或铈的核分裂反应。其他像风能、水力、生物能都是太阳能经由转能而来。所以科学是有规则的，不能指望有一天会有人创新造出一种神秘的新能源，不仅清洁可再生，还在供应量级上庞大到可以与目前化石能源相比。创新需要鼓励，但不能像宗教一样来迷信科学，以为在等待中最后一定会有奇迹出现。这是说，不要等待，能做的现在就做。

现在有没有可以做的？有！多的是。如果正如我们所说，清洁可再生能源可以有办法取代化石能源，并且使用的科技手段与材料都是世界上现在已经有的，那我们在等待什么？等待一个更为周全的认识？难道没有行动就能认识周全？等待成本下降？难道等待就会让成本下降？

也许我们得不停疑问能源环保问题有多重要？清洁可再生能源有多重要？倒不是真要疑问，只是有时顺着习性与潜意识做事，常会忘掉原先的门框在哪里。不要怕犯错，不做事的人当然不会犯错，可是那又何以成事？总之，大处着眼，花点钱，犯点错，等于缴学费。除非有必要，能行动就不要等待。

2.3.2 引稻二：自己认识与解决自己的问题

在能源问题上有一种倾向，西方怎样讲，我们跟着怎样讲；西方怎样做，我们跟着怎样做。这是一种相当保险与省力的作法。只有在西方与我们情况不一样的时候，这才会看起来有些奇怪。并且也只有在西方走进死胡同，而我们也跟着走进了死胡同，这才会连自己也觉得有些滑稽。

供能包括供电与供热。西方在新能源问题上高呼发电，忽略了对供热上的考虑。如果中国跟着也高呼发电，以为能源问题只是发电问题，这就有差错了。中国能源问题就在烧煤，烧煤发电与烧煤供热，工业能耗有四分之三是热能，所以怎能忽略供热呢？

西方多年来以天然气供热，到处铺满了输气管道，应用方便。这使得对天然气的依赖根深蒂固，很难动摇。西方科学家不是不知道天然气同样也有排放问题（相当于煤炭排放的一半），只是目前对付天然气难度太大，选择了缓兵。最近裂压(Fracking)技术发展使得天然气成本下降，加上在发电上天然气渐渐取代了煤炭，这更巩固了天然气在供热与供电上的地位。虽说西方有天然气的方便，但这不是没有代价。目前新能源在市场机制下被天然气紧掐，不仅动弹不得，连呼吸都有困难。科学家原先把天然气只认作能源道路上一个大窟窿，就先在边上绕一下路，等以后回头再填，而现在窟窿已经扩大到占满了整条路，使得新能源无法前行，别提回头填窟窿了。目前看来，西方（主要是美国），新能源已在稍息状态，静候天然气烧光的一天。

为了满足能源上的紧急需求，中国需要发展天然气网络与裂压开采技术。可是要怎样避免跟人跟进了死胡同？要怎样计划能进能退，不要养成根深蒂固的依赖性？要怎样才能避免让此举拖延了新能源的发展与建设？我们需要认识与解决自己的问题。世界上许多国家也都在期待中国这样做。

2.3.3 引稻三：最好的希望，最坏的打算

如果说大规模饥荒与死亡不可避免，现在多生一人到灾难时候就得多死一人，这会是十分残酷吓人的事。最好的希望是灾难不要来，或来了没造成大规模损害。不过希望得有个时限。十年？十年过后又想再拖十年？这就是目前社会在做的事，在不停希望的同时，只想来拖延危机，并不想怎样来应付危机。没有最坏的打算，最好的希望只会跟浮云一样苍白无力。

灾难来还是不来，与何时来，我们影响有限，不可能使人安心。真正有用的是以最坏的打算作些准备。譬如说，在海水上升的情况下，如何保住沿海人口？筑堤或内撤？南部在雨水过多地区怎样多建泄洪区？西北部如何对付干旱沙漠区域的扩大？在农产减少的情况下如何避免饥荒？人口在需要时候怎样挪动？

美国各地都作有应急计划，实施起来就发现问题不简单。有次飓风来袭，美国第四大城休斯敦（Houston）突然异想天开，下令撤城。结果高速公路全部堵塞，起先人们下车交谈与唱歌，还有些节日气氛。时间一久，缺水、缺油、缺粮、缺厕造成大量弃车，人们纷纷走路回家，堵车也就不可收拾。幸亏那次飓风转向，虚惊了一场。都会城市是一个复杂机构，运行上稍有差错，就会一盘混乱。要靠都会城市来抵抗灾难，能靠谱吗？

另外一种打算就是开发西部，我们前面提到过利用西部良好的太阳能来解决能源

环保问题。西部太阳能是分散的，开发出来的小县小镇也会是分散的。在太阳能的支持下，几个县镇就可以自给自足。由这种自立能力所带来的顽强生存力正是我们渡过难关所最需要的。

2.3.4 引稻四：医生是干啥的

一个故事说有个老头特喜欢喝酒。后来肝脏出了毛病，去见医生。医生说："你得少喝酒，最好不喝酒。"那人回说："你医生是干啥的？我来就是要你医生想个办法让我能继续喝酒。"医生觉得老头说的也不无道理，于是很认真去寻找那还能喝酒的药方。

老头有他的生活享受习惯，可是老头不懂，可能也不想懂，他的毛病就在他享受习惯上。医生凭其所知就应该态度强硬。老头要拿他老命玩耍，那医生管不了，可是医生在医治方向上必须严防受到老头影响，不管那老头多有钱多有势，甚至还是医院的董事长、医院的捐助人。这相当于要求在制定新能源发展政策时，不要受到主导社会在经济与政治上两大势力的影响。很不幸，现在就是这两大势力在制定与主导新能源政策。能源企业与科学工程人员（代表医生这边），变成为了老头能继续喝酒，而不停奔走去寻找药方的工人。

有些影响是明摆着的，就像美国既得利益集团经由立法机构明着扯皮捣乱。最难防范的是现在社会里的惯性与惰性，尤其是已经成为习性的一些潜在意识。从前是封建农业社会意识难以去除，现在工业化有了进展之后，现代经济又加了一些潜意识。口号与主义可以一换再换，潜意识里还是我行我素照旧。所以，是不是在新能源政策的制定与执行上应该有一个独立的安排呢？独立是说独立机构与独立财源。如果没有独立的安排，那怎样能使"能源革命"不落入被动？不被现代经济与现代社会牵着鼻子走呢？

2.3.5 引稻五：戈定绳结——亚历山大挥刀斩死结

相传在公元前四世纪，亚历山大东征，经过菲尔基城邦(属波斯帝国，现今土耳其境内)，城中长者献戈定绳结，称说先王曾预言能解此结者必能征服亚洲。亚历山大一看此结不见首不见尾，知道不比寻常。只见他手起刀落，将绳结切成两半，于是得解。亚历山大后来灭了波斯帝国，进军东至阿富汗与印度。这就是戈定绳结的故事。

故事主要是形容亚历山大遇着难题，保持主动，能登上更高层次作思考（Thinking outside the Box），不落圈套，不受枷锁，从制高点识破机关，然后凭借对自己的坚强信心，出手果断迅速，手起刀落。

3E（Energy-Economy-Environment）问题不是死结的话，也是接近死结。侯君观察研究了长达40年，以婉转方式说是一个三角恋爱，意思是一个活生生、最初还带点罗曼蒂克气氛的死结。意思也很明白，凡事一惹上罗曼蒂克，那就不知道还剩下有多少理喻的可能了。

我们知道这活生生的死结不是美国所专有，只是暴露程度不及美国而已。死结的由来是出自新旧系统的冲突，冲突一牵涉旧系统旧社会的既得权势与利益，这就没有理喻的余地了。旧系统会竭尽扯皮与捣蛋之能事，时间上也会变成一拖再拖。常常死结不得解，最后导致流血"革命"。"能源革命"不仅预告我们那将要来临的大幅变化，也提醒我们"切割"的重要性。

亚历山大的例子可以这样作引申。第一要站高，第二要敢切。所谓高层次思考意味着观点要够高，高到看见两边能源是两个独立系统。化石能源有现代经济与现代社会，而新能源会建立自己的新经济与新社会。现代系统自然会以自己为中心，以维护本身利益为主。这是说不要随便就信托新能源于现代经济与现代社会管理系统之下。我们不能期望系统会有远见，有远见的是人不是系统。要作切割的也是人，系统不会自杀。只有人，就像亚历山大那样，一直都能保持主动，不落圈套，不受枷锁控制。能切的就尽早切，免得后来太粗切不动，或纠缠不清变成死结。如果拖延到那种地步，只好等亚历山大复活了。

第三章
能流面条图→梦中组合→梦中能源

DISANZHANG
NENGLIUMIANTIAOTU
MENGZHONGZUHE
MENGZHONGNENGYUAN

60'

3.1 能流——能量流程

3.1.1 能与能源

中文习惯将美国的"Department of Energy"翻译为"能源部"或"能源局",好像"能源"与"Energy"相等。其实"能源"只是能之源头,在英文里是"Energy Resource"。"Energy"应该是"能"。"能"的含义很广,而"能源"只是源头部分,源头后面有一长流:能之输运与分配,能之转换(转能)与消耗(能耗),减低废能或提高能量应用效率(节能)等。所以现在"能源"在中文变成有两种可能用意,狭义是"能之源头",而广义是"能"。一般说到"能源"常将广义与狭义相混,模棱两可。譬如说在讨论"能源问题"上,自己以为讨论的是广义的"能",常常只谈狭义"能之源头",最多也只加上电源,然后就没有其他了。外表看起来十分广义,而内里只顾狭义,相混的结果造成对"能源问题"(广义)认识不全,并且还不自觉有误。

"能流"是能量流动的整个过程,从"能源"(狭义),经由转能、运送与分配到各种应用里的能耗情况。我们要想"替换化石能源",必须考虑"能流"的全程,这"能源问题"就是"能流问题"。"能源"必须合乎广义解释,不能单单只注意源头与电源而已。譬如说,就是因为"能源问题"过于专注于狭义"能源",变成不知道能耗也是广义"能源"的一部分,所以没有认识到在工业耗能里热能远比电能要大、要更重要。能耗是在能流的尾端,离源头最远,所以说必须兼顾头尾。顾头不顾尾,或虎头蛇尾都会认识不全。这一章的主题就是"能流"。因为能流情况会随能源与能耗而变化,我们先参考许多国家目前所使用的能流方式(化石能源),然后再来构想要怎样安排新能源使其得以全面"替换化石能源"。

3.1.2 "替换化石能源"对新能源的要求

在"替换化石能源"上,我们希望新能源能够满足下列要求:
1. 新能源组合里所有成员都是清洁可再生;
2. 量大——供应能量的量级与目前化石能源相当;

3. 既供电，也供热——电热兼顾；

4. 供能连续、稳定、可靠——供能连续不断，不分昼夜与寒暑，承担起相当于供电上所谓的"基本负荷"；

5. 有能力应付负荷在时间上的变化——有能力应付相当于供电上所谓的"巅峰负荷"；

6. 有能力在源头上协助组合成员供能的起伏与间断。就像光伏与风电，在供应上有不稳定与间歇性。

就拿发电来说，火电作为主力电源是因为量大、稳定与可调，除了承担基本负荷之外，还可以照顾负荷上的变化作调峰之用。新能源组合在应用上多一层复杂，除了要照顾负荷端上的变化，还得照顾电源端的变化。有些可再生能源像光伏与风电看天吃饭，本身带有波动性与间歇性，在变化太快或太大情况下，就有可能拖垮电网。所以在清洁可再生能源组合中必须要有一个主力电源，不仅要看负荷变化还得照顾不稳电源，连续不断调节自己使得电源与负荷两边都能稳定下来。如果要想以清洁可再生能源来实际全面"替换化石能源"，这主流能源角色至关重要，万万不能忽略不作考虑。

3.1.3 能之形式

在认识能流过程之前，我们在下面一些小节里快速温习下有关能的概念。介绍能源书籍很多，我们不作介绍，只作提醒，以方便后面有关能流的讨论。

"能"的真正源头是核反应，包括核裂变、核衰减与核聚变，然后经过一连串转能，最终以不同的形式出现。譬如说太阳能原先是太阳里的核聚变反应所产生，从核能先转热能再转光能变成太阳光。太阳光到达地球后，光能被吸收转成热能，热能使水挥发，落雨高山湖泊转成积水的位能，水流向下转成动能、带动涡轮机组转成电能，这就是水力发电从头到尾的转能过程。"能"的转东转西把"能"的形式弄得有些复杂，像动能、位能、光能、热能、电能、风能、原子能、生物能、化学能等。当然"能"形式不同就有不同的带能介质，像光能有光子，风能有大气分子。不过只要是"能"就有个基本本质，那就是能够做功。还有就是，不论其分类与形式，是"能"就可以用同一种单位（像焦耳，Joule）来衡量其能量。

3.1.4 能量单位

能量单位比能源种类还要多、还要混乱。许多行业为了自身方便或传统习惯采用一些不同的计量单位。譬如说化石能源企业习惯以toe（tonneoile equivalent）当油吨、tce（tonnecoale equivalent）当碳吨作能源一般的计量单位。这些专业习惯性的能源能量单位常常出现在广义的能源讨论上，显示了化石能源的显要地位。我们要"替换化石能源"，总不成oil与coal都没了，而还在使用toe、tce吧？

有时我们还会遇到一些像BTU、QUAD奇怪单位。BTU原名British Thermal Unit，源自英国，目前只剩下美国还在使用。世界上有不少人一看见BTU就会开始咒骂——老而不死谓之贼，哪个时代了，还如此自找麻烦，该死的不死。

"能"有时随形式而有计量不同，像热能以卡、电能以度（kWh，千瓦时）。这就像方言，过一村就一种新方言，沟通不容易、不方便。在本书内我们会尽量使用焦耳与千瓦时（度）作统一的能量单位，了结这盘乱局。焦耳在物理学上有清楚定义。提升一千克东西从平地到一米高度，耗能大约有10焦耳。焦耳是能量的科学单位。延伸到功率，单位是瓦，一瓦是说每秒消耗一焦耳能量。以千瓦的功率做功一小时，其所耗能量就是千瓦时。一小时有60分、每分60秒，所以千瓦时等于3.6E6焦耳，E6是10的6次方。所有能量形式，都可以使用焦耳或千瓦时作能量单位。千瓦时（度）是一般能耗所使用的单位。能耗位于流程之尾代表能流的应用，所以千瓦时十分适合用作能流讨论。能量形式也可以在单位加尾巴作表示，就像一度电（kWhe），尾巴带e代表电能；一度热（kWht），尾巴带t代表热能。

有些形式的"能"除了能量之外，还得给出其他属性。像光能，除了能量之外，还得给出光谱的波段。热能给出热量之外，也得给出温度。热能温度高，品质就高，就可做许多低温热能做不到的事。

所有能量形式都可以度（千瓦时）作单位。举一例来说明，一般人一天需要能量如果说是二千大卡。一大卡相当于4,200焦耳，二千大卡折算成统一单位是2.3千瓦时。这是说在单位统一下，很容易就知道一个人耗能有如一支100瓦电灯一样，一天下来大约耗能在二度上下。有些年轻女娃怕胖，吃得少，需要体力地方有男朋友代劳，那耗能就有可能低到像50瓦灯泡了。人作为一个机器有大脑有心脏，会哭会笑，会爱会恨，说复杂就有多复杂，很有趣的是耗能并不多，尤其是微笑，轻轻一笑，应该是相当节能，大自然创造人体还挺有效率的。

使用焦耳作单位，应用到国家量级的经济体系，经常会遭遇到天文数字。欧美是怎样处理这样巨大数字呢？他们数字系统是以三个零进位，从Kilo-3、Mega-6、Giga-9、Tera-12、Peta-15、Exa-18、Zetta-21、Yotta-24。譬如说，全世界在2007年一年所用的总能量是490EJ（Exa Joules）。太阳每年送来地球的光能总能量也是个天文数字，5.5YJ（Yotta Joules），或5.5亿亿亿焦耳。

3.1.5 能量与功率

报纸杂志上常见没分清"功率"与"能量"之不同，导致千瓦与千瓦时两词混用。千瓦是"功率"，而千瓦时是"能量"——是以千瓦的功率做功一小时所耗的"能量"。这有如走路在走多快与走多远上的区别，走速（千米/时）相当于"功率"，而行程（千米）相当于"能量"，不可相混。

在衡量一些新能源时，"功率"与"能量"都得考虑。新能源受到自然限制，像风电得有风，光伏得有日照，所以不比火电二十四小时都能运作。新能源在与火电作比较时，除了习惯上比较彼此"功率"之外，也得比较一天的总发电"能量"。譬如说风电或光伏也许年均一天只得六小时发电，与火电二十四小时运作相比，这新能源虽说功率上相同，发电量可就差上四倍了。

3.1.6 储能、输能

化石能源天生就已经储存了亿万年，不用担心储能。输能上，煤炭固体、石油液体、天然气气体，三种形态方便选择，并且都能以卡车输运到户。石油与天然气还可以管道作输运。储能与输能是化石能源的长处，使得应用灵活与方便。新能源就电能与热能分开来说，在电能上，发电、输电没问题，可是储电不容易。尤其是储能设置要大、使用年限要长，还不得污染环境，这就十分困难了。新能源在热能上，大规模储热没问题，然则输热只能近距离，数十千米之内。所以要想"替换化石能源"，我们需要认识清楚，在储能与输能上，新能源比不过化石能源的灵活方便，必须得讲究预作安排以尽量弥补天生之不足，而在实在难以方便之处就只得容忍。若是现代社会一味坚持等待一种新能源可以与化石能源一样方便的话，这会是不智之举，因为在拖延与等待之后，真正不请自来是气候上、经济上、粮食上的灾难。

3.1.7 转能、能网

转能得考虑转能效率。电转热效率上可达百分之九十多。热转电效率得看热能温度与转能过程，一般估算是三分之一，三份热能只得一份电能，其余二份是中低温余热。在需要热能地方，最好直接供热。若是以热发电，再以电作大规模工业供热，这能量损失会过于庞大，世界上还没有国家依靠电能来维持整个工业供热。法国核电发达，电能也只占工业能耗的四分之一左右，与非核国家相差不大。

能网分电网与热网。电网运作需要有主流电源作支撑。电网对主流电源的要求是电量要大，功率要稳定与可调。化石能源都是主流电源，有能力承担基本与巅峰负荷。新能源像光伏与风电不是主流电源，虽说有一步到电的便利，可是缺乏可调性，其波动与间歇性也不适合电网运作，一不小心就有可能拖垮电网。水电产量有限，只能在一定限度之内帮助电网。这是说就电网运作来说，清洁可再生能源必须有自己的主流电源，不然电网会很难取代化石能源。核电目前用于承担基本负荷，对于新能源上网帮助不大，主要是调节所需反应时间太慢，产量也不够庞大。

热能不能输远，集中型热源可以由热网供热其近郊十多千米范围。使用集中型热源是为了方便供热与提高供热效率。目前热网使用并不普遍，一般是在偏北严寒的城市地区为了冬天供暖方便才有热网设置。一般说来，化石能源因为能量密度高与输运方便所以没有必要使用热网。新能源用作供热会是集中型热源，所以在以新能源作大规模供热的话，包括工业供热，构建热网会是难以避免的选择。

3.1.8 能耗：工业、住家、商业、交通

在各种能耗里，一般是以工业耗能最大，也最重要。工业不能缺能，工厂关闭与工人失业会直接影响社会经济。所以以目前化石能源对工业所供应的热能与电能为准，新能源要想全面"替换化石能源"就得保持同样量级的供应。

在交通上，新能源比不上石油与天然气，不可能维持同样的便利与自由，只得退而求其次。在安排耗能上，尽可能依靠电力驱动，小部分像航空交通得转用生物能。显然，新能源的交通会有限制与诸多不便，希望将来的"信息社会"可以作些弥补，像在网上逛商店购货，网游世界名胜。

总之，能耗是"能源问题"里的重要一环，触及生活、社会、经济等许多方面。所以在"替换化石能源"上，不能只想到狭义"能源"，仅考虑能之源头与偏重发电。应该是先对化石能源的整个能量流程有些认识，进而考虑怎样安排新能源，使得新的能量流程得以有能力从事替换工作。

3.2 面条图——以世界能流作参考

下图就是一张"面条图"，图中所描绘的是2007年世界的能量流程（World Energy Flow）。这是美国能源部（Department of Energy，简称DOE）属下的劳伦斯–利弗莫国家实验室（Lawrence Livermore National Laboratory，简称LLNL）所设计出来一种图案结构，用来表达一个国家（或一个地区）在某一年度内的"能流"即能量流程——从能源到能耗的全程流动情况。图中数据来自国际能源协会（International Energy Agency，简称IEA），数字不一定精确或正确，不过并不会影响我们的讨论。

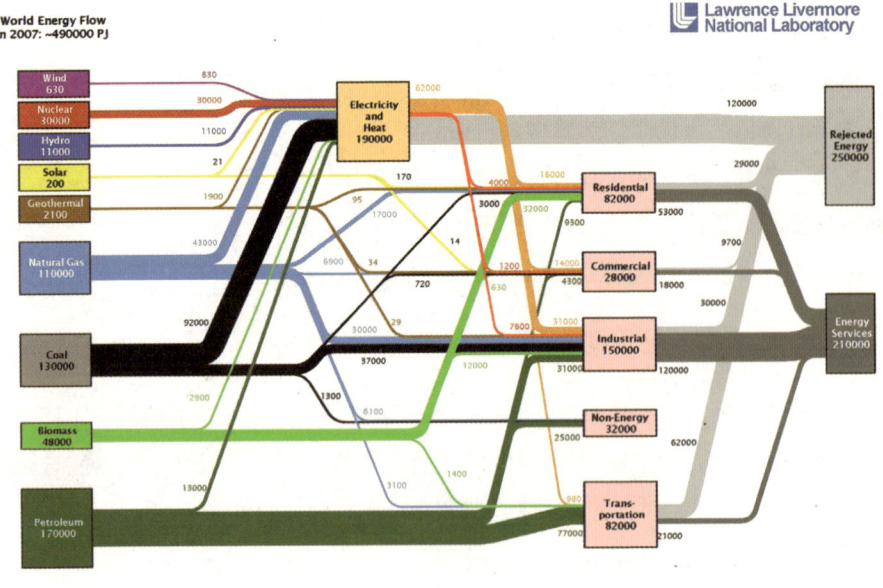

图3.1　2007年世界能量流程图（World Energy Flow）引自Estimated International Energy Flows 2007 C. A. Smith, R. D. Belles, and A. J. Simon March 2011.

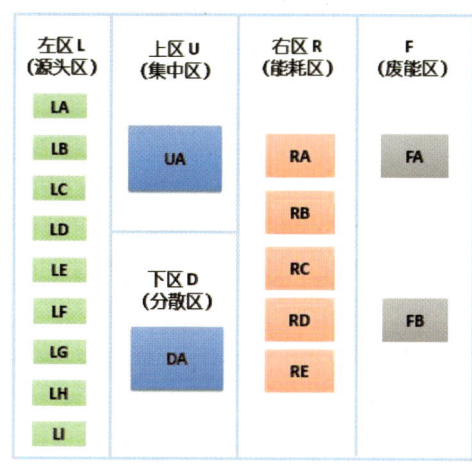
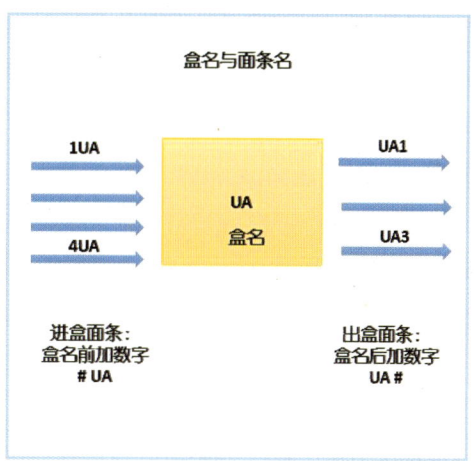

图3.2 能量流程图分区。

俗语有说"千言万语抵不过一张图片"。"面条图"（Spaghetti Diagram），又名Sankey Diagram，特别适合表达多条相关渠道的流动情况。图上是一些面条与小方盒所组成。面条有颜色与粗细之别，颜色代表渠道种类，粗细代表流量大小。整个图在空间上可以与地图或机器组件相重。有一著名的"面条图"绘于1869年，其中以地图作底本描绘了拿破仑1812年攻打俄国的进军与败退路线与兵力。

LLNL的图案设计很好，利用面条颜色与粗细，把一个错综复杂的情况图解得十分清楚。我们为了讲说方便，大略把图案分为上U、下D、左L、右R四个主要区。能量从左区L流出，分成两条支流，不是经过位于中间的上区U，就是经过下区D，最后流进右区R。各区也都另有称呼（见括弧）：左L（源头区）、上U（集中区）、下D（分散区）、右R（能耗区）。图最右边两个小方块所在可以称为废能区F，用以表达有多少能量用上，及没能利用上扔掉的废能。

图3.1中所用能量单位是PJ，前面有说Peta-15，Peta Joules就是1.0E+15Joules。在转能效率上，除非有明说，我们使用热能转电能是33%。交通运输上，热能（石油）转动能（车辆行动），一般平均效率为25%。

下面我们要讲怎样使用面条图与比较不同国家的面条图。过程略为繁琐了一些，还希望读者耐心，只有数页而已。我们看到每张能流图里都会有十七个小方盒与许多面条。每个小方盒里都有个数字。每根面条也都有一个数字。为了明确使用小盒与面条数字，我们建造了一套符号规则。像左区L里有九个小盒，小盒从上到下起名为LA、LB、LC……LI。上区U一个盒子就称UA，而下区没有盒子，我们假想有一个盒子DA，统领所有进出该区的面条。右区R有五个盒子，好比RC从上数下第三盒代表是工业耗能。废能区F里是FA与FB两个盒子。进入每个盒子有些面条，出去也有些面条。我们沿盒子从上数到下，好比UA盒第二根进线就是2UA，第三根出线就是UA3。注意进线数字在盒代号前面，出线数字在盒后面。同根线按出盒、进盒会有不同两个代名，依方便使用。左上角供能总量是TOT。这样图上每个盒与每根线的数字都有个代名方便我们称呼。

  L（源头区）内有九种能源，需要注意是最多量的前三种。源冠比、源亚比、源季比分别代表前三所占总能量的百分比，以%作单位。"源"是指源头区。一般情况前三种都会为化石能源三种所占。目前可再生能源比例过低还不到值得注意地步。

TOT=490,000PJ

源冠比（LI-石油）=LI/TOT=170,000/TOT~34.7；

源亚比（LG-煤）=LG/TOT=130,000/TOT~26.5%；

源季比（LF-天然气）=LF/TOT=110,000/TOT~22.4%。

  总能流TOT流出左区L，就进入上区U与下区D。上区U（集中区，流量UA）是以集中型方式处理热电转能，再以电网、热网传送与分布能量。下区D（分散区，流量DA）里面条特多，这是分散式将能源运送给各个能耗应用。下区D充分显示了运输便利是化石能源的强处。就像运煤方便了工业供热，运油方便了交通。在新能源的安排上，当然电能得上电网，至于热能怎样输运，怎样分配到右区R（能耗区）里作供热，这是新能源在"替换化石能源"上一个十分关键的问题。

  上区U职责较多，除了负责热能转为电能与经由电网送往能耗区之外，也可以将集中式热源（包括发电余热）所生产的热能由热网设置输送邻近住家与工业中心。输热有距离限制，需要按地理位置有个布局。北欧与俄国一些城市就是以这种集中型方式供热(District Heating)。下面我们把能量流程一些比例参数定义为：

集中比=UA/TOT=190,000/490,000~38.8%

分散比=100%-集中比~60%

集电网比=UA1/UA=62,000/190,000~32.6%

集热网比=UA2/UA=（4,000+1,200+7,600）/190,000~6.7%

    集中比意思是在总能流里有近40%进入上区U（集中区）。其余60%（分散比）进了下区分散区D。进入集中区能量UA经转能有约33%（集电网比）转为电能上了电网，而只有不到~7%（集热网比）上了热网。换句话说，进入集中区的能量UA里有60%成了废能被扔掉，行啊，真是会暴殄天物。

    进到能耗区，五种能耗：住家RA、商业RB、工业RC、非燃料RD与交通RE。我们先忽略后两种，以前三者之和为W。然后定义工业比、商业比、住家比为：

W=82,000（RA）+28,000（RB）+150,000（RC）~260,000

耗工业比=（RC）/W=150,000/260,000~57.7%；

耗住家比=（RA）/W=82,000/260,000~31.5%；

耗商业比=（RB）/W=28,000/260,000~10.8%。

    各种比称呼上第一个字是取自区名，像"源"是源头区L、"集"是集中区U、"耗"是能耗区R、"工"是能耗区里的工业耗能。在能耗区里，交通与非燃料能耗我们另行处理，没有必要计算在能耗总和里。

    供给工业耗能RC，分有靠电网输电1RC、热网输热2RC、烧天然气3RC与烧煤4RC得到热能的，煤与天然气是经由下区进来，其所占比例定义为：

工电网比=（1RC）/RC=31,000/150,000~20.7%；

工热网比=（2RC）/RC=7,600/150,000~5.1%；

工煤比=（4RC）/RC=37,000/150,000~24.7%；

工气比=（3RC）/RC=30,000/150,000~20%。

    工业用电是靠电网供应，所以工电网比就是在工业能耗里电能所占比例。至于工业能耗里的热能，一般经由热网供应的只是所用热能里很小部分，大部分工业供热是来自化石能源，利用输运便利直接送达各个工厂。一般国家工业供热依靠主要是煤或天然气，要看资源供应情况。新能源要取代化石能源，工业如何供热会是一个很大的难题。

废耗工热比=FA/（RC-1RC）=250,000/（150,000-31,000）~210%；

交通电网比=0.25×RE/UA1=0.25×82,000/62,000~33%。

一方面看到发电与交通扔掉了大量废能，另一方面看到工业耗能需要大量热能，废耗工热比是以工业用热来衡量废能。废能愈多，比值数字就会愈高，能量扔掉就愈可惜。交通电网比是以电网上的电量来衡量交通上有用的动能。目前交通主要是靠石油。从油能转车辆动能平均效率在25%。这是说如果交通改为电力的话，以目前发电量作准，需要多发多少电？可再生生物能可以输运但产量有限，交通不能依赖生物能，改为电力应当是迟早的事。改用电力还有一点值得一提，石油交通是既污染，又无法收集废能再用，而电力交通既没有污染（或说污染转至发电部分），并且集中型发电，余热都在一处方便收集利用。

从能流面条图里，可以得出16个比例参数，方便我们分析世界各国的能流模样与特征。下表给出各个参数的定义与计算程式：

能流面条图参数表：16个比例参数——定义与计算程式：

01.源冠比：最多能源与能源总量之比=LX/TOT；

02.源亚比：次多能源与能源总量之比=LY/TOT；

03.源季比：三多能源与能源总量之比=LZ/TOT；

04.集中比：进入集中区能量与能源总量之比=UA/TOT；

05.集电网比：上网电量与集中区能量之比=UA1/UA；

06.集热网比：上热网热量与集中区能量之比=UA2/UA；

07.耗工比：工业能耗与总耗能（交通除外）之比=RC/W；

08.耗住比：住家耗能与总耗能（交通除外）之比=RA/W；

09.耗商比：商业耗能与总耗能（交通除外）之比=RB/W；

10.工电网比：工业耗能中，电网电能所占之比=1RC/RC；

11.工热网比：工业耗能中，热网热能所占之比=2RC/RC；

12.工煤比：工业耗能中，煤炭热能所占之比=4RC/RC；

13.工气比：工业耗能中，天然气热能所占之比=3RC/RC；

14.废耗工热比：废能与工业耗能中热能部分之比=FA/(RC—1RC)；

15.交通电网比：交通油能转动能部分与电网电量之比=0.25×RE/UA1；

16.总工比：工业耗能与能源总量之比=RC/TOT。

拿这些参数来作观察与分析，世界能流情况大致可以这样描述：在2007年，世界能源供给总量是490,000PJ，其中：

1.能源量大的前三位是石油占39%、煤27%与天然气22%。

2.总量有40%经由集中区转能上网，60%进分散区直接输往能耗区。

3.在送去集中区能量中有33%转电能上电网，有7%的热能上热网，60%成了废能被扔掉。

4.在送去能耗区能量（交通能耗除外）中，工业耗能最大占60%、住家30%、商业10%。

5.在工业耗能里工业用电只占20%。这是说，工业能耗里有80%是热能，是电能的四倍。工业能耗中经由热网供热的热能只占5%，而化石能源经由分散区直运作工业耗能的占75%，占了大部分工业能耗。

6.废能总量庞大，约为工业耗能的热能部分的二倍。

7.在交通能耗上，如果改石油为电力，那电量需求约为目前发电量的三分之一。

3.3 第一组：美国、德国、中国

美国与德国是已发达国家，西方最强的两个强国。中国是发展中国家，不过近年来工业发展迅速，已成为世界工厂。美德与中国应该在能量流程上有许多不同的地方。我们依照上节所述的十五参数顺序，从能源区开始，经过转网区与散运区，最后到达能耗区。能耗区中最大最重要的是工业耗能，所以在安排新能源上也最需要弄清楚化石能源是怎样供能（尤其热能）给工业的。

下面分别就是LLNL所绘制的三个国家的能流面条图。从每个图上，我们得出16个参数，将其列表并列如下。虽说有面条图、有参数表，这能流情况还是相当复杂，需要一段时间熟悉，里面要看用途，自己去选重点。我们的兴趣与重点有二处：一处是总能量分流上、下两区的情况；另一处是工业能耗有从电网、热网、化石能源而来，其分布情况是怎样。有了重点，可以说是进一步作了简化，看起面条图来就会像观看世界小姐选美一样，不会那样枯燥无味了。

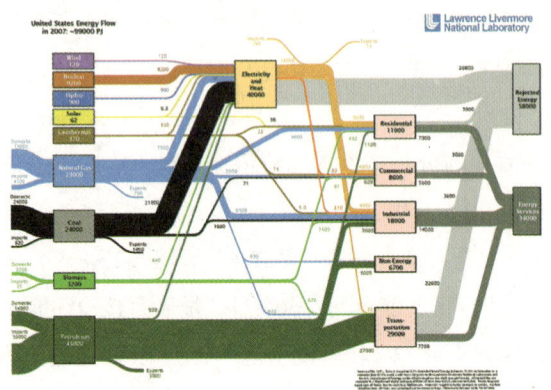

图3.3　美国2007年能流图。

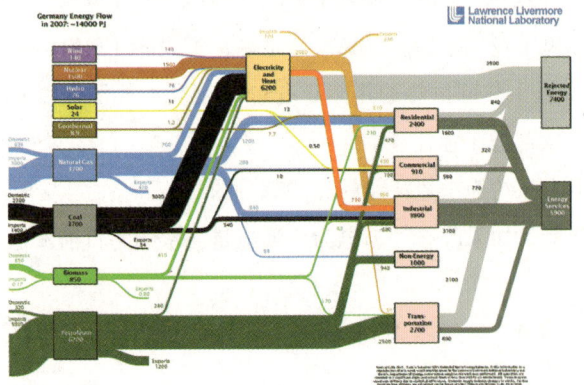

图3.4　德国2007年能流图。

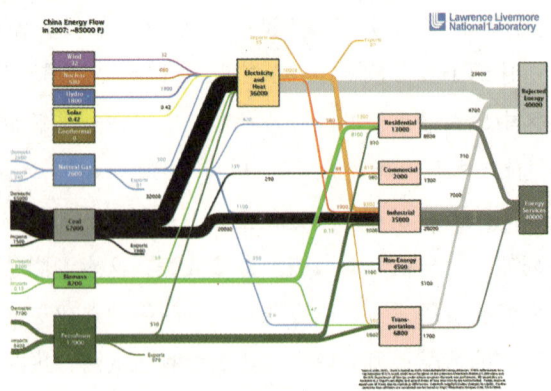

图3.5　中国2007年能流图。

第三章
能流面条图→梦中组合→梦中能源

在2007年美国能源供给总量为99,000PJ，是世界的五分之一。前三位能源是石油占43%、煤24%与天然气23%。总量有40%经由上区集中处理，总量的60%经分散区运去能耗区。在送去集中区能量中有35%转为电能上电网，热网微不足道。这是说，进入集中区能量有65%成了废能。在送进能耗区的能量中（交通能耗除外），工业能耗最大占48%、住家29%、商业23%。工业用电其实只占工业能耗的23%，热网没多大作用。工业供热主要是天然气36%，煤9%。这是说化石能源经由分散区直运占工业能耗的77%，这显示了化石能源的运送性对工业供能有多重要。废能有工业供热的四倍。在交通能耗上，如果改石油为电力，那电量需求约为目前发电量的50%。基本上说来，美国与世界在能量流程差别不大，从耗商业比可以看出能源之用主要为了生活舒

参　　数	世　界	美　国	德　国	中　国
总量（PJ）	490,000	99,000	14,000	85,000
源冠比（%）	石油35	石油43	石油44	煤67
源亚比（%）	煤27	煤24	煤26	石油20
源季比（%）	天然气22	天然气23	天然气26	生物能10
集中比（%）	39	40	44	42
集电网比（%）	33	35	32	28
集热网比（%）	7	1	12	5
耗工业比（%）	58	48	53	70
耗住家比（%）	32	29	34	26
耗商业比（%）	11	23	13	4
总工比（%）	31	18	27	41
工电网比（%）	21	23	24	24
工热网比（%）	5	2	19	5
工煤比（%）	25	9	14	57
工气比（%）	20	36	25	3
废耗工热比（%）	210	425	260	150
交通电网比（%）	33	51	35	17

图3.6　世界、美国、德国和中国各种能流比例参数。

适方便，比起其他国家是较浪费一些。

  2007年德国能源供给总量是14,000PJ。前三位能源是石油占44%、煤26%与天然气是26%，与美国很接近。总量有44%经由上区集中处理，总量的56%经分散区运去能耗区。在送去集中区能量中有32%转电能上电网，并且有12%的热能上热网，利用上一些发电余热这是德国特别的地方。在送去能耗应用能量（交通能耗除外）中，工业耗能最大占53%、住家34%、商业13%。工业用电其实只占工业耗能的24%。经由热网对工业供热占19%，这是相当杰出的表现。这是说化石能源经由分散区直运供工业应用占工业耗能57%，比美国要低20%。在交通能耗上，如果改石油为电力，那电量需求约为目前发电量的三分之一。

  2007年中国能源供给总量是85,000PJ。中国能源主要是煤，占能源总量的70%左右，天然气很少。结果变成发电烧煤，供热也烧煤。总量有42%经由上区集中处理，总量的58%经分散区运去能耗区。在送去集中区能量中有28%转电能上电网，这热电转换效率过低。只有5%的集中区能量上了热网，这也就是说有67%成了废能。在送去能耗区能量中（交通能耗除外），工业能耗最大占70%、住家26%、商业4%。中国是世界工厂，大部分能源直接与间接都用在工业生产上。工业用电其实只占工业耗能的24%，比例与国际平均差不多。不一样的地方是工业用煤供热占了工业能耗60%左右。所以对中国来说，"替换化石能源"的第一要务就是要来取代煤，这牵涉到发电与供热两方面，就算发电上解决了，也只解决了工业能耗的四分之一需求而已，还有四分之三没动，并且供热会是工业能耗里最大的困难。

  三国与世界在能流类型上，我们说同属"4060"能流模式，40%总量进上区，60%进下区。三国能流大致接近，美国比较浪费，没有热网供热；德国相对比较节省，以热网作工业供热就是一例，花了不少精力在工业上；中国是全力放在工业，对煤依赖过大，热网不发达是对供热问题不够重视，发电效率过低，发电余热也没有注意应用。

  能源不仅是自身有问题，也带动了其他资源跟着产生问题。好比发电水冷用水，在美国发电用水量已与农业用水（包括农业灌溉与畜牧业用水）几乎相等相当。请见LLNL所绘制的另外一种美国用水的面条图，显示了有关美国2000年水资源与用水情况。火电与核电都需要水冷才能保持效率，降低成本。新能源没排放、没水冷，在美国国会不让设置排放税与用水税情况下，市场上竞争难以公平，新能源发展从开头就处于不利地位。

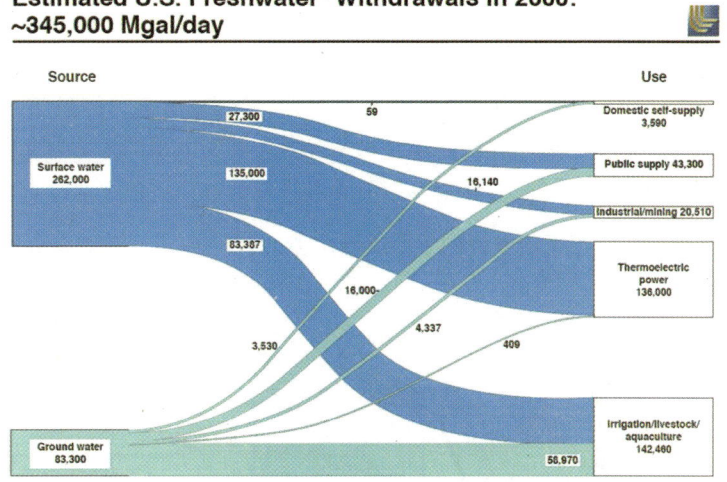

图3.7 美国2000年用水量流程图。

3.4 第二组：俄国、芬兰

俄国化石能源充沛，石油、天然气外销赚取了巨额外汇，有一阵子经济情况不好，政府只得依靠资源外销为生。俄国的能流模式很有特色，也许是为了方便抵御严寒，在早年计划经济之下特别强调以热网作集中型供热，使人感觉到对新能源比较亲切，值得我们认识与研究。

俄国主要能源是天然气。"能流"模式是"6040"。出了能源区，"能流"以"60/40"分流上区与下区。这与我们上面第一组国家（世界、美、德、中）的"40/60"能流样式是正好相反。一般"能流"流进上区就是为了发电转能上电网，中美是发电余热一扔，拍拍屁股了事。德国没全扔，还利用上了一些。俄国除了发电，还以化石能源作热源建立了大规模热网。那从上区出来粗粗的红色面条就是他们的热网。热网供热占住家能耗近一半，超过电网供电四倍。在工业耗能上，热网供热占工业能耗的31%，而电网供电只得21%。这是说从上区出来热网的作用比电网要大。就是因为热网的大量输热减低了的化石能源经由下区供给能耗区的需求使得上下区之比可以从第一组的"40/60"翻盘成了"60/40"。

俄国集中区这种既是电源又是热源的作法就是所谓的热电"并生"（Co-Generation），或称热电"联用"。热电"联用"可以使得能源总体应用效率提升到70%~90%。如果单单只作发电，能源使用效率就高不起来，火电热电转换效率33%、光伏的光电效率在10%~15%，聚光的光电转换效率是12%~25%。自然有能源像风电与水电，一步到电，谈不上热电并用。在光伏情况里，其实太阳光大部分光能转成了热能，只是光伏怕热在积累之下提升温度使得光电效率降低，所以变成唯恐散热不及，哪有心思热电联用（就是联用也会供热温度偏低）。

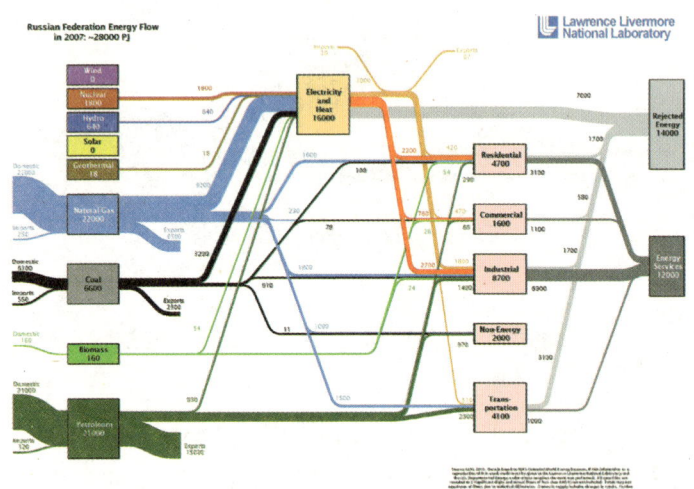

图3.8　俄国2007年能流图。

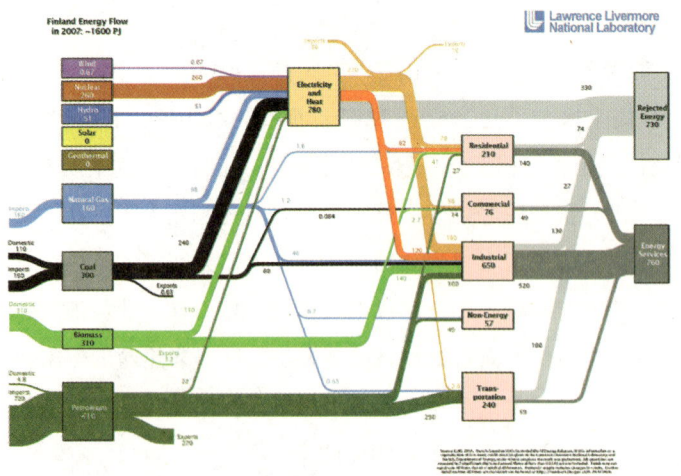

图3.9　芬兰2007年能流图。

参数	世界	俄国	芬兰	中国
总量（PJ）	490,000	28,000	1,600	85,000
源冠比（%）	石油35	天然气55	石油28	煤67
源亚比（%）	煤27	石油21	生物能19	石油20
源季比（%）	天然气22	煤15	煤19	生物能10
集中比（%）	39	57	49	42
集电网比（%）	33	19	35	28
集热网比（%）	7	35	23	5
耗工业比（%）	58	58	69	70
耗住家比（%）	32	31	23	26
耗商业比（%）	11	11	8	4
总工比（%）	31	31	41	41
工电网比（%）	21	21	28	24
工热网比（%）	5	31	19	5
工煤比（%）	25	11	9	57
工气比（%）	20	21	7	3
废耗工热比（%）	210	203	130	150
交通电网比（%）	33	33	22	17

图3.10 世界、俄国、荷兰和中国各种能流比例参数。

据称俄国的热网装备过于老旧，绝热材料不好，加上许多地方年老失修，结果在输热与配热上效率不佳。反正俄国化石能源充沛，一时也能凑合使用。北欧诸国像丹麦、芬兰在这方面有较现代化的设计与装置，所以在热电并用的科技上可供参考。

严格说来，芬兰还不是"60/40"国家，不过在精神上是有过之而无不及。这个国家很有意思，地理位置最北，有四分之一领土在北极圈内，北边年均温度0℃，最南端年均也只有5℃。国家资源贫乏，能源上自己生产主要是泥草碳（Peat）、木材，还有一些煤，几乎所用化石能源都靠进口。可就是这国家，可再生能源已占了能源总量近30%。也是这国家，工业能耗占总能耗（交通除外）70%，与世界工厂中国一样，其实因为严寒应该更是辛苦。为了维持热源与热网，除了利用上发电余热与工业余热，他们什么都烧，煤、泥草碳、天然气、树皮、木材、垃圾。面条图上看得很清楚那大红面条从上区出来，供热给住家（占住家能耗30%），与供热给工业（占工业能耗20%）。芬兰在严寒下，能有此成绩，不容易，值得好好参考。

3.5 第三组：加拿大、加州

加拿大与俄国相似，化石能源丰富，是世界重要能源输出国之一。加国还有一特别好处就是水力充沛，全国发电量有近三分之二来自水电。请注意水电在穿过上区时是进去多少出来上电网就是多少，没有转能就没有效率问题。没有转能也就没有余热可扔，所以废能也会看起来小一些。其他像风电与光伏也是一步到电没有折扣，只是目前量小，没有明显效果。核电不是一步到电，中间有核能转热能，再转电能的步骤，所以流进上区数字得乘热电转能效率才是上网电能。

加拿大与俄国都有充沛天然气，不过用法不同。俄国主要用来发电，而加拿大用来经由下区对能耗区供热。所以两国在能流样式上各趋一端。在"上区/下区"之比上，加式是"30/70"，一种新的样式，与俄式"60/40"大不相同。加式不靠热网供热，所以从集中区出来的红色面条是细得微不足道。加拿大天赋条件太好，水力与天然气要什么有什么，俗世里的能源环保问题都挨不上边，令人只得一边羡慕，一边自叹命薄。

加州面条图上年份是2008年，并且能量单位是BTU。加州是美国一州。美国国内工商业所用的能量单位是BTU，所以加州能流图上就出现了这看起来十分陌生的单位。

Trillion BTU与PJ经过换算有下列关系：

1BTU=1054.8J=0.00029307107kWh

所以7709 Trillion BTU=8133PJ

加州具有加拿大在能流上相似特征，并且有些方面还加倍明显。譬如说加州天然气不仅用于工业供热，也用作发电。在供热上，主要是以天然气的网络管道作输送。

这是说以分散型的气网替代了俄国集中型的热网。所以在加州面条图里找不到有红色热网的影子。气网长处在于供应区域比热网要广大，使用起来也比较方便。热网使用集中型大锅炉，而气网是到处都有小锅炉。加州气候温和，人口住家与工厂过于分散，气网自然十分适合。不过天然气是化石能源，有排放与存量问题，所以也是个定时炸弹，供热是西方无可奈何的问题，能拖就拖。

我们注意到在加州面条图上，几乎看不到煤炭的影子。这与中国到处用煤情况完全相反。其实，加州也不能说真的没有用煤，这里面有曲折。加州环保规定严格，逼得烧煤的火电不得不迁往邻州设厂，邻州见有税收机会当然欢迎。在加州面条图集中区后面电网开始处，有300PJ源自邻州烧煤的火电与水电从外州输入加州电网。这可不是小数，加州自己才生产600PJ电量。

加州主要能源就是天然气。以充沛天然气供应工业甚至可以降低工业所使用的电量。加州工业耗能里有54%天然气，而来自电网的电量只占11%，这是工业用电比例最低的一例，低到惊人地步。这也反映了减低供电，工业有热能也能凑合；没有供热，工业就会成本过高，难以存活了。

加州城市住家的分散性导致在交通上使用大量石油，而石油东牵西扯变成一个难以收拾的巨大问题，这种生活方式与这种社会绝对不能持久，迟早会有变更。单说石油交通就很复杂，石油不仅污染，还有效率与废能问题。石油转动能25%效率，过程中产生大量热能，车子在动，热能只好扔掉。交通使用电力会改进一些，电能转动能效率高，不过问题溯源而上变成发电与储电问题。发电情况稍为好些，发电余热存心要用还是可以用上。目前石油交通带给加州生活空前的自由与方便，电力交通不可能有力量持续这种分散的自由生活方式。加州生活是不像话的舒适，气候又好，看了只得自叹命薄（也许芬兰不仅叹气，还会流泪），聊以安慰的是这种生活方式绝对不可能持久。

至于为什么会有这三种能流样式呢？集中区至少得管发电与电网，所以不会低于一个数字。我们猜分散区数字与化石能源及外在环境有关系。加式的"3070"之成形可能是化石能源十分充沛与气候温和所导致。分散区达到70是代表化石能源的灵活与方便性得到了充分发挥，分散式生活方式不可能持久。美式"4060"也许是化石能源特性的一般发挥。俄式的"6040"也许是受气候环境的影响而加重了集中区里热源与热网的功用。

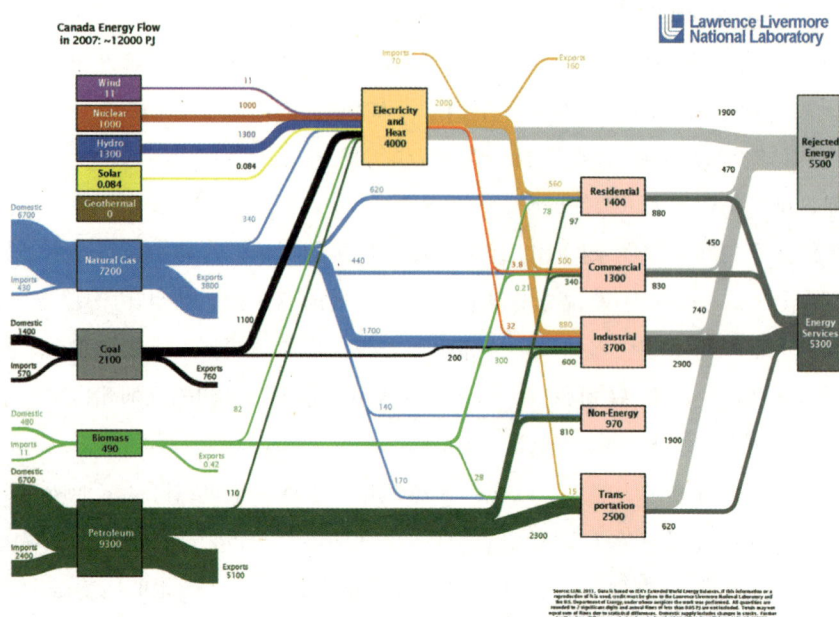

图3.11 加拿大2007年能流图。

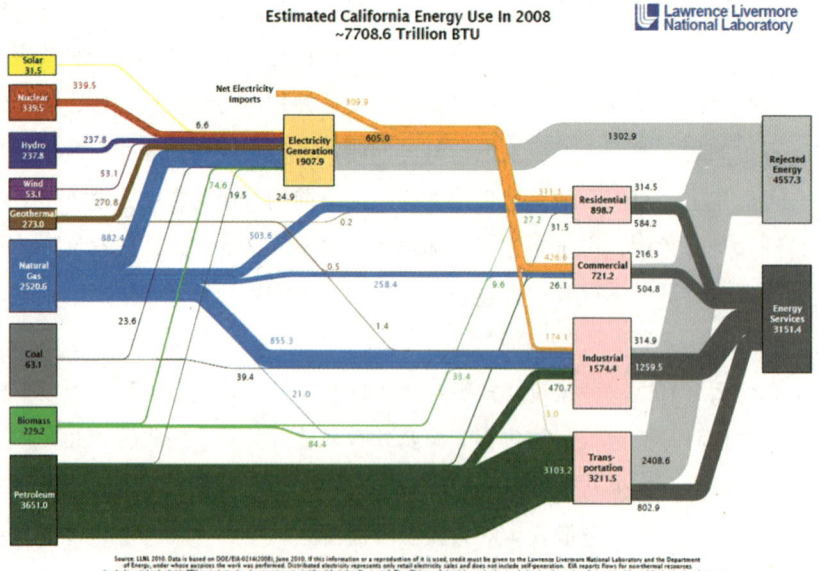

图3.12 加州2007年能流图。

参数	世界	加拿大	加州	中国
总量（PJ）	490,000	12,000	8,130	85,000
源冠比（%）	石油35	石油35	石油47	煤67
源亚比（%）	煤27	天然气28	天然气26	石油20
源季比（%）	天然气22	水电11	水电9	生物能10
集中比（%）	39	33	25	42
集电网比（%）	33	50	32	28
集热网比（%）	7	1	0	5
耗工业比（%）	58	58	49	70
耗住家比（%）	32	22	28	26
耗商业比（%）	11	20	23	4
总工比（%）	31	31	20	41
工电网比（%）	21	24	11	24
工热网比（%）	5	1	0	5
工煤比（%）	25	5	0	57
工气比（%）	20	46	54	3
废耗工热比（%）	210	195	325	150
交通电网比（%）	33	27	88	17

图3.13 世界、加拿大、加州和中国各种能流比例参数。

3.6 第四组：法国、日本

2007年，法国电网电量有80%来自核电，12%来自水电。在电力供应上以核电为主就是法国能源的特色。法国缺乏化石能源，德国还有些煤，法国连煤都没有，所以才会全力发展核能。核能是经由热能转为核电，热电转换效率大约在33%左右。因其投入大量核能进入上区，而下区因为法国工业能耗比重较轻（总工比19%，比中国一半还少）有些缩小，使得上下区能流比成为"53/47"。看起来是俄式能流样式，其实是地道的美式。法国的热网（红色面条）很细，和美国一样。

供能分供电与供热。在法国右区（能耗区）里，我们可以看到供电分配情况：电能占住家能耗的31%（45），商业能耗的53%（47）与工业能耗的28%（24）。括弧里是美国的数字，三项里有两项比美国还高。所以我们看到法国核电在供电上是有帮助的。令人有些遗憾的是大量所提升的是商业用电，不是工业用电。

在供热上，核能没有任何贡献。核能发电转为核电，过程中余热热量很大，经由水冷全给扔了。法国为了供热还得照常进口化石能源。我们来问核能可不可以供热？应当是可以，不仅发电有余热，核能本身就是庞大的热源。那为什么没有看到世界那里有使用核能供热呢？这牵涉到核能安全，核电站位置与运作温度种种因素。

核能供热的困难是热能不能传远，所以核电站必须离人口与工业中心很近。这就得让核电站很靠近城市，或迁工业区到核电站附近。两种作法都有巨大困难。德国作为法国的紧邻前几年才投票决定全面禁核。德国现有核电占电量总值四分之一，全部要在几年之内关闭。

目前这二代（第二、三代）的核能厂有些缺点。譬如说，运作温度只有三百多度。温度低、需要水冷才有些效率，就算用作工业供热也只能作中低温应用，发电余热自然温度还更低。改进核能设置不容易，动辄十年、二十年，主要顾虑牵涉到核能安全。

在西方，核能没有准备作供热，无法帮助工业供热。法国就是个好例子，所有用于供热的化石能源不得不照常进口，工业排放也没有因为核能得到有效的阻遏。如果核能不作供热，而工业耗能还是以供热为主，核能就不可能成为解决能源环保问题的主力。核能有辅助作用，可以协助减排。目前有人认为清洁可再生能源无力自立，需要以主流能源的核能作协助。这种认识有三重错误：核能供电不供热，不是主流能源，只能算是承担基本电负荷的主力电源；核电反应时间不够快，很难应付光伏与风电的不稳与间歇性；清洁可再生能源里已有"聚光储热"作为主流能源，不需要核电与化石能源协助，我们在下章会有详细解释。我们不仅强调清洁可再生能源可以自立，并且建造"聚光储热"所需时间要比核能要短。核能一时拔刀相助，在关键时刻是有重要作用，最终因为不可再生，还得靠可再生能源来取代。

世界有没有哪里使用过核能供热呢？据称，俄国做过小规模核能供热实验。目前俄国也正尝试将核能装备置放在船上，将船拖近海岸城市作供热之用，一有不对劲的地方就驶离城市。装在船上有活动性，看需要作移动，水涨船高，不怕海水上涨，虽说也不怕地震，不过不能有海啸。

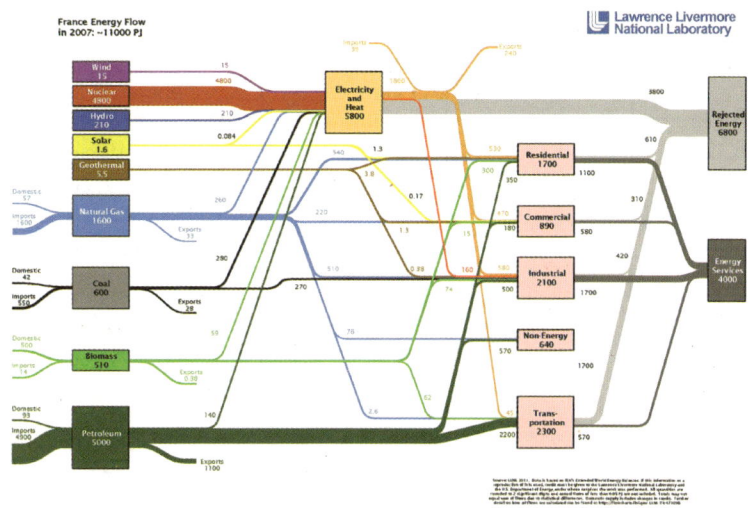

图3.14　法国2007年能流图。

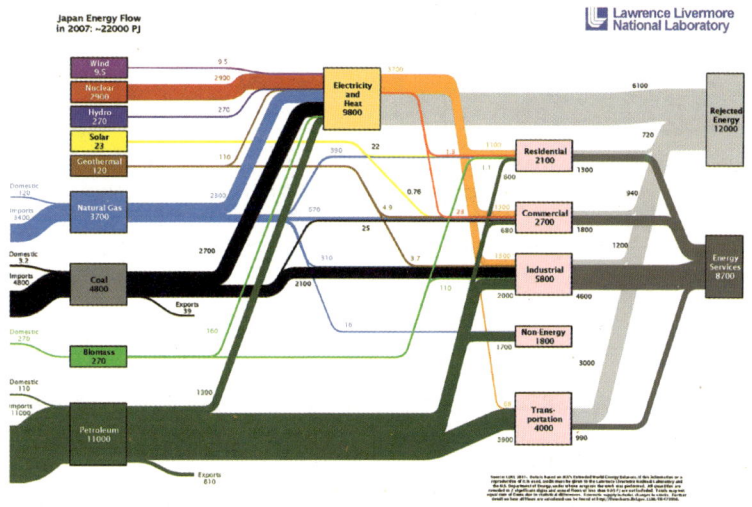

图3.15　日本2007年能流图。

参数	世界	法国	日本	中国
总量（PJ）	490,000	11,000	22,000	85,000
源冠比（%）	石油35	石油46	石油507	煤67
源亚比（%）	煤27	核能44	煤22	石油20
源季比（%）	天然气22	天然气15	天然气17	生物能10
集中比（%）	39	53	45	42
集电网比（%）	33	31	38	28
集热网比（%）	7	3	0	5
耗工业比（%）	58	45	55	70
耗住家比（%）	32	36	20	26
耗商业比（%）	11	19	25	4
总工比（%）	31	19	26	41
工电网比（%）	21	28	22	24
工热网比（%）	5	8	0	5
工煤比（%）	25	13	36	57
工气比（%）	20	24	5	3
废耗工热比（%）	210	250	135	150
交通电网比（%）	33	32	27	17

图3.16 世界、法国、日本和中国各种能流比例参数。

只要天然气管道畅通，目前法国没有供热问题，整个欧盟也没问题。俄国是天然气大国，全力供应欧盟天然气。现在欧盟已有三分之一天然气来自俄国，这还在增长中。这种供应方式使得欧盟有些紧张，让俄国控制了如此重要的战略资源，着实有些令人对能源安全放心不下。最近乌克兰事件就是一例，欧盟哪敢太强硬。供电上解救还有希望，而供热上想取代天然气会是难上加难。供热问题可以算是欧盟绑在身上的定时炸弹，拆又拆不下来，而迟早总会有引爆的一天。目前无可奈何，只得走一程算一程了。这也就是说，天然气使用起来舒适方便，进去容易，出来难。

日本缺乏资源，能源情况相当不乐观。日本所用化石能源全部都得进口。而能源输运线又很长，得依靠美国保护，又不愿事事承仰美国鼻息。在法国大力发展核电之时，原来就该及时跟进，自己缺乏认识与决断。福岛灾难一发生，现在核电发展就得拖延一阵子了。日本可再生能源本钱不多，太阳能不丰沛，有些风能而又因认识不够，不能决断，没有及时全力发展（最近才发展深水海上风电）。自己认识不清，事事又拿不定主意，不能决断能源要何去何从，真是万分辛苦。

"能流"上，我们认为三式中以"美式"对日本最不利，而日本偏偏最接近"美式"。日本可以学习"加式"，同加拿大一样将所有的煤用于"上区"发电，下区使用气网以天然气供热。现在日本的安排正好是相反，以天然气发电，煤炭作工业供热，显然这不是输能有效方式，也许有历史原因所以如此。

不合"俄式"之处，是没有在"上区"建立强大的热源与热网，利用发电余热与工业余热作供热之用。日本在"上区"前半部表现精彩，热电效率38%比中国28%好太多了，当然中国也太差了些，不比中国也罢。日本的耻辱在"上区"后半部，巨量的发电余热就照了"美式"作法全给扔了。日本人口与工业十分集中，没有理由不大力发展热网。为什么没这样做，只有天知道。在本书最后一章，我们还扎有一个稻草人"日稻"，更进一步分析日本能源情况。

3.7 认识误区

"能源问题"不单是"能之源头"的问题，也不单是电源的问题。"能源问题"关系到整个"能流"，从"源头"到"能耗"的一条河流。其实只有在对能耗情况（包括电能与热能）有一些感觉之后，才可能对"能源问题"认识深入。不知能耗情况如工业能耗是以热能为主等，而只从发电与电源上着想，很容易就会进入认识误区。

下面列有一表，表里列出了各国面条图里所绘有关"右区"里工业能耗的一些情况。为了方便比较，在直排项目中，大值用红色、小值蓝色标明。譬如说，中国的情况是：工业能耗占总能耗（不包括交通）的70%；在工业能耗里电能占24%，其余是供热。在供热上，热网供热（上区出来的红面条）3%、烧煤供热57%（经由下区），天然气供热3%。再以俄国为例：工业能耗占总能耗（不包括交通）的58%；在工业能耗里电能占21%、热网供热（上区出来的红面条）31%。

工业能耗是能源总量里最大一项，也是各种能耗里最庞大最重要的开支，一般占总能耗的60%。中国作为世界工厂占了70%，芬兰国小也尽了全力占70%。我们需要认识到由电网供给的电能在工业能耗里一般只占20%多，而热能需求是电能的三到四倍。在加州情况中甚至可以高达八倍。工业主要需要热能，在法国核电供应充沛情况下，电网供电工业比例也只上升到28%。

工业能耗比例（%）

国家	总工比	耗工比	电能（%）	热网（%）	煤炭（%）	天然气（%）
世界	31	58	21	5	25	20
中国	41	70	24	3	60	3
美国	18	48	23	2	9	36
德国	27	53	24	20	14	25
俄国	31	58	21	31	11	21
芬兰	41	70	28	19	9	24
加拿大	31	58	24	1	5	46
加州	20	49	11	0	3	54
法国	19	45	28	8	13	24
日本	26	55	22	0	36	5

图3.17 工业能耗中各种能流所占比例。

在工业供热上，西方列强都离不开天然气，加拿大与加州尤其如此。中国工业主要是以煤炭供热，占了工业能耗的60%。天然气与煤炭同是化石能源，天然气化学组成上是CH_4，碳可以烧，氢也可以烧，而煤则是全碳。在给出同等热量情况下，煤炭在排放上是天然气的二倍，并且内含多种污染性杂质。不错，在化石能源里，天然气是最为清洁，排放最少的一种，但不是没有排放，并且并不是可再生能源。一些人不明就里以为天然气是没有排放的清洁能源，甚至可以长久无限供应，这些都是十分错误的认识。

西方在能源对策上偏重发电。这不是说西方科学家他们不知道或不担心供热问题，也不是说科学家不想替换天然气，只是目前有困难与阻力过大，无法替换，只得延缓考虑。西方可以专注发电是因为供热有本钱，可以暂时不顾，本钱就是目前可作拖延的天然气。中国没有天然气这样本钱，跟着欧美一样把注意力集中在"发电"上，像核电、水力发电、风电、光伏发电、光热发电——只顾供电，不顾供热问题，这就是进入误区了。工业供热是不可忽视的问题，而供电只占工业能耗的24%而已。

偏重发电是误区里的一种。使用天然气供热会陷入另外一种误区。欧美正陷入在这误区中无力自拔，而中国好像有机会的话也会来不及的跳进。天然气的半排放（煤炭之半），使用上的方便与所带来的舒适，产生了一种麻醉效应使得社会容易忽视了能源与环保危机。情况如果变更严重，有如美国，麻醉就会转化成鸦片效应，那就不知身在何处，天天都在天堂里，何来能源危机。我们觉得需要强调中国目前所不熟悉的第二种误区，其为害并不比第一种要小。换句话说，不是欧美热衷发电，中国就得热衷；不是美国热衷页岩气，中国就得跟进，上马不妨，只是先得想好如何下马。

美国最近裂压(Fracking)技术生产大量页岩气，使得天然气成本下降。加上天然气逐渐在发电上取代了煤炭，这更巩固了天然气在供热与供电上的地位。甚至有保守派国会议员声称：美国"能源革命"已趋近完成，美国在能源供应上已接近独立。虽说西方有天然气的方便，但这不是没有代价。目前新能源在所谓自由市场上受到更大的打压，不仅发展有困难，连生存都有问题。这已经不是西方科学家原先所料想的情况了。原先是把天然气认作能源前进道路上的一个大窟窿，先在窟窿边绕下路，等以后回头再填。现在窟窿自己愈长愈大，横断了整条路，连前进都不可能，别说回头填窟窿了。目前看来，西方（主要是美国）的"能源革命"好像是真的革错了命。

天然气如果不顾其排放的话，那还真是天下最理想不过的能源。新能源不管怎样去发展恐怕总有其不及之处，所以天然气可以称得上为上天的杰作。上天另外还有一个杰作，那就是鸦片。这比喻只是说令人感觉舒适的程度，与沉迷后难以自拔的情况。自然、天然气有实用价值。总之，向舒适享乐的感觉告别是一种不寻常的痛苦。一个吸食鸦片的人很想与鸦片会馆告别，所有能想到的都想过了，意志坚决。到了临别之际，这人就是再笨也会想出一百个理由，把告别延迟到明天，而明天之后又还有明天。别看这小拖延，再大巨人好比美国也会被绑在这无休止的拖延上。

中国缺天然气，与第二种误区好像沾不上边。不过据说中国页岩气储量不少，加上又有能源急需，只要裂压开采技术发展成功，哪有开门不迎客的道理。这就会是一段故事的开始，天然气这客人，不容易请来，既来之，该送客时候就会发现很难送走。于是在美国钻进了死胡同之后，中国好像只得跟进。现代经济、现代政治怎能容忍不跟进？进了胡同，就会走到胡同尽头，不是不知道是个死胡同，这玩意有鸦片效应，明天之后还有明天，就这样一直到确实没有明天。

■□□ 3.8 设计能流→梦中组合（"能稻"）

我们在看了九个国家或地区的面条图，认识到三种"能流"样式，现在来温习一下所学。怎样温习呢？先随便拿一国面条图作背景，就拿中国好了。我们的温习过程是一边温习，一边自定条件作取舍来构建一个新的面条图。自定条件有自由，不过条件需要配合整个能流流程，没有冲突不顺地方。我们所选的构建方向是与能流相反，从废能区到能源区。下面就是我们所扎有关"能流"样式的一个稻草人，称之为"能稻"。

能稻一：我们定有两个主要构建条件：第一是要把废能区里的废能减至最小，有用之能增至最大；第二是以清洁可再生能源全面"替换化石能源"。第一个条件就能帮助我们构建能流的后半部。在构建过程中就会产生一系列对源头区的要求。这些要求加上第二条件希望就能够决定整个自作的新"能流"模式。

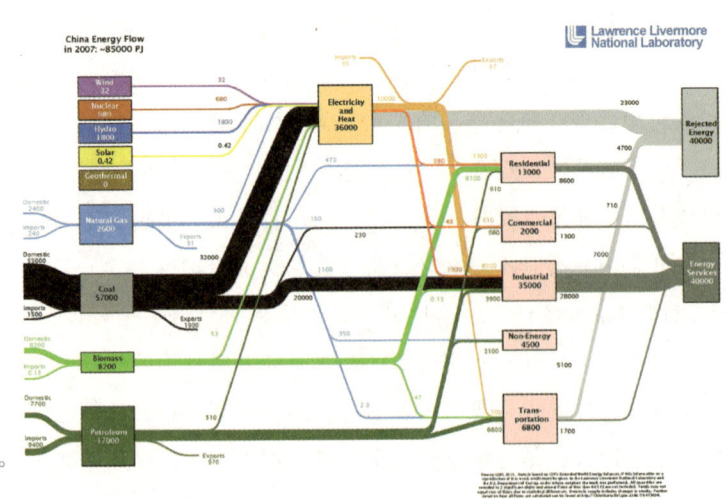

图3.18　中国2007能流图。

第三章
能流面条图→梦中组合→梦中能源

能稻二：废能有两个主要来处：上区发电余热与右区交通能耗——需要对这两处开刀。

能稻三：交通能耗：将交通能耗从石油改换为电力——石油转动能效率只有25%，电力转动能效率可以大于90%。所以交通能耗的废能可以减到最小。石油交通所产生的废能因为车辆在动，无法收集利用。在电力交通情况下，发电效率与余热处理都转给了上区。至于部分交通电力不能替代的像航空与航海，可以使用生物能作替代，总之全面避免使用石油。

能稻四：上区电力生产增加，原先电力加上交通所需求的电力，使得余热十分庞大并且集中一处。上区后半部变为削减废能最为关键地方——没有扔掉的余热，所有余热都进热网。

能稻五：热能转电能的发电过程——希望能够提高热源温度到八百度，可以使用GasTurbine（Brayton）发电；不再使用水冷，吃下效率损失；也不怕余热温度高，反正不会扔掉，余热有热网收集利用。

能稻六：加强与分类由上区出来的红面条——热网主管项目包括储热、进热（换热）、输热与配热。热网按应用温度分为高温热网、中温与低温热网。有高温热源直接供给高温热网。发电余热不会被扔掉。热网主要是承担起住家与工商业能耗的供热部分。热能不能输远所以工商业与住家必须分布在热源附近。

能稻七：电网稳定性：在上区尾端电网起点设有大规模储能设置。一是协助带有波动与间歇性新能源像光伏与风电上电网。二是稳定电网运作，可以承担基本与巅峰负荷。

能稻八：电能与热能的可调性：可调分移时可调与功率可调。譬如说抽水储能具有电能上的两种可调性，熔盐储热具有热能上的两种可调性。热能可以发电，所以熔盐可以兼顾热电。

能稻九：往昔下区的繁华忙碌是由于化石能源的输运。现在只剩下生物能与非燃料化石能源需要通过下区。所以这能流结构会比俄式"60/30"还朝上区倾斜，新比例也许会是"90/10"，上区占总能流90%，下区10%。（以下简称"9010"模式。）

能稻十：上面所作在上区的各种安排，好比对高温热源与储能的希求，这些都是希望源头区能供给、能协助安排。加上我们要求的第二个条件——能源区内所有能源都是清洁可再生能源。基本上就决定了源头区应该具有的特性。请见下节。

下图所示就是我们温习所得的一种新能流样式。这"9010"样式是基于我们梦想里的第一个要求——减少废能——所构建，我们姑且称之为"梦中能流。"

新能流构建过程择其主要步骤有下列顺序与重点：

"梦中能流"组成。减少废能交通改电力→发电提温→全部余热进热网→发展高中低热网→热网负责储热、换热、输热与配热→上区有强大高温储热设置→以储热能量来稳定电网及协助带波动与间歇性的新能源并网→上区储能给予热能与电能可调性→能源区要求所有能源都是清洁可再生能源。

"能流"是怎样流动呢？"能流"离开能源区，90%流进上区，上区负责集中型供电与供热。供电需要发电，建立电源，电源并网。供热需要建立大规模热源与储热，与设置高、中温热网作输热之用。电网输电，热网输热（包括高温热能与发电全热）进入能耗区，分布给住家、商业、工业与交通。石油交通全面更换为电力交通。

这种能流模式就是为了取代化石能源。特点是强化上区，在没有化石能源的便利灵活之下，避免使用下区。能量分布几乎靠电网与热网。电力交通尽量取代石油交通，不便之处就得将就、就得硬吃下来。与目前最大不同地方是在供热方式，采取了集中型热源与热网。需要建设的是供热整条线路，包括有热源、储热、热网、配热、换热都在内。热网有效距离范围只有数十千米，所以人口与工业需要搬迁到热源附近。太阳能是分布性能源，所以供能的分配模式会是分布性的集中式，不是大都会城市模样。

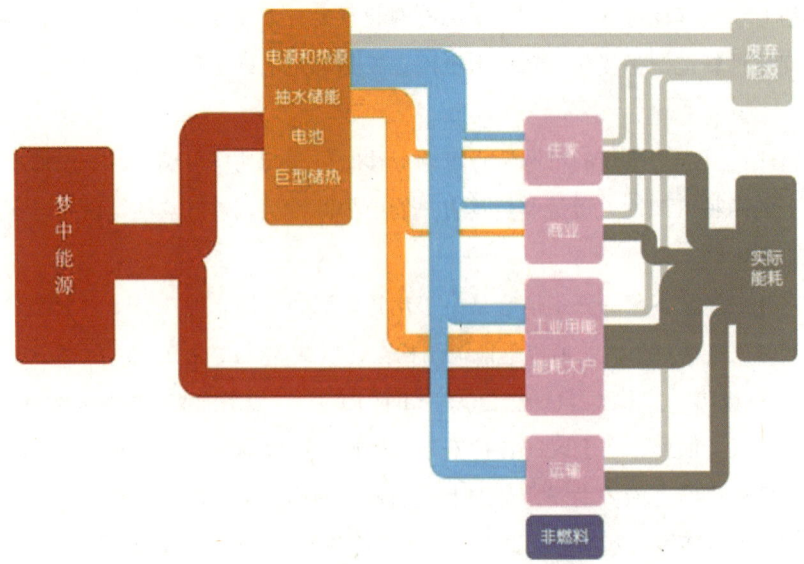

图3.19　梦中能流图，满足［9010］样式废能尽可能少。

3.9 梦中能源（"源稻"）

构建能流样式的第一个条件——把废能降至最低——是相当凶猛的要求，基本上就决定了能流大致模样。像石油交通必须改换为电力交通与所有发电余热必须借热网分布来向"能耗区"供热。甚至还触及能流之外的安排，像人口与工业必须迁至热源附近。这［9010］样式还顾及电网之稳定与可调性，发电不用水冷。这些安排其实也就组成了能流后段对"源头区"的一系列要求。加上构建第二条件——清洁可再生——基本上也就决定了"源头区"的所有特性。不管怎样来组合清洁可再生，只有源头区在符合所有要求下，这［9010］能流样式才有实用的可能，不然只是一纸练习作业。

在化石能源的供应下，目前源头区的胃口奇大。在我们熟悉新能源中，像太阳能、风电、水电、生物能、地热能等，供应能力参差不等。并且有些还是一步到电，不能供给热能。所以这些情况令人清楚感觉到在清洁可再生能源组合里需要有一个主力能源作骨干。在其支撑与协助下，其他成员才得以各尽其力。这所谓清洁可再生的主力能源，我们称其为"梦中能源"。

我们对"源头区"所扎一个稻草人"源稻"。"源稻"需要以"梦中能源"作主干撑起"源头区"，并且密切配合由集中区来的要求与协助其所作的许多安排。下面所列的是对"源稻"的一系列要求：

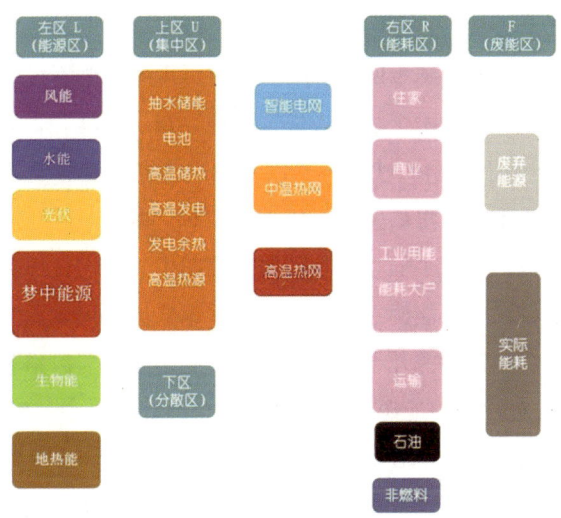

图3.20　能流图分区，"梦中能源"需要作主干撑起"源头区"。

源稻一：必须是清洁可再生能源；

源稻二：既供电，也供热，换句话说不是一步到电；

源稻三：供应量要有天文数字般的庞大。换句话说，得抵过目前石油、天然气与煤炭在供应量上之总和；

源稻四：供能（包括供电与供热）持续、稳定、可靠，一天24小时、一年365天，天天如此——譬如说在供电上，可以承担起所谓的"基本负荷"；

源稻五：供能（包括供电与供热）可以随时间而变化——譬如说在供电上，可以承担起所谓的"巅峰负荷"；

源稻六：在供热上，有要求是高温热能，至少五六百度，适用于工业供热；

源稻七：有大规模储能容量，储能效率须要高到99%以上；

源稻八：在特殊设置下，系统反应灵敏、变化迅速（分钟级）。有能力帮助像光伏与风电在供应电量上的波动、不稳定性与时间上间歇性。

这么多要求，还清洁可再生，是不是过分了吧？怎可能有这样美好的能源，白日里在做梦吗？是！看起来真像是梦中才有，所以才称作"梦中能源"。这谜底早已被我们来回宣扬变成全公开的秘密了，"梦中能源"就是"聚光储热"（有关"源稻"的证明请见第四章）。如果有人奇怪这样美好能源怎会完全没人认识呢？在第一章问答里，就有尝试解释为什么面对面也不认识的原因。里面曲折很有意思，奇怪的不是没有实物，实物在那里已经有三十年了，自己没看到，或看到了就像没看到一样。值得自问的是怎会漏掉？是哪里出的毛病？

"能源问题"是真的复杂到难以理解吗？清洁可再生能源不可能全面"替换化石能源"吗？在这章里我们扎了两个稻草人，"能稻"与"源稻"，尝试对这两个问题作了回答。我们先得感谢美国LLNL制作了世界各国的"能流"面条图，以图解方式清楚表达了"能流"各个环节里的关系，使得人们对"能源问题"（"能流问题"）有一个比较全面的认识。从九个国家或地区的能流图中，我们认识到三种不同的能流样式，同时也激起了自己对新能源在应用上的一些想象。我们拿两大主要要求，废能最低与全清洁可再生，为新能源扎了两个稻草人"能稻"与"源稻"，得出"梦中能流"样式"9010"与对"梦中能源"所有的要求条件。如果说"9010"能流样式只是纸上画的一条龙，这龙得有个眼睛。要想替换"化石能源"，这眼睛就是"梦中能源"。所谓"画龙点睛"，一点上去"9010"这条龙可就活了，成了"飞龙在天"。

第三章
能流面条图→梦中组合→梦中能源

这么庞大的能量,最大最凶猛的真龙应该也不过如此了。

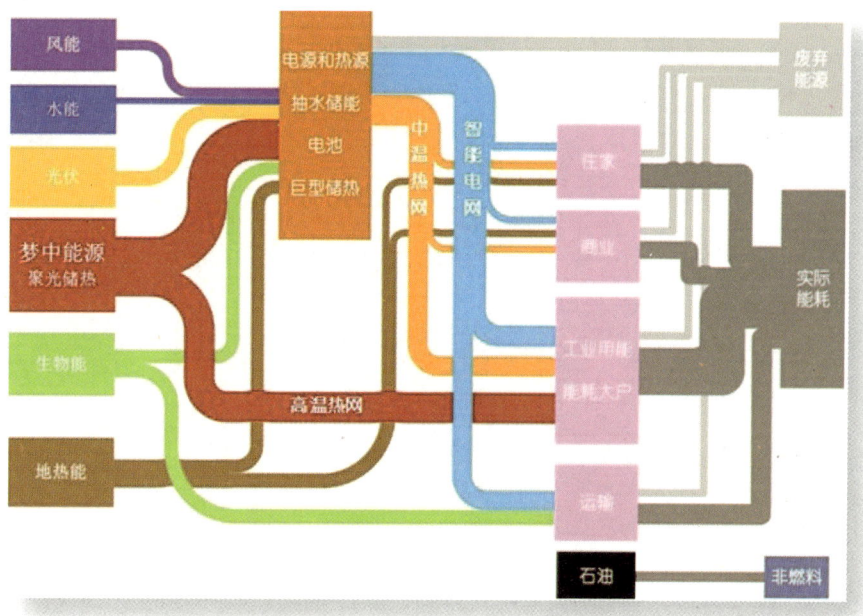

图3.21　理想中的明日中国能流图。

第四章 梦中能源『聚光储热』

50'

DISIZHANG
MENGZHONGNENGYUAN
『JUGUANGCHURE』

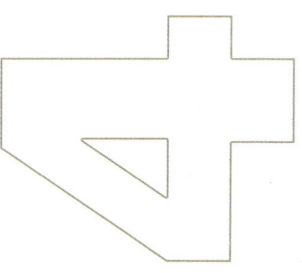

4.1 什么是"聚光储热"

什么是"聚光储热"?"聚光储热"是由"聚光"与"储热"两部分组成。简单说来"聚光"就是将太阳光聚焦,用以加热介质,取得高温热能;而"储热"就是将高温热能储存起来,等需要时候取出使用。至于如何"聚光"?如何"储热"?下面稍作详细解说。

或许大家在中学物理课上都做过聚焦试验。在阳光下让透镜聚焦,将一纸片放在焦点,没多久就见纸片冒烟,然后起火。聚焦的作用就是增强位于焦点的光能密度,使得纸片升温,很容易就达到燃点。这就是聚光的作用,增强光能密度以获取高温热能。

聚光面积小可以使用透镜。如果面积大,最简单的聚光方法就是使用抛物面反射镜。抛物面先得正对光线,平行光线经反射后才会形成焦线或焦点。聚焦原理请见图4.1。平行光线从上线各个Q点出发,经由在抛物面上相应P点反射后就会同时到达焦点F,这就是所谓的聚焦。从各个P点到F点的距离与从P点到下线的距离相等,这就是几何上构建抛物线的原理。人们对抛物线的形状并不陌生,像吊桥钢缆的形状,与炮弹在空中飞行的轨迹都是抛物线(见图4.2)。以抛物线所形成的二纬曲面是槽式,聚焦形成焦线(见图4.3)。三纬抛物面是碟式,聚焦形成焦点(见图4.4)。平常所见卫星碟就是碟式。卫星碟是通过来自卫星的电波聚焦,增强了在焦点所接受的卫星信号。

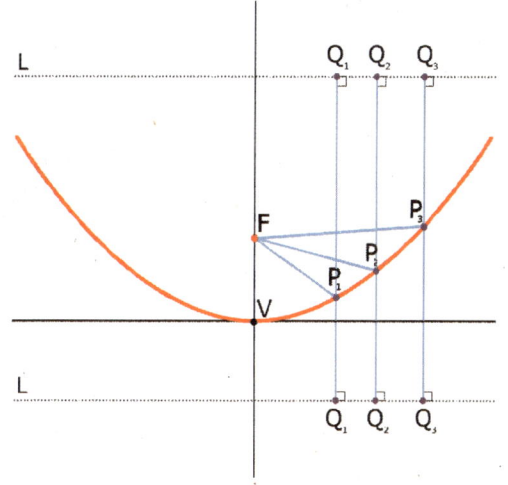

图4.1 平行线聚焦是几何上构造抛物线的原理

"聚光"装置有三个作用:①跟踪太阳,②聚焦(形成焦线或焦点),③吸光输热。太阳一天从东向西不停运动,抛物面要保持正向太阳,不得不跟着太阳旋转,这

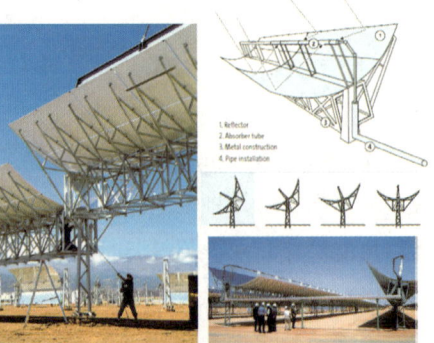

图4.2 抛物线——物体空中自由运动轨迹与吊桥钢缆形状。

图4.3 二维抛物反射面——槽式聚光形成焦线。图中所示是Euro Trough。

图4.4 三维抛物反射面——槽式聚光形成焦点。图中所示是美国SES公司所制作的碟式New Sun Catcher。

就是所谓的跟踪。抛物面有所谓的法线方向（沿抛物面底点到焦点的方向），太阳光线需要与法线平行才会聚焦，形成明显焦点。除了跟踪之外，聚光装备还得有吸光与输热设置。吸光是将焦点的光能转为热能，然后由流动介质（导热油、熔盐、水等）将热能输出。

在输热与储热使用同一介质（就像熔盐）的情况下，高温介质可以直接进入储热库储存。储热库的体积决定储量，

第四章
梦中能源"聚光储热"

面积决定热损失,所以体积与面积之比愈大储热效率才会愈高。储热库体积大,自然聚光场的面积也得跟着增大,才能生产足够的能量用于储存。这是说"聚光储热"需要有一定规模才能有效储热。

在应用上如需发电,储热库内高温介质随时都可以取出,经换热把热能经由过热蒸气用以带动涡轮机组发电。储热库有两个重要优点,移时与稳定。移时指白天储存的能量可以用在夜晚发电,或按负荷状况调节电力。稳定是说储热库有隔离作用,尽管输入情况有波动、有间歇,输出可以不受影响,十分稳定。一般发电涡轮机组是希望蒸气气温与气压稳定在一定范围之内,以便维持高效率发电。同时发电电力不稳也会影响电网运作,尤其由于新能源的大幅增长更会增加拖垮电网的机率。电网需要储能帮助,一方面是负荷端上的变化,另一方面是电源端因为新能源关系,像风电与光伏带来的波动性与间歇性,在两端都变化不停情况下电网不得不依靠储能的可调性与移时性来帮助稳定运作。

综上所述,"聚光储热"大致可由五个部分组成(请见图4.5):

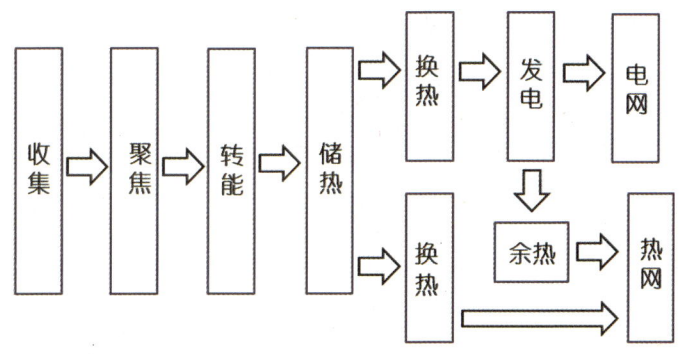

图4.5 "聚光储热"工作步骤:跟踪、聚焦、吸光输热、储热与换热。高温热能可以发电上电网,余热上中温热网。高温热能也可以直接上高温热网以供热工业。

1. 跟踪——使得大型反射镜在收集直射太阳光能时正对太阳;

2. 聚焦——抛物面反射镜将直射太阳光聚焦,增加光能密度;

3. 吸光输能——在焦点或焦线上经由吸光器将高密度光能转为高温热能(数百到上千度),由高温介质将热能输出;

4. 储热——高温介质将热能送入大规模储热库储存;

5. 换热——储热库高温介质外流，经换热将热能释放作应用。

有关槽式与塔式部件组成细节请见图4.6与图4.7。

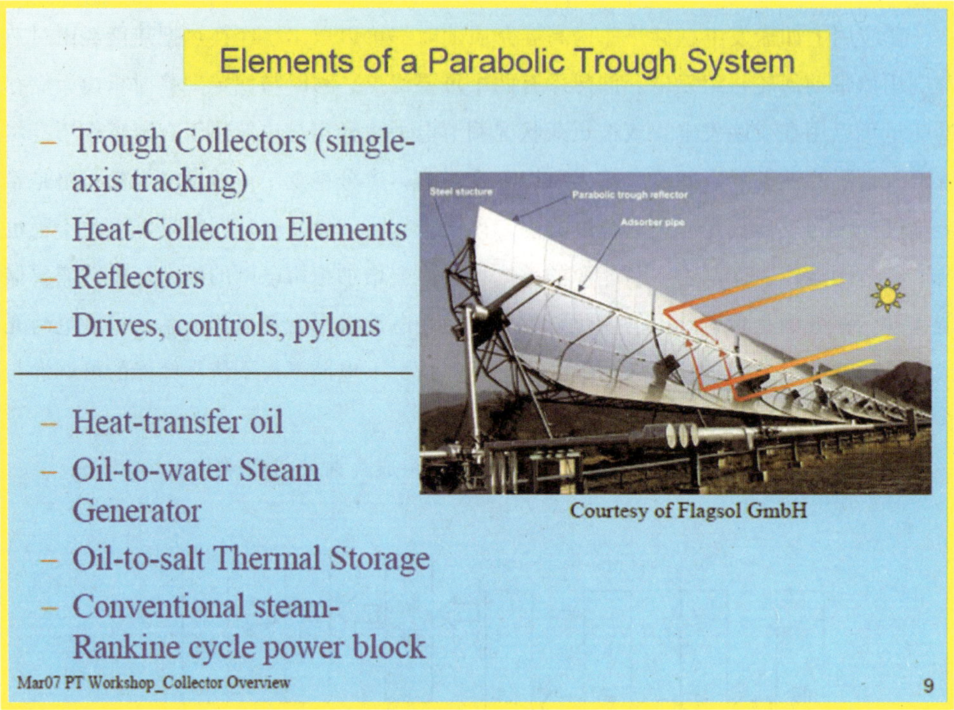

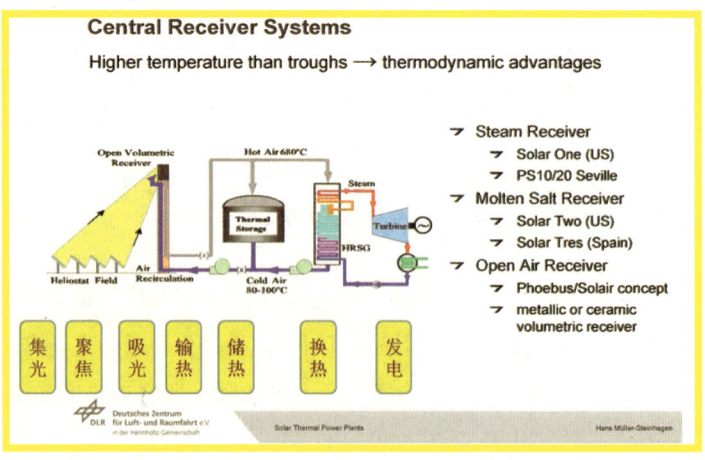

图4.6 槽式聚光系统部件组成。

图4.7 塔式聚光系统部件组成。塔式吸光器按输热介质可分为水、熔盐与空气，分别用于世界一些塔式装置上。

4.2 为什么"聚光储热"会是主力能源

如果声称太阳能会是明日能源,可以"替换化石能源",大多数人凭直觉就会同意有此可能。主要是因为太阳能清洁可再生,在能量级上非常庞大,有能力取代化石能源。历史上太阳曾被当作神来崇拜,神是完美无瑕的,这可是宗教迷信,事实上也确实高估了太阳能,忽视了其在应用上的一些弱点。先让我们温习一些太阳能特性:

能量密度低:就以日照良好地区来说,所收到的光能平均约为$5kWh/m^2/day$。中国东部只有一半与一半以下。

能量输出的可变性、间歇性、季节性:云影来去,有晴有阴,有日有夜,有夏有冬。

有直射与折射部分:直射才能聚焦。

纬度效应:高纬度地方冬天阳光角度斜、白昼短、日照不仅弱还时间短。

太阳光相当于温度六千度的黑体辐射,光谱能量分布大部分在可见光波段。

光优的光电转能效率也要看晶体在光谱上的转能效率。光能转热能也要看吸光器在光谱上吸收效率。

太阳光光能吸收与使用效率:光能转生物能一般低于0.1%。光伏的光电效率在10%上下。我们注意"聚光储热"加热电联用(Co-generation)可以将收集到的太阳热能在整体应用上达到80%效率。

太阳能有两个主要弱点:能量密度过低与时间上不连续。目前太阳能的应用有很多种,我们就拿大家所熟知的光伏为例,来解释替换"化石能源"有多不容易。光伏有设置方便与一步到电的长处。虽说光电效率低了些,不过电能上网在输能上很是方便。光伏的确有其灵活方便地方,不过要想替代化石能源至少有五点难处:

(1)太阳能能量密度低,以光伏作大规模供电就需要大面积土地;

(2)不供热,不能热电兼顾,除非以电转热,间接以电供热;

(3)电能波动起伏,时间上有间歇。品质欠佳,常被喻为垃圾电。在没有主流电源协助下,并网会有困难。所发电量也没有可调性,没有帮助电网应付负荷变化的可能;

（4）大规模储电不容易，无法移时，对太阳能间歇难以补救。像电池储电，成本高，寿命短，电池制作与回收都有污染问题；

（5）光伏制作上相当耗能，制作程序里有污染可能，回收处理是大问题。

所以光伏就是一例，不是说太阳能能量庞大，与太阳能搭上关系就可以"替换化石能源"。我们注意化石能源的能量源自远古太阳能，本身也是太阳能产品。在生物储能介质经过缺氧、高压与岁月的提炼之后，变成比目前太阳能应用（像光伏）要完美许多。化石能源之美就像能量密度高、天生储能、运输方便、热电兼顾，想供热就供热，想供电就供电。这是说，同是太阳能产品，姜还是老的辣。我们需要提醒自己，所面对的"化石能源"绝对是天字第一号劲敌。所以要想替换，不能心存侥幸或等待奇迹，就算背后有当前的太阳能撑腰，也得作大牺牲，下大工夫，准备"背水一战"。

我们以煤炭作化石能源代表、以光伏与"聚光储热"两者作太阳能应用的代表，在各种应用条件下作了些比较，请见表4.8。表上清楚显示煤炭是厉害角色，几近于万能，而其致命缺点是不可再生与污染。光伏如前所述，长处在方便灵活，一步到电，但供电不稳定，储电有困难，不能供热或难以大量供热工业，生产与回收都有可能带来污染。"聚光储热"优于煤炭在其清洁可再生；优于光伏，在其热电兼顾，储热容易。煤炭及光伏在供能上可以做到的，"聚光储热"也能做到，只是应用上不够灵活，不够方便。

"聚光储热"可以"替换化石能源"，我们可以问为什么会有如此力量？说来就是"聚光储热"有"聚"与"储"两个作用。"聚"提升了能量密度，使得太阳能得以生产高温热能，弥补了太阳能能量密度过低缺点。"储"是借储热来弥补太阳能的波动与间歇性。其实，波动是因为大气层的变化，而间歇与季节是由于地球以斜轴自转之故，毛病出自地球本身，有些竟冤枉了太阳。不管怎样说，"聚光储热"弥补了太阳能在应用上两大缺点。当然，"聚光储热"也远远不够完美，其弱处在成本高、规模大，应用不方便，好比热能不能输远，必须将就太阳热源所在。

能源	煤	光伏	聚光储热
供应量大	√√	√*	√√*
价格便宜	√√	√*	√*
供热	√√		√
高温供热	√		√（Tower，Dish）
供电	√√	√√	√
集中型使用	√√	√	√√
分布型	√√	√√	√（Dish）
基本与巅峰负荷	√		√
7天24小时发电	√√		√
不受气候影响	√√		√
可再生		√	√√
环境清洁		√?	√
没有CO_2排放		√	√√
装备回收处理再用		√?	√
发电不用水冷（沙漠用）		√√	√（高温Brayton Cycle）
好：√√		可以：√	不一定√?
将来：*	Tower-Solar Tower		Dish-Solar Dish

图4.8 煤炭、光伏与"聚光储热"在应用特性上之对比。

"聚光储热"弥补了太阳能两大缺点，在庞大的太阳能支持下，加上本身就是高温热源，才能跻身成为主力能源。主力能源必须要像化石能源一样既供电也供热。因为主要应用像工业能耗，在需求里有四分之三是热能，所以供热比供电重要。"聚光储热"是热电兼顾，还能储能。我们注意"聚光储热"也与核电不同，核电只供电而不供热，因此核能只能算是主流电源，而不是主力能源。上章有提法国是核电大国，可是工业供热还是得靠天然气。所以主流电源不是主力能源，解决电源问题并不等于解决能源问题。一般常见的一个误会是以为核电就能解决能源问题，不是的，不要将电源说成能源。我们相信真正有能力解决能源问题的唯一能源是"聚光储热"，其清洁可再生是我们的运气、上天的恩赐。

目前中国社会上上下下一提太阳能就以为是光伏，对"聚光储热"缺乏认识，这是十分可惜的事。打个比喻，就像一个小伙子一天到晚与他同学厮混，居然不知道同学有个漂亮表妹，有点可惜吧？这漂亮妹妹上得厅堂、下得厨房，生个小仔，白白胖胖。正如我们"聚光储热"有两套本领，聚光以达高温，储热以达移时与可调，将来在能源环保问题解决后，还有机会建造一个白白胖胖的新文明。罢了！罢了！不管中国历史文明有多悠久，我们只能一边着急，一边扼腕叹气。不认识"聚光储热"，好个漂亮妹妹，只能说这社会还没成熟，还没发育，还没有进入青春期。

虽说"聚光储热"与化石能源同是主力能源，我们也得认识到前者不及后者多处。化石能源的能量密度高，容易输运，可以做主人也可以做客人，而"聚光储热"只能做主人，让热能使用者前来将就太阳热源。这是说，单凭主力能源还并不能全面"替换化石能源"，还得在能流上有像"9010"的安排。上章有提"能之源头"只是能流的一部分，所谓"能源问题"不能只顾源头，必须顾及整个能流，包括能量如何在能耗区里分布，整个能流从头到尾得一并解决。"聚光储热"作为能流的源头需要"9010"能流安排，而"9010"需要"聚光储热"这样主力能源作为源头，我们认识到只有两者配合无间才能解决能源环保问题。

■□□ 4.3 梦中能源——"聚光储热"

上一章我们扎了"能稻"稻草人，拟定了"9010"能流样式。这是为了给"替换化石能流"寻找一个可行办法。"能稻"里主要要求是将废能降至最低，与不再仰赖下区作为主要输能通道，请见图4.9。我们从能流尾段往前推，发现头上源头区需要有一个"梦中能源"作骨干才能将整条能流带动起来。稻草人"源稻"列出了对这"梦中能源"的一连串要求，重点就像必须是既供电也供热的主力能源，并且作为骨干就得带领其他清洁可再生能源共同承担供能任务。为了证明"聚光储热"就是这"梦中能源"，下面我们就"源稻"列出的条件逐项验证。有些地方在前面几节里已作解释就不再重复。

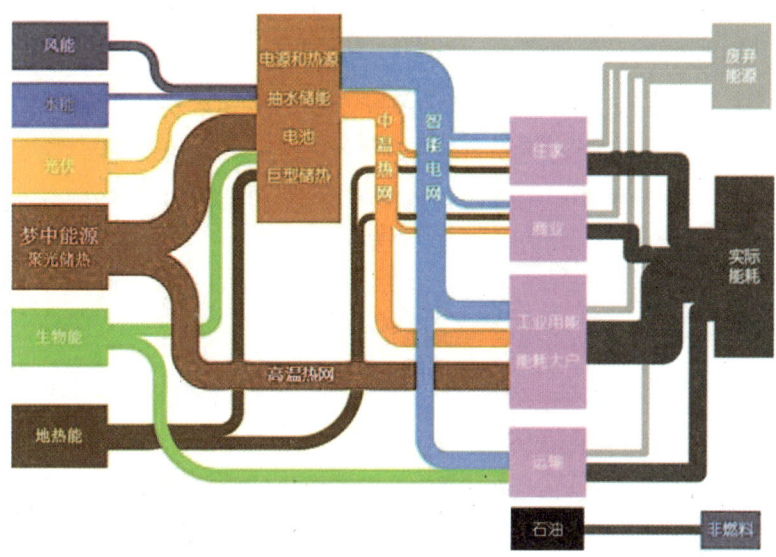

图4.9 "9010"能流特点为减低废能与全是清洁可再生能源。在"聚光储热"的巨量储热能帮助下，以电网（包括交通）与热网供应能耗区所需。

源稻一：必须是清洁可再生能源。

验证一："聚光储热"系统本身特性，可行。

源稻二：既供电，也供热，换句话说不是一步到电。

验证二：系统本身特性，可行。

源稻三：供应量可以上达天文数字，换句话说抵得过目前石油、天然气与煤碳在供应量上之总和。

验证三：世界总供应量没问题，只是有些国家像德国与日本欠缺太阳能资源。中国西部应该资源不错，只是气候与环境使得开发不容易，有关资源情况请阅下章。

源稻四：供能（包括供电与供热）持续、稳定、可靠。可以承担起供电上所谓的"基本负荷"。

验证四："聚光储热"之所以强调"储"，就是为了供能上持续、稳定与可靠。不仅自身如此，还希望能够协助风电与光伏，稳定整个电源与电网。可行。

源稻五：供能（包括供电与供热）可以随时间而变化。譬如在供电上要能承担，不仅所谓的"基本负荷"，还有"巅峰负荷"。

验证五："储"有移时之特性，不仅昼储夜用，任何时间在负荷供求有变化时候都能给予协助。可行。

源稻六：在供热上，工业要求的高温热能在温度上得上达一千多度。

验证六：塔式与碟式聚光系统温度上可逾一千度。现场应用温度与储热温度不需要一致。目前储热介质硝酸盐限制熔盐储热温度在六百度。可行。

源稻七：有大规模储能能力，储能效率要求很高。

验证七：目前储热规模是为光场所限，已在GWht量级，应该可以提升到10GWht量级。储热效率已达99%，没必要考虑储热损失。可行。

源稻八：在特殊设置下，系统反应灵敏、变化迅速（分钟级）。有能力应付像光伏与风电在供应电量上的波动与时间上间歇性。

验证八：储热是说热能已在备用状态，只需换热，涡轮机组可以先行空转，数分钟内就能应用。如果要求时间再短，有电容与飞轮机组可以应付一时。基本上可以减轻或避免电网对大规模电池储能之依赖。详细情况有待实验与发展，应该没问题。

另外还有几点有关"聚光储热"建造与应用特性，像工程周期、建材回收与使用寿命也顺便在这里一提。

工程周期：目前"聚光储热"的建造工程一般是二年一周期，工程规模在100MW量级。将来GW量级的建造，工程周期也会一样。工程大小对周期影响不大。一般周期是受制于工程步骤上的串联顺序，就像先得准备地基才能浇水泥，水泥浇上后又需等上一段时间才能承重。时间上说，四五十年之内应该可建清洁可再生电力1,000GW（昼夜24小时连续发电），热力可以是电力的数倍。总供应能量大约是2007年中国供能总量的二倍（见第七章）。

建材回收：值得强调"聚光储热"不仅能源是清洁可再生，由于建材主要是玻璃、水泥与钢材，也都是清洁不污染，可以回收，处理后又可来回使用的材料。图4.10是德国DLR对100MW"聚光储热"槽式发电站在用地、建材与投资上的一个估算，各项数字取自西班牙Andasol槽式发电站。

使用寿命：有关系统使用年限，一般估计是三十年。最早一批槽式SEGS建于上世纪80年代，运作已近三十年，没有退休之意。目前SEGS建造贷款也已还清，只有运转与维修费用,电价成本美元五分一度,比火电要低。

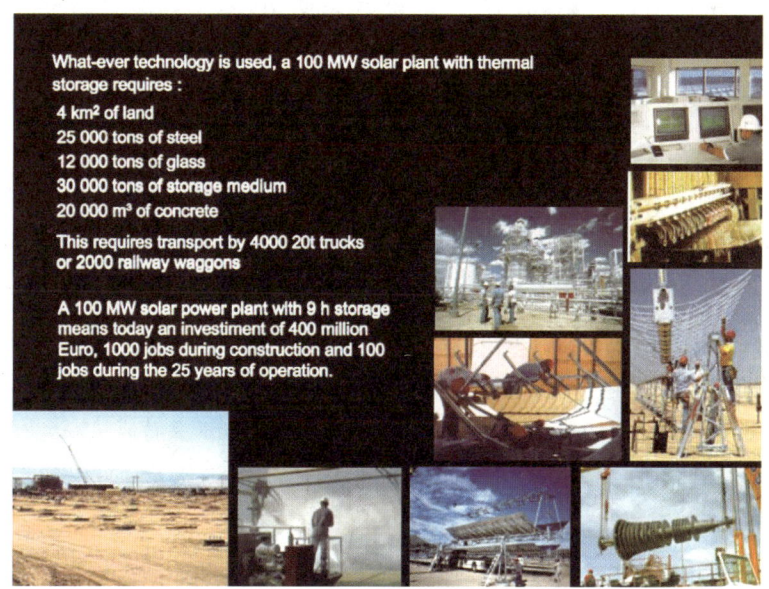

图4.10 德国DLR对100MW"聚光储热"槽式发电站在用地、建材与投资上的一个估算,各项数字与西班牙Andasol槽式发电站实际需求十分接近。

不是每个地区或国家都有足够的太阳能资源,"9010"能流样式基本上是以风能、地热、生物能,形成一个清洁可再生能源的组合来作供能,不仅太阳能可以搭配熔盐储热,风能与光伏也行。"9010"是参照了许多国家2007年实际能流样式后所构想出来一种可以让新能源去"替换化石能源"的办法。这是顺乎逻辑、交代相当清楚的一条道路。目标是全面"替代化石能源",使得环境生态可以慢慢恢复。并且在供能上,可以维持目前工业与社会的能耗。若依"能稻"与"源稻"来发展,明日能源将全部都是清洁、可再生能源,不需要经由核电与天然气来作拖延或绕路,能源与环保问题可以直接就解决了。近期减排工作可以依靠风电,所以必须全力发展风电,风电可以依靠熔盐储热来协助解决弃风问题。风电可以减少煤炭使用,减轻排放与雾霾问题,在"聚光储热"潜力全面发挥之前有缓冲作用。

4.4 简介"聚光储热":欧美科研机构、聚光设置种类与特性

4.4.1 非聚光与聚光的太阳能应用

太阳能应用可以分为非聚光与聚光两种,请见图4.11。像太阳能热水器、光伏、Solar Pond与Solar Chimney都属非聚光,温度上升有限,算是低温应用。"聚光储热"的特色是以聚光获取高温热能。热能有品质之分,温度愈高品质愈高,应用也就愈广。光伏是依赖一种光电效应来发电,原理上与一般以温差作发电动力不同。不过光伏与温度也有关系。光伏晶体特别惧怕升温,温度上升就会降低了光电转换效率。光伏的光电效率一般是在10%~15%,这是说至少有85%的光能会转成热能。所以光伏设计讲求散热迅速,唯恐光热积累使晶体温度上升,发电没有效率。这是说不管正面或反面,太阳能应用与温度都有关系,光伏惧怕升温,热水器生产低温,而聚光就是为了生产高温热能。太阳热能只有在高温情况下,应用范围才能扩大,应用效率才能提升,才能适合工业应用。

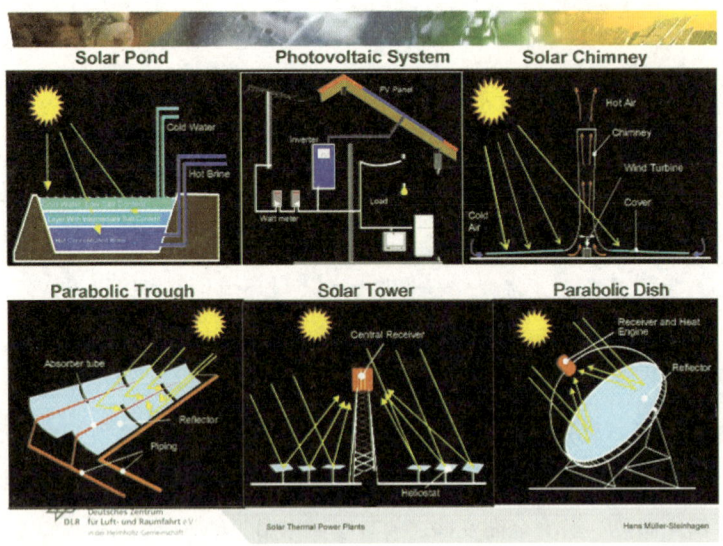

图4.11 太阳能非聚光与聚光装置。一般热水器、Solar Pond与Solar Chimney都属非聚光,温度上升有限,属于非聚光低温应用。聚光的作用就是以聚光获取高温热能。热能有品质之分,温度愈高品质愈高,应用也就愈广。

4.4.2 欧美CSP科研机构

英文缩写CSP（Concentrated Solar Power）是通用词，可以单指"聚光"，也可以包括"储热"。我们也含糊以CSP来代表"聚光储热"，因为明确说法CSP with Thermal Storage过于啰唆，并且聚光不储热，虽说目前有电力市场如此要求，不是长久之计。上世纪70年代由于中东战争，世界有阵子发油荒，就是这石油危机触发了CSP的发展。80年代在加州建造了有九个槽式聚光发电站，总共350MW,统称SEGS（Solar Energy Generating Systems）。90年代在加州又建造了Solar Two,这是第一座带有熔盐储热的塔式聚光发电站，开启了"聚光储热"新纪元。所以CSP有近30多年历史，前前后后参与发展工作主要国家是美国与欧盟（主要德国、西班牙与意大利），其他规模小一些有以色列与澳洲。

我们注意从开头一直到今天，CSP发展与引导工作全都由欧美政府的科研机构负责。科研单位不仅自己从事研发工作，也鼓励工业界参与。举例来说，美国NREL实验编写了有所谓SAM软件程式可以让任何有兴趣的人用来估算CSP建造成本。并且NREL有各种定标装备可以协助工业用户审视与改进CSP部件的工作效率，像反射镜的反射效率。迄今，CSP还是不能自己行走的婴儿，没有政府喂奶与呵护就很难生存。欧美政府之所以成为CSP育婴室，完全是科研人员坚持如此并心甘情愿来作慈母。目前这样作法没有一丝利润可图，完全不合市场经济原则。所以CSP得以发展反映了科研人员对CSP的情有独钟，不仅是有信心，并且积极主动与坚持不懈，就是不让CSP饿死于路边。为什么会这样？我们相信主要是欧美有科研人士认识到"聚光储热"的重要性。

下面简单介绍下世界上主要的几个CSP科研发展单位。CSP能有今天的成就他们功不可没。我们也借这机会对他们在世界能源问题上所作的诸多贡献深深表示谢意。在美国，发展新能源是DOE（能源部）的职责。在能源部属下有两个国家实验所从事与CSP有关的工作，这两所分别是：

位于新墨西哥州的SNL（Sandia National Labs）。几十年下来，SNL一直都是世界发展CSP的主力。CSP槽式、碟式与塔式从早期雏形开始，都是在他们呵护下逐渐成形。目前主要是负责碟式、塔式与有关储能方面的发展工作。最近在以他们的熔盐回路帮助法国Areva发展菲涅尔式的储热技术。

位于科罗拉多州NREL（National Renewable Energy Laboratory）。NREL主持可再生新能源全面规划，CSP只是其中一部分。NREL与SNL一样也具有CSP硬件发展与测试能力，目前负责槽式、菲涅尔式与有关储能方面的研发工作。

SNL与NREL都肩负了鼓励与协助美国工业界参与CSP工作。两科研所的装备与仪器十分齐全，经常协助工业界测试CSP装置效率与相关产品的品质。

欧盟也有多个CSP实验所：

德国DLR（German Aerospace Center）。德国太阳能资源不多，所以有些奇怪DLR会是欧盟科学界里最重视CSP，也是欧盟最主要的CSP科研机构。DLR对德国工业界从早期开始就起有引导作用，使得德国在与CSP有关的工业上实力十分强大。DLR参与了Euro Trough及Euro Dish的发展工作，这两套系统在CSP发展过程中都具有里程碑意义。尤其DLR还曾构想与拟定所谓Desertec计划，在太阳能最丰沛的北非撒哈拉沙漠里发展CSP以供电整个欧盟。Desertec是一个有远见、有胆识的计划，目前政治问题可以拖延发展，长久上说所有参与者都有好处，应该不会闲置如此丰沛的太阳能资源。

西班牙的PSA（Plataforma Solarde Almeria）。PSA是欧盟CSP的测试中心，位于西班牙东南部小城Almeria附近。Almeria是欧盟领土内日照最好的地区。由于西班牙政府前一阵子鼓励CSP发展，许多有代表性的"聚光储热"装置像Andasol与GemaSolar得以兴建。目前西班牙与美国是世界上拥有CSP装置最多的两个国家。

意大利国家能源研究所ENEA。ENEA曾研发槽式装置如何结合熔盐储热(Archimede Project)。其他地区像以色列、澳洲、法国、瑞士也都有大学与国家实验所从事与CSP科研有关的工作。

所有实验所都有自己的网页，里面列有各自在CSP上所作计划与发展成果。能源与排放是世界性的问题，需要世界从事科学工作者团结起来共同努力。本书对象是一般读者，不是在作科学报告，不过书里引用了一些取自各个实验所对外发表的图表（带有各个实验所标志），我们在此向SNL、NREL、DLR与PSA表示谢意。

4.4.3 聚光两参数——直射正向日照DNI、聚光比CR

阳光分直射与散射。直射是阳光离开太阳的射向。到达地球几近于平行，所以有聚焦作用。散射指光线撞上了地球空气层中微小粒子而改变了原来射向，成了散射。光伏不用聚焦所以直射或散射都行，而"聚光储热"非得直射才能聚焦。

聚光装置生产高温热能,热能有热量与温度两个数字。热能能量要看太阳光有多强,而高温温度是要看有多聚焦。这里面关连到两个参数:DNI(Direct Normal Incidence,直射正向日照)与CR(Concentration Ratio,聚光比)。请原谅我们使用英文原文,熟习原文会方便阅读原图与原表。DNI是对直射日照所作的正向测量,有直射与正向两个特点。因为抛物面需要跟踪太阳,只有在正对太阳情况下,直射阳光才能聚焦,所以DNI是特别为了聚光应用所作的测量。测量直射日照有专门的仪器设置,仪器本身就是以双轴驱动跟踪太阳。正向太阳的日照强度DNI,因为带跟踪性,所以不同于一般所说的日照。所谓一个地方的DNI,一般是累积下来一年的直射日照强度,包含了时间与季节变化,以kWh/m²/yr作单位,或者除以365变成kWh/m²/day平均一天所得。图4.9是NREL所发布美国DNI分布图。

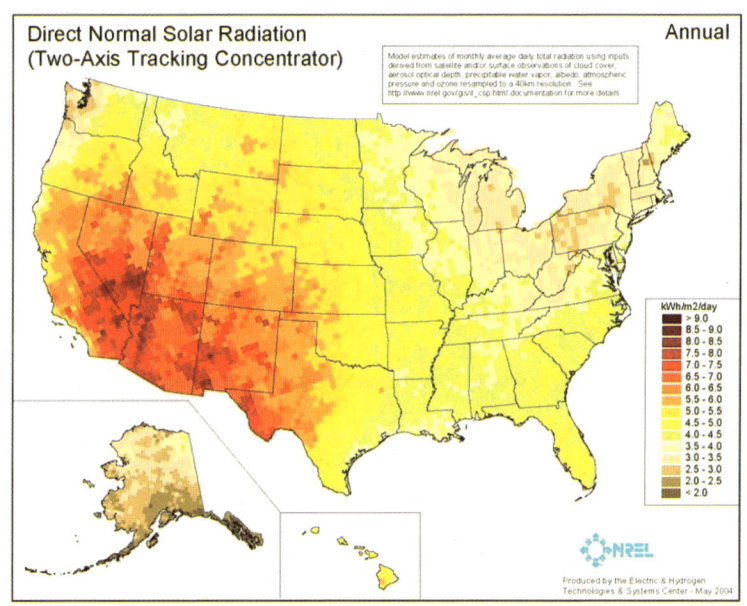

图4.12 美国DNI(Direct Normal Insolance直射正向日照)分布图。就太阳能资源分布来说,分布图中显示美国西南角最为适合发展"聚光储热"。

所谓适合发展"聚光储热",是选择DNI大于2,000kWh/m²/yr或年均5.5kWh/m²/day的地区。CR聚光比是聚焦在焦点日照能量密度与没聚光情况之比,由聚光器本身结构所决定。比值愈高介质加热可达温度也会愈高。一般二维聚光装置(如槽式)焦线上的CR是从数十到近百，加热温度可达数百度。三维聚光装置（如碟式）CR可达数千，加热温度就可在一千度以上了。

"储热"也有些参数像储热量（单位：MWht，GWht）、储热温度、储热效率与光场倍数（Solar Multiple）。储热效率是指经过储存后取出的热量与原先存进去的热量之比，目前一般规模都能达到99%上下，已不需考虑热损失。储热库需要热量作储存，这是说光场得增加面积来供储热。一般说来，如果想24小时昼夜连续供电，光场倍数大致是3，光场比不带储热情况要大上三倍。

4.4.4 聚光设置种类

"聚光储热"设置种类是由聚光方式决定，分有槽式、塔式、碟式与菲涅尔式四种，图4.13是卡通解说，图4.14是实物照片。聚焦可以形成焦线或焦点。焦线是由二维反射镜面所形成。反射镜可以是抛物面（槽式 Trough），或许多条平面镜铺在地面上（菲涅尔式 CLFR Concentrated Linear Fresnel Reflector），各自跟踪太阳将阳光反射到靶线上。

聚焦成焦点是由三维反射镜面所产生。反射镜可以是抛物面（碟式 Dish），或许多分布地面上的平面镜（塔式 Tower），各自跟踪太阳将阳光反射到靶点上。Tower装置规模大。分布在外围的反射镜，因为离焦点较远，容易受风力影响而失准。

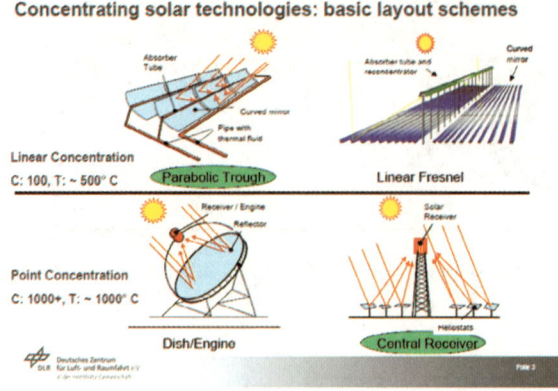

图4.13 聚光设置种类分有焦线（二纬反射面）与焦点（三纬反射面）二种。焦线分有槽式（Parabolic Trough）与菲涅尔式（Linear Fresnel）、聚光比在50~80、可达热能温度大约500℃上下。焦点分有塔式（Central Receiver）与碟式（Dish）、聚光比在600~3500、热能温度可以高于1000℃。

第四章
梦中能源 "聚光储热"

图4.14 四种聚光设置的实物图片

4.4.5 聚光设置一些特性

槽式：目前世界聚光装置大部分都是槽式。槽式是集中型设置，占地数千甚至上万亩，土地要求平坦，坡度有限制（一般不得超过3度）。槽式的聚光器结构与跟踪设置相对简单，技术发展相当成熟。聚光场讲究的是反射镜面积成长容易，这就得在制作与装设上加快速度，槽式在这两处都占优势。槽式聚光比在80上下，温度可达500℃。运作温度一般被导热油所限，要小于400℃。由于输热与储热介质不同，储热安排有些复杂，储热温度不够高是缺点。目前槽式若不带储热只用于发电，这就与光伏作用一样，成本上要与光伏竞争不容易。若以"聚光储热"方式来发电，那就得改进其储热安排以与塔式竞争。从目前情况看来，槽式设计过于保守，要生存就得作大幅改变。

塔式：塔式在设置与操作上特别方便熔盐储热，只是技术还在发展实验中。像反射镜尺寸从1到100m²都在试用，镜大容易受风力影响而瞄靶失准，镜小变成在增长镜面面积上很费事，导致成本上升。塔式聚光比500到800，热能温度可以高到接近1,000℃。属集中型应用，要求有一定规模。

菲涅尔式：温度为聚光比与焦线散热所限上不去，影响发电效率。聚光比在50上下，为聚光种类中最低。好处在平面镜容易生产，反射镜离地近，减低了风力影响。焦线在空间固定不动，这方便了使用高压水蒸气作输热介质。熔盐储热用于菲涅尔式还在实验发展中。

碟式：聚光比1,500到3,000，温度可达1,500℃。在聚光种类中，光热转换效率最高（80%~85%）。碟式一大长处是分布（Modular）型与集中型都能适用。分布型有利荒远地区发展，几个大光碟就能解决一个村落的供能需求。碟式发展工作迄今都集中在Dish/Stirling系统，用以发电，在光电转换效率上曾创31%纪录，为聚光发电系统之最，也是工业光电应用（包括光伏）上所达到的最高效率。Stirling Engine部件过多，寿命不长，导致成本难以下降。加上碟式没有储能功能，变成与光伏同等，这就在发电市场难以竞争了。在供热方面，目前市场被化石能源所垄断，碟式很难进入。不过迟早清洁可再生能源得具有供应工业高温热能的能力，像用于炼钢及制作水泥、玻璃这些材料，苦于市场只认近利，使碟式供热不得机会发展。另外，高温化学也是一个值得注意的科研项目，像如何利用高温热能来分解水分子成为氢与氧，氢气有可能可作输运。

4.5 图片里的"聚光储热"

我们希望读者对"聚光储热"有些印象，不想过于着重科技上讨论，也许还是走图片路线比较适宜，一图胜千语。下面是我们挑选出来的图片，请读者大致翻翻。

4.5.1 聚光四式（Trough、CLFR、Dish、Tower）及熔盐储热装置

图4.15 Euro Trough是欧盟（主要德国）工业界所设计的一套槽式聚光器系统。其长处在部件少，方便大量生产；在结构上，抗风力强；部件组合简单又精准，聚光有效率。

图4.16 Euro Trough的安装过程。槽式聚光器分段生产，再运到工地置放。过程简单，建造迅速。在聚光面积的增长上，槽式优势十分明显。只要进入工程程序，反射镜面积数千平方米不费多少事就能装设起来。

图4.17 法国核电巨头Areva从事菲涅尔式的发展工作。菲涅尔式的聚光比50左右，聚光装置里最低；长处在于反射镜平面容易制作；反射镜离地面近，减小了风力影响；焦线固定，输热介质可以是高温高压水蒸气直接用于中温发电。

图4.18 塔式（Central Receiver Systems）数例，左上美国Solar Two是"聚光储热"以熔盐储热的开山祖。右上是西班牙PSA的实验用塔式。中下是PS-10，西班牙工业发展用10MWe级塔式设置。塔式在各种聚光设置中，最为适合熔盐储热运作。在镜面大、焦靶远情况下，也最容易受到风力影响。塔式建造成本正在下降接近槽式，塔式技术还在发展中。

图4.19 美国SES(Stirling Energy System)所建Maricopa示范碟式电站。"Sun Catcher"是SES所发展的新光碟，使用Stirling发电机，发电功率可达25kW。Sun Catcher从光经热转电的光电效率达到31%，在工业上所有光电应用里（包括光伏在内）效率最高。普通从热转电效率已是33%，Dish/Stirling是光/热/电，多了一层居然还能达到相近效率，不容易。不过，Stirling Engine部件多，寿命不长，导致成本难以下降。美国两家光碟公司，SES与Infinia，都已相继破产。

图4.20 EuroDish是德国SBP公司所发展出来的一种光碟,与美国所制作的一系列光碟结构不同,机械设计上有一些独特优越地方,应该得奖才对。Dish/Stirling进军电力市场被淘汰下来,这并不表示Dish本身不可取。我们注意聚光主要就是为了生产高温热能,而以碟式所生产的热能温度最高(除去Solar Furnace,一种温度更高、科研用实验装置),将来一定是高温工业赖以为生的宝贝。目前情况是供电市场淘汰了光碟,供热市场被化石能源所垄断进不去,宝贝光碟变成无路可走,这叫光碟怎得发展呢?

4.5.2 聚光部件:反射镜与吸光器

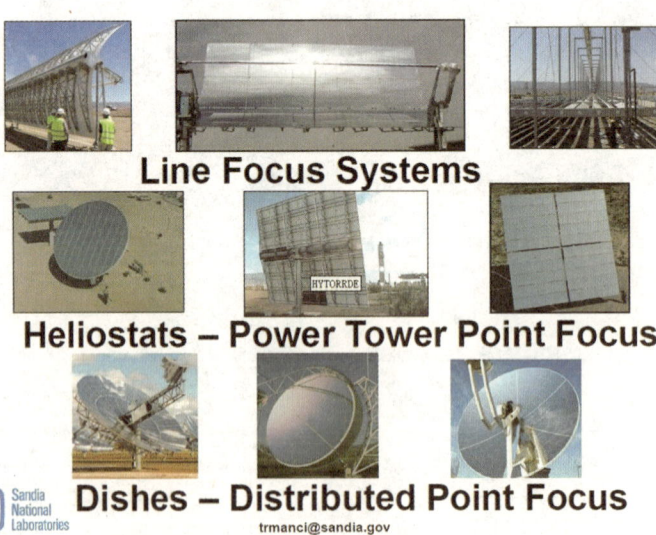

图4.21 用于CSP装置的各样式的反射镜。

图4.22 聚光装置所使用的各种吸光器。槽式吸光管外有一层真空以减低热损失。塔式与碟式吸光器都需要能承受很高温度。

4.5.3 简介用于熔盐储热之熔盐

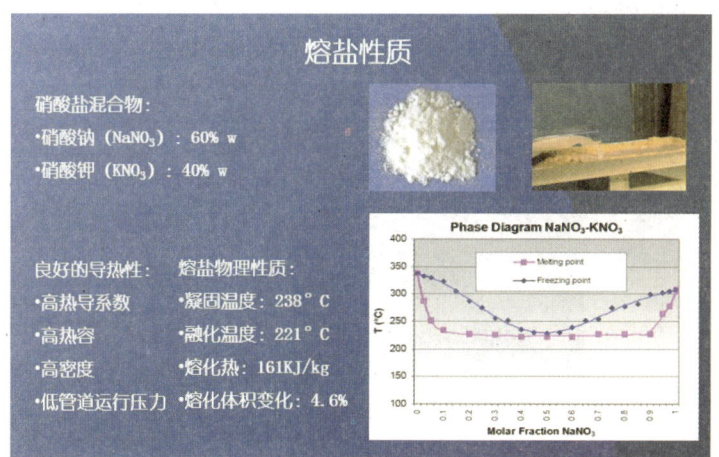

图4.23 简单介绍储热所用熔盐。熔盐低于250℃就会凝固，高过600℃就会分解，所以一般工作温度是在290℃~565℃范围内。一般使用高温熔盐，熔盐腐蚀性是个令人担心的问题。这种用于储热硝酸熔盐腐蚀性不强，材料选择上没有太大困难。

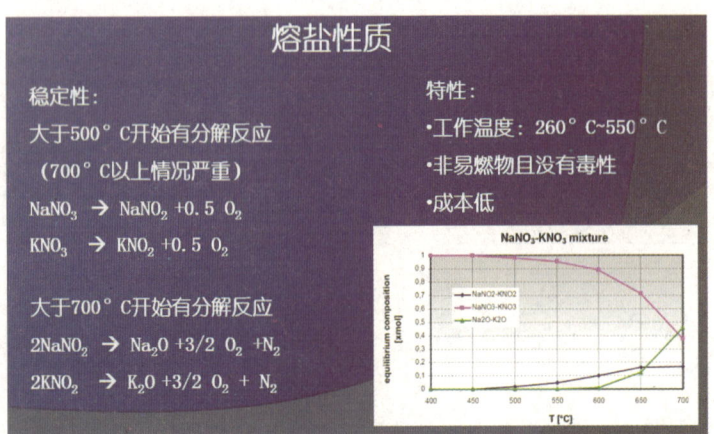

图4.24 这种储热熔盐被农业大量用作肥料，带硝酸基的氮肥。熔盐没有毒性、合乎环保要求、可以安心使用，在输热与储热上都有良好的热工性质。

4.5.4 聚光储热设置

图4.25 美国塔式Solar Two兴建的主要目的就是为了实验熔盐储热。结果实验证明了聚光所得热能可以十分有效地（储热效率>98%）以高温熔盐（~600℃）储存起来。储热库分冷热两库。熔盐从冷库流经塔式顶端吸光器加热后送进热库储存。等需要热能时，热库熔盐流经换热后回到冷库。换热生产过热蒸气，用以带动涡轮机组发电。Solar Two为熔盐应用奠下了基石，开创了"聚光储热"新纪元。

图4.26 西班牙Andasol槽式发电站。Andasol是槽式中最先使用非直接熔盐储热的设置。非直接是说输热与储热所使用不是同一介质，所用输热介质是导热油，而储热介质是熔盐。运作温度为导热油所限<400℃，未能达到熔盐工作上限~600℃。图中两大红色圆桶建筑就是兴建中的储热库。

图4.27 Andasol熔盐储热库内部。储热分有热库（<400℃）与冷库（>290℃）。储热库直径36m、高14m。熔盐从冷库流出，经由聚光场输热而来的导热油加热后流进热库储存。需要热能时，熔盐自热库流回冷库，中间经过换热释放热能给用于发电的过热蒸气。热库可用热能储量为1.2GWht，可供以50MWe功率发电7.5小时。

图4.28 Gema Solar位于西班牙，2011年5月进入运转，是世界第一座可以昼夜不停以20MWe发电的塔式"聚光储热"装置，以实例证明清洁可再生能源可以承担基本负荷，符合作为主流电源的要求。Gema Solar原名为Solar Tres,是欧盟在继美国Solar Two之后意欲将"聚光储热"塔式商业化的工程项目。项目进展不顺，主要是资金不到位，美国参与公司退出，在拖拉十年后终算建造成功，进入运转。

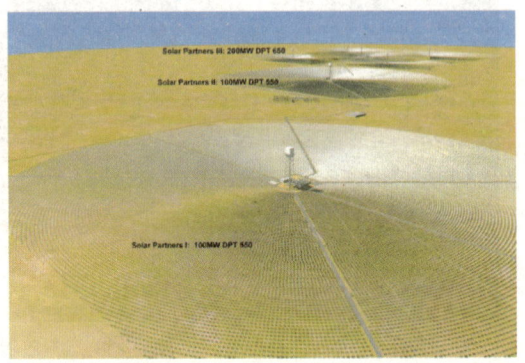

图4.29 美国Ivanpah塔式电站的计划图。Ivanpah位于加州，总功率近400MWe，是目前世界最大规模的塔式发电站。原先顺应电力公司建议，不带储热，后来Bright Source将其改为小规模间接式储热（输热为水，储热为熔盐）。电站已于2013年底完工，进入运转。获有联邦贷款保证。建造费用在6,000美元/kW上下（火电一倍半）。

NREL

Ivanpah Solar Electric Generating System

Background
Technology: Solar Power Tower
Status:Under construction
Country:United States
City:Primm, NV
State:California
Lat/Long Location:35° 33′ 8.5″ North, 115° 27′ 30.97″ West
Land Area: 3,500 acres (~ 14 km^2)
Solar Resource: 2,717 kWh/m^2/yr
Source of Solar Resource:NREL Electricity
Generation:1,079,232 MWh/yr
Company:BrightSource Energy
Break Ground: October 1, 2010
Start Production: October 2013
Cost (approx): 2,200 USD million
Construction Job-Years:1896
Annual O&M Jobs:90
Developer(s):Bright Source
EnergyOwner(s) (%):NRG Energy; Bright Source Energy; GoogleEPC
Contractor:Bechtel Engineering

Plant Configuration
Solar Field
Heliostat Solar-Field Aperture Area: 2,600,000 m^2
# of Heliostats:173,500
Heliostat Aperture Area: 15.0 m^2
Heliostat Description: Each heliostat - two mirrors
Tower Height: 459 ft (~ 140m)
Receiver Type:Solar receiver steam generator
Heat-Transfer Fluid Type: Water
Receiver Inlet Temp : 480F
Receiver Outlet Temp: 1050F
Receiver Temp. Difference: 570F
Power Block
Turbine Capacity (Gross):392.0 MW
Turbine Capacity (Net): 377.0 MW
Turbine Manufacturer: Siemens SST-900
Output Type: Steam Rankiene
Power Cycle Pressure: 160.0 bar
Cooling Method: Dry cooling
Annual Solar-to-Electricity Efficiency (Gross) : 28.72%
Fossil Backup Type : Natural gas
Thermal Storage Type: None

图4.30 美国NREL所给有关Ivanpah塔式电站的建站资料。Ivanpah占地14平方千米，耗资22亿美元，以565℃，160个大气压的过热蒸气发电380MW，冷却使用气冷，不是水冷。

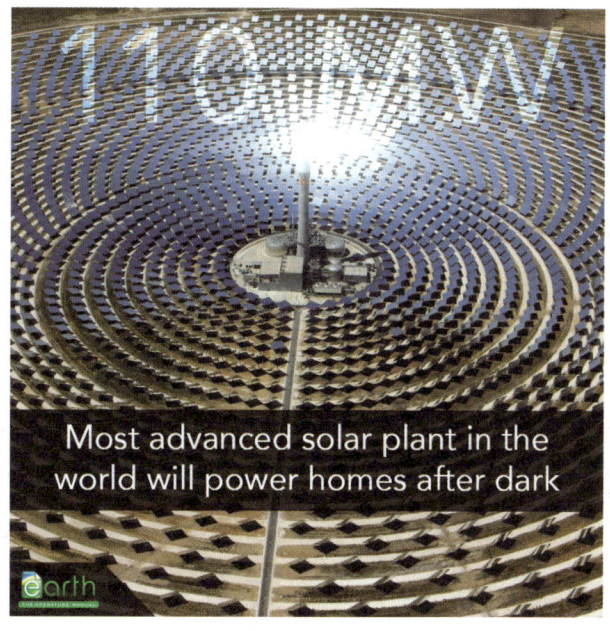

图4.31 美国Crescent Dune“聚光储热”塔式电站。Crescent Dune是Solar Reserve所建，位于内华达州。这是目前世界带熔盐储热最大的CSP装置，储热可用热量约为4GWht，发电功率110MW，带10小时熔盐储热，2014年准备。Crescent Dune能够建成，美国能源部功劳巨大，几乎竭尽全力给予协助。资金是来自联邦贷款保证，建造费用在美元8,000/kW上下（火电成本二倍）。与此同时，能源部也发动了“Sun Shot”计划，目标是希望尽力减低CSP建造成本，可以直接在市场上与化石能源一争长短。

蜀道上青天 ◇ 一条解决中国能源与环保问题的途径

Crescent Dunes Solar Energy Project — NREL

- **Background**
- Technology: Solar Power tower
- Status: Under construction
- Country: United States
- City: Tonopah
- State: Nevada
- Lat/Long Location: 38° 14' North, 117° 22' West
- Land Area: 1,600 acres (~6.4 km²)
- Solar Resource: 2,685 kWh/m²/yr
- Source of Solar Resource: NREL
- Electricity Generation: 485,000 MWh/yr (Expected) Company: SolarReserve
- Break Ground: April 2011
- Start Production: October 2013
- Construction Job-Years: 1500
- Annual O&M Jobs: 200
- PPA/Tariff Date: December 22, 2009
- PPA/Tariff Rate: 0.135 US$ per kWh
- PPA/Tariff Period: 25 years Project Type: Commercial

- **Plant Configuration**
- **Solar Field**
- Heliostat Solar-Field Aperture Area: 1,071,361 m²
- # of Heliostats: 17,170
- Heliostat Aperture Area: 62.4 m²
- Tower Height: 540 ft (~165 m)
- Receiver Type: External -- cylindrical
- Heat-Transfer Fluid Type: Molten salt
- Receiver Inlet Temp: 550F
- Receiver Outlet Temp: 1050F
- **Power Block**
- Turbine Capacity (Gross): 110.0 MW
- Turbine Capacity (Net): 110.0 MW
- Output Type: Steam Rankine Power Cycle Pressure: 115.0 bar
- Cooling Method: Hybrid
- Fossil Backup Type: None
- **Thermal Storage**
- Storage Type: 2-tank direct
- Storage Capacity: 10 hours
- Storage temperature: from 550 to 1050 F. Thermal storage efficiency is 99%

图4.32 美国NREL所给有关Crescent Dune塔式电站的建站资料。熔盐储热量可以110MW功率供电10小时，储热效率99%，储热热损失很小。

第五章 中国何去何从

DIWUZHANG
ZHONGGUOHEQUHECONG

第五章 中国何去何从

第四章结尾地方，我们看到美国有两个目前最大的塔式聚光装置，Ivanpah（400MW）与Crescent Dune（110MW），后者带有10小时熔盐储热。所以科学及工程人员十分清楚"聚光储热"有多大本领？能做些什么？有什么样应用条件？优点与缺点何在？目前成本是多少？这些都是有用的认识，是必需（Necessary Condition）但不是足够（Sufficient Condition）条件，要想开展CSP还得另外有东西。

美国科研能力好、工业能力强，又是"聚光储热"的发源地。所以就拿美国作例子，我们来问：有没有可能拿"聚光储热"来解决美国能源问题？这看起来是个简单问题，回答可以十分复杂。譬如说，可以是"科技上说，完全没有问题，到可以解决能源问题里的供电部分"，也可以是"在自由市场机制里，不仅是没有可能，并且可以说连丝毫希望也没有"。所以这故事很长，还得从头说起，最前头就是美国的太阳能资源，"聚光储热"得有足够光源。

5.1 美国DNI资源与聚光应用估算

美国直射日照分布主要是在西南角四州（请见图5.1）：加州、内华达州、亚利桑那州与新墨西哥州。这些区域里有沙漠有高原，不过沙漠不大、高原不高。夏天有地方气温偏高，但冬天没有极寒，没有冻土期。风力不大，不是风力发电区。交通上有

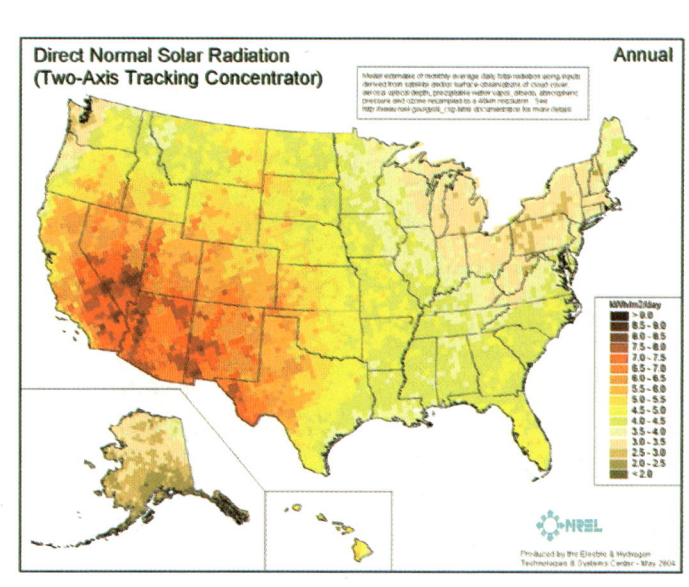

图5.1 美国DNI(Direct Normal Insolence直射正向日照)分布图。就太阳能资源分布来说，分布图中显示美国西南角有七州最为适合发展"聚光储热"。

多条干道直穿横跨。在世界日照地区里，这应该算是最容易发展CSP的地方。

如果知道一个区域DNI分布，要想知道每年能生产多少电量的话，那要怎样来作估计呢？一般估计是以槽式作为聚光代表，以其需求作为选择条件。Sandia（Sandia National Laboratories）作过计算，并且绘制了一图，请见图5.2，以图解来说明了其中过程与计算结果。从左上角DNI分布小图开始，经过下列一连串的筛选过程：

1. DNI>6.75kWh/m^2/day或2,500kWh/m^2/yr；
2. 不占生态环境脆弱地区与城市开发区域，等等；
3. 土地坡度小于1%，1%是说100米距离地高只相差1米，角度只有0.6℃；
4. 整块相连土地面积大于10km^2。

右上小图是筛选过后的DNI分布地图，好像被筛的没剩下多少了。然后再以剩下面积（约1/4为反射镜镜面面积）与DNI强度，加上目前槽式的光电效率，进行估算。右下的小表里列有各州的发电功率与一年的发电量。小表最下一行是总数，这就是美国西南角以槽式作代表可以利用的土地面积，发电最大功率与一年所生产的电量。与美国目前发电的最大功率1,000GW与耗电量4.E6GWh相比，CSP太阳能远远胜出：

西南角"聚光储热"发电功率是美国目前最大发电功率1,000GW的七倍；

西南角"聚光储热"发电量是美国目前发电量的四倍；

西南角"聚光储热"所生产高温热能的热量1.7E20焦耳是美国2007年能源供应总量9.9E19焦耳的二倍左右。（请见第三章美国能流面条图）

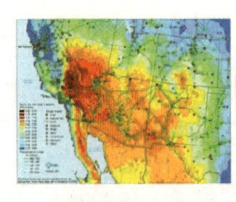
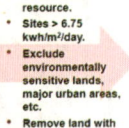
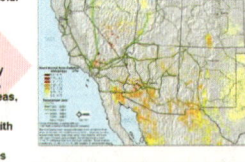

图5.2 SNL所作美国CSP潜力分布计算。按美国DNI分布作选择，像DNI>6.75kWh/m^2/day，土地坡度<1%，整块土地>10平方千米等，再以聚光槽式光/热/电转换效率为准，计算出发电量最大七州的日照土地面积与每年发电量。与目前美国发电状况相比，总功率上CSP大近七倍，总电量上CSP大上四倍。这是说CSP不用费力就能解决美国能源里的供电问题。

我们看到美国西南角的太阳能威力着实强大，没想到筛选如此苛刻，居然CSP在对付美国这世界上最耗能的国家还游刃有余。其实Sandia在筛选上，如果放松一些，像坡度1%改为3%，土地连续从10km²改为5km²，日照从6.75改为5.5kWh/m²/day，那CSP可以生产的能量还不知要大上多少倍。这是说CSP不用费力就能解决美国能源里的供电问题。

请注意，Sandia计算里除了发电之外，没有意思要利用热能，所以像发电余热那就是全扔了，扔掉的热量非常庞大，可以比美国2007年的能源总量还要大。并且西南角阳光无限好，根本可以直接生产高温热能以供热工业。问题是热能不能输远，供热安排须要将就热源，人口与工业就得迁往太阳能热源所在。这对目前欧美是几近于不可能做到的事，社会习惯于天然气供热所带来的舒适与方便，所以欧美能源计划都不敢想供热问题，没有一丝供热念头。

美国西南角以"聚光储热"就能解决美国能源问题，不敢想供热也行，至少可以作到供电。这会是清洁可再生能源可以进行"替换化石能源"的机会，至少在发电方面可作一个开始。接下来我们想知道，美国手里有这样好的机会，也有工业建设的力量，社会与国家会怎样反应呢？

5.2 美国发展"聚光储热"的难处

美国社会有两大壁垒分明的阵营，"前进派"与"保守派"，各有各的政治与经济想法。能源关系到政治与经济，所以围绕着能源有扯不清的关系，请让我们简化目前情况以方便解释。Sandia与NREL里的科学家当然是"前进派"，奥巴马的联邦政府就是"前进派"的中坚。"保守派"的中坚是美国工商既得利益集团与站在后面的美国国会，还有就是美国保守派民众与宗教团体。以往小布什当政时候，连联邦政府也倒向保守阵营，是"保守派"全面执政。一般民众是在这两派之间游走，比较看重经济状况与容易受到电视宣传影响。

"保守派"不同于"前进派"，并不认为目前能源环保有问题，化石能源既没有产生对环境有改变性的影响，并且在开采上是政府不停在找麻烦，而不是储量上真正有限制。"保守派"中以基本教义宗教集团最不可理喻，而最扯皮的是工商业既得利益集团。"人不为己，天诛地灭"是资本主义的精神，所以在法律所允许的范围内，工商业集团会对其所认为的敌对对手不择手段尽其破坏之能事。这集团凶猛之处在于不仅有国会立法机构这个靠山，并且手上拥有两件法宝：保护美国工商利益与坚持自由市场。

保护美国工商业利益是个法宝，可以用来抵挡任何设置排放税与用水税的意图。抽税当然会增加成本影响利润，导致工商业裁员，势必影响美国就业率与经济状况。所以使排放税没人敢提。提也没用，国会很容易将其拖上十年，到时候还是一筹莫展。在用水上，火电水冷已经用去了美国一半水源（见第三章）。水冷使得发电效率增高，成本降低。等于是以公众资源谋利。账可以算，但是也没人敢立案，立了案也没人理。第二个法宝是"自由市场"，坚持凭借成本，公平地在市场上自由竞争。这是十分动听的经济原则，只是既得利益集团在成本上已经占了便宜了，回头再来坚持自由市场，用以发挥对其有利与更加保护的作用。

就这样，美国"保守派"绑票了能源政策与市场。在其能源对策里，一面坚决否认能源环保存在问题，一面严密袒护其市场利益。生活在美国社会里，目前气候才刚刚有些变化，而化石能源非但没出现大规模短缺，价廉的页岩气的出现还更有强心作用，经济在波折起伏中还大致持续繁荣，所以"保守派"还真的对自己所说愈来愈有信心。

就说伊拉克一战，这也是承继了工业革命以来，为夺取资源而战的传统。列强一向如此，没有不打的道理。"保守派"认为战场上失利是军力与军备不足。战争口号是反恐，是摧毁大规模杀伤性武器及解放阿拉伯让其有机会走向民主。这足以混淆视听，有时连美国自己也相信做了好事。

不过不管"保守派"怎样说，伊拉克还真是"保守派"的一大失算。一个伊拉克花费了三万亿美元，足够以"聚光储热"在美国西南角长久替换一半以上的化石能源供应（见第二章）。显然那仗打得极不划算。那可不可以不打伊拉克？可不可以事前就将那三万亿美元挪作发展"聚光储热"？主意不错，不过真的要那样想，那就是痴人做白日梦了。庞大的军工与石油既得利益集团，怎会让人以太阳能取代石油，失去生产与保护石油机会，让自己去喝西北风？并且三万亿美元是战争挤出来的，不是美国真有这笔钱。就算有，也轮不到太阳能。

"前进派"奥巴马很可怜，很想在能源、教育与健保上做点事，只是力量过于薄弱。奥巴马政府力量会薄弱？奥巴马对外代表强大美国，对内只是行政机构，国会掌握了预算与立法。预算老没定下来，政府就得停工，2013年就关过门一阵子。政府与国会之间，可以说"前进派"与"保守派"的一个巨大的角力场，每天攻守演出不停。

现在让我们再回到CSP小角落。CSP之所以在美国没有人间蒸发，可以说能源部费了不少心思与下了不小工夫。CSP规模大、成本高，所以投资庞大，并且还得集中性一次投入，这就使得CSP在现今市场上根本没有生存机会。加上当前电力市场使用煤与天然气发电，方便简单，日以继夜，保证利润。公关上当然不好直说，其实电力市场并不稀罕什么聚光储热装置。主要是能源部坚持不肯让CSP饿死路边，说好说歹要CSP往前发展再走一步。于是，由前能源部部长Steven Chu（朱棣文）从土地许可到贷款保证亲自调度。贷款保证是联邦政府出具保证其贷款安全性。有了贷款保证，资金问题就解决了。

能源部总共发放了四十多亿美元的贷款保证给五个CSP项目，总共发电功率为1.4GW，包括两个目前世界最大的塔式，其中一个带有10小时熔盐储热，与两个目前最大的槽式，其中一个带有6小时储热。在2014年中所有项目应该可以完工与进入运转。

在2011年年初，能源部还启动了一项称为"SunShot"的计划。上世纪是"MoonShot"计划让美国登陆了月球。这次"SunShot"是意图以太阳能来"替换化石能源"。计划任务十分清楚，就是要求CSP在2020年之前将发电成本降至一度电六分美金。这是说CSP在没有任何政府补助情况下，可以在自由市场上直接与火电竞争。

DOE想强渡关山，不作等候排放税的打算，不顾化石能源已经占了多少便宜，上市场就上市场，好汉子硬碰硬，不过也看出来其无奈心情，已经是没路可走了。SunShot计划的准备十分详尽，CSP系统各个部分的成本需要降低多少都有计算，并且做有一图作总结，请见图5.3。CSP要从目前成本美金21分降到6分。最凶残的部分是要求聚光场从9分降至2分。这不是伤及皮肉，而是连骨头都得清除。巧妇难为无米之炊，连煮稀饭也得放些材料进锅才行呀。

从部件组成上也可以作些衡量。火电是经由锅炉产生蒸汽后，以涡轮机组发电。CSP是由聚光、转热、输热、储热及换热，再以涡轮机组发电。发电两边使用是同样的涡轮机组，竞争不可能加分。剩下火电这边硬件就只有锅炉了，还有就是煤，而CSP有各式各样大面积与大体积的硬件装备。在没有排放税情况下，煤价不上升，两相比较CSP再巧也不能无中生有，所以哪有胜算呀？这样看来，DOE是被逼疯了，知其不可为而为之,死马当活马医。不过,我们不知道DOE真正意图是什么。也许这就是策略。显然这场战争会很长,目前只立些名目,维持住发展局面,希望在长期战斗里有个突破机会。

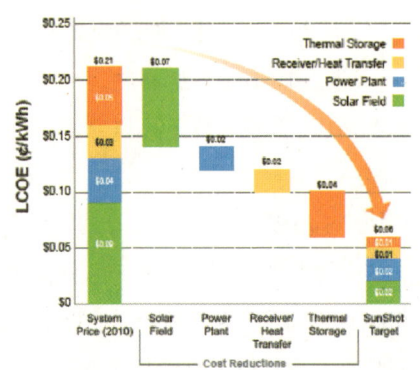
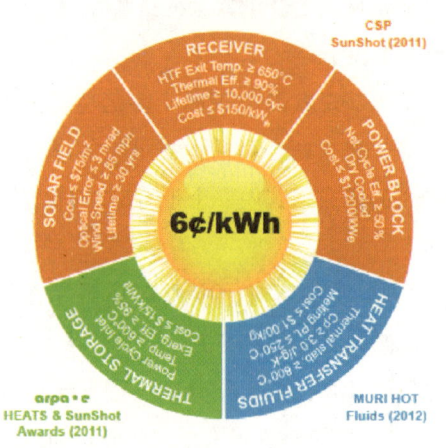

图5.3 图解美国能源部(DOE、Department of Energy)的SunShot计划。计划要求CSP能够自立,不得依靠政府协助(国会停止了贷款保证)。这就得要求CSP成本需从目前$0.21每度电下降到$0.06以进军电力市场与火电竞争。这是DOE没有办法的办法,因为国会没有可能对火电设置排放税与用水税,DOE又极想推展CSP,只得自己尽力寻求降低CSP各项成本。譬如聚光场成本部分得从$0.09下降到$0.02。刀有两面,这图对我们的意义是火电得加税多少才能让"聚光储热"——明日能源的主力——有生存与推广的机会。

从上面所说,可以看到"前进派"相当清楚"聚光储热"的重要性,并且有强烈愿望要"替换化石能源",只是"保守派"坚决反对,处处挡路。当然强大的既得利益集团会利用各种机会来扯皮捣蛋,不过问题应该还没有如此简单,这后面也还有一个强大的社会因素。

目前是一个需要更换能源的时候，需要替换的是化石能源。能源这东西不是说想换就换，因为关系复杂，也不是科技上换换插头，上下几个螺丝钉的事。也许根本就没有更换能源这档子事，更换就得改换社会生活与思维方式。这就是所谓的"能源革命"，变化的不仅是能源，包括了整个社会。

自工业革命以来，化石能源就在一步一步打造现代文明，包括现代经济与现代生活方式。现代经济里像GDP、就业率、战略物资、自由市场这些观念都影响了目前人们思维框架与习惯。而如今需要更换的正是这文明的基石——化石能源。现代文明在基石要被更换的情况下会怎样反应呢？美国"保守派"是固守基盘、全面反对更换。所以当"聚光储热"科技做到可以更换化石能源时候，社会保守集团就预感不祥，为了尽可能保持与维护原有的生活与经济方式，不得不严拒更换。惧怕也不是没有理由，在一个没有化石能源的世界里，所有权力与利益结构会重组，现代文明会被一个新的文明所取代。

如果将问题说得具体一些，左边是一个伊拉克（三万亿美元），右边是"聚光储热"清洁可再生能源，问题是怎样将左边挪给右边？好吧，不需要一次全挪，就像打伊拉克一样，一次挪一点，就说分十年了。钱从哪里来？伊拉克从哪来就从哪来。自由市场那边挡路怎么办？这就得认识真正问题，看穿自由市场！不要荒唐到愈紧急时候还愈想搬弄政治与经济口号。

美国做得到这样吗？当然做不到，连想都不敢想。那世界上有没有国家想做？或尝试过要做？嘿！这可问得好！世界上还真有这样一个国家不仅想过，还正在尝试。这个国家就是德国。下节请看德国的故事。

5.3 德国"破釜沉舟"的故事

2009年6月，德国龙头保险集团Munich Re代表了二十家欧盟企业集团（德国为主力）宣布成立Desertec公司，计划准备投资5550亿美元，在北非撒哈拉沙漠建造大规模CSP装置以供电北非与欧洲。这是一则让人一下子不知重点在哪的新闻。5550亿美元？CSP？北非？供电欧洲？二十家企业集团？龙头保险？如果还记得上节所说，我们以为具体的重点就在将左边挪去右边。左边就是那令人晕头转向的大款5550亿美元，右边就是老相识CSP，只是地点换了，从美国西南角换到北非撒哈拉沙漠。

左边5550亿美元,这笔款相当大,到底有多大?所以先得数一数,心里得有个数。怎样数呢?一种方法是与德国一年生产总值GDP相比。下表作了些估算,5550亿美元相当于德国2012年GDP的17.4%,大约五分之一(17.4%)。同样比例放在美国GDP上的话,就会是2.7万亿美元,与美国在对伊拉克战争上的耗费相当。价值轻重上说,这就是德国的一个伊拉克。换句话说,德国工商业愿意投资,拿出相等于(GDP同比例)美国打一个伊拉克的金额,给CSP在北非撒哈拉沙漠里发展"聚光储热"。

以GDP来衡量德国的$555Billion

	Germany	USA	China
2012GDP(PPP)	3,194	15,653	12,383
17.4%GDP($Billion)	555	2,700	2,150

注:GDP(PPP)in $Billion, taken from data provided by International Monetary Fund for 2012。GDP(PPP)是经过Purchasing Power Parity修正后的数字,比原先GDP要更为接近实力。

这就十分有趣了,上节我们还在解释为什么美国在工商业挡路下,做不到将左边伊拉克挪去给右边CSP,而同样是工商业,现在德国工商业要做的正是由左挪右这美国做不到或不愿意做的事。并且在投资量级上,也正好与我们估算一致,一个伊拉克!更有甚者,美国工商业是挡路的头子,而德国工商业居然会是开路的头子。我们注意到自由市场机制那只看不见的手,在美国就会伸出来挡路,而在德国不是看不见,是真的没有市场的手伸出来挡路,也没有经济压力要压CSP成本下降到与火电相等。基本上投资款额是以CSP目前成本为准,CSP要多少就给多少。这对美国来说,"前进派"会不相信自己眼睛,世界还真可能从左挪到右边,而"保守派"会气急败坏,觉得德国疯了该关进疯人院了。

在能源这方面美国与德国有很大差别。美国有充沛资源,而德国没有资源。在化石能源上,德国只有些煤,其余全靠进口。美德两国在太阳能资源上没得比,请见图5.4,德国纬度过高,就连美国大陆上日照最差的一州也比德国要好许多。我们注意美、德两国在发展CSP上有相同与不同之处：相同在于美国能源部与德国DLR都认识到CSP作为主力能源的价值，不同之处在于美国日照充沛，却被挡路变成动弹不得，而德国是日照贫乏，穷归穷，但是很清楚自己贫穷处境，知道得去寻找太阳能资源与绝不放过可以帮助发展的机会。

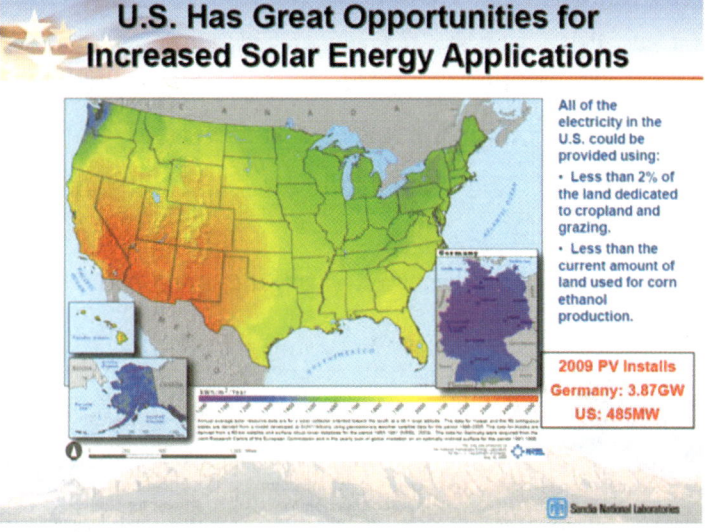

图5.4 德国（图右下角）太阳能资源与美国之比较。德国能比的只有北边阿拉斯加州，南边大陆四十八州连最差的地方也比不上。Sandia制作此图就是为了指出与德国相比，美国太荒唐，倒行逆施，浪费了这样好的太阳能资源。

美国有的是资源可以挥霍浪费，而德国资源贫乏得讲求生存。美国可以两大阵营在内争内耗，德国内耗耗不起，事情该怎样就得怎样。德国没有留恋生活享受，没有得过且过，没有因循苟且。虽说全国日照不行，德国还是大力装设光伏。在2009年德国光伏发电产量是美国的八倍。这对一个日照远不及美国的地方来说，真是用心良苦，外人得设身处地才有可能体会。中国的光伏生产与价格下降对德国光伏装设帮助不小。

其实很早就有人想利用北非的太阳。1912年有一位叫Frank Shuman的美国发明家在埃及建造了一个60m长的槽式，生产水蒸气足以带动65匹马力的蒸汽机。正当他想扩展到撒哈拉沙漠时，第一次世界大战爆发了，后来在价廉的石油下他不得不低头打消了他的愿望。一直到上世纪70年代油荒之后，才又有科学家开始打北非太阳的主意。在2003年，DLR与TREC（Trans-Mediterranean Renewable Energy Cooperation）连手开始作些科研计划看看如何来发展北非，利用上太阳能资源。DLR一共出了三篇报告（请见图5.5）。

MED-CSP：讲述北非、地中海与中东DNI分布情况与各地方能源供求关系（请见图5.5），科技上使用CSP的一些考虑，主要用于发电。

TRANS-CSP：讲述新的电网怎样结构，就可以把北非、中东与欧洲结连起来。电网使用技术是HVDC（高压直流），取其适用于长距离输电，能量损失较小。输送每一千千米，损失大约为2.5%（请见下图）。三千千米直线距离（像从西藏阿里到上海），若以六千千米计算，输电电量损失在15%左右。加上电网建造投资，电价可能上升20%~25%左右。

AQUA-CSP：分析各个区域用水情况。计划使用CSP热电并用，以发电余热用于将海水转为淡水。

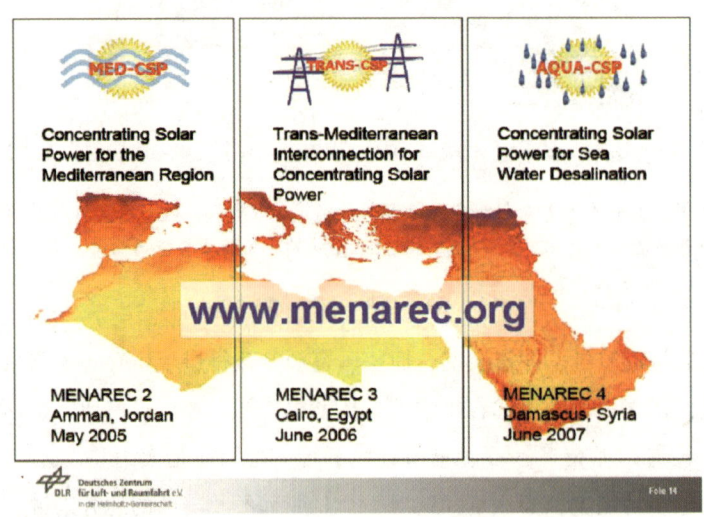

图5.5 德国DLR为了开发北非太阳能资源所作的三项科研，包括太阳能资源分布与CSP应用，输送电能去欧洲与太阳能用作海水转淡水。

下面有几个图5.6—5.9是图解有关报告里的一些特点，像——

图5.6 计划庞大。整个计划会影响到50个国家，解决全欧洲、地中海东边、中东与北非的能源供电问题。

图5.7 为什么会有能力覆盖这样广大的区域？主要就是北非与中东拥有世界最丰

富的太阳能资源。

图5.8 CSP转太阳能为电能,然则电能需要电网来输电配电。所以得建设一个庞大电网将可再生能源连在一起,为整个广大区域供电。

图5.9 高压直流电网因为适合长距离输电(低损失)会是输电主要方式。

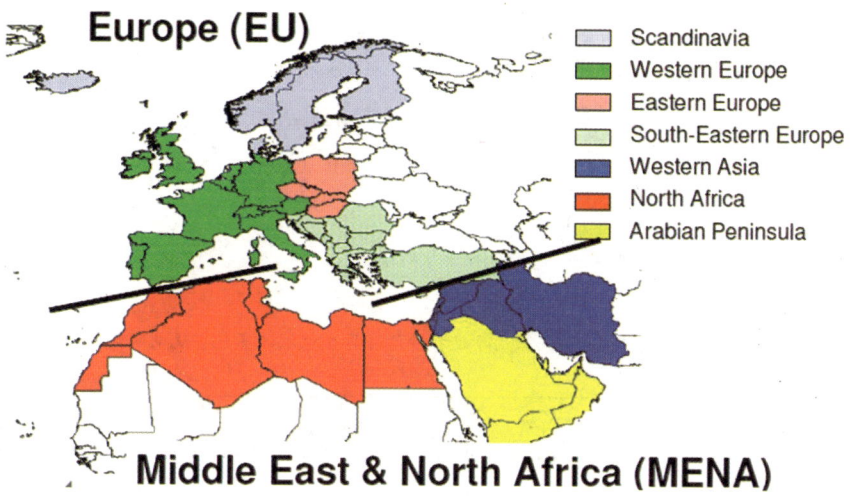

图5.6 图示与北非与中东(MENA)太阳能发展有关五十个国家。

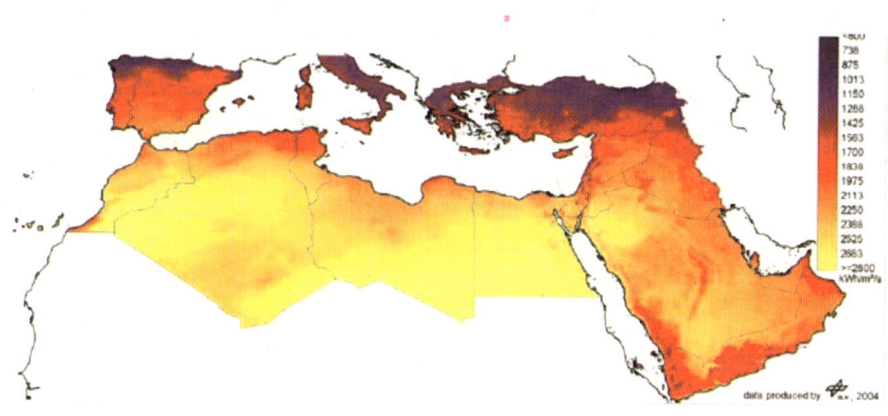

图5.7 北非、中东与地中海周边国家DNI分布。

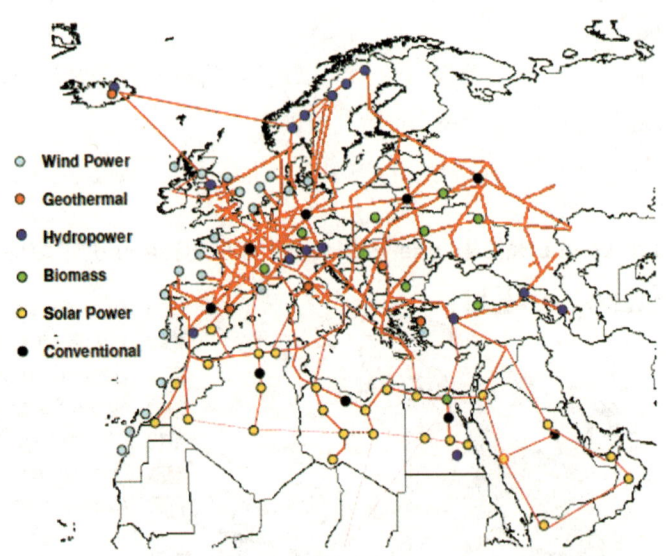

图5.8 在EUMENA地区内,用于连接清洁可再生电源的高压直流电网网络。

Parameter	Unit	HVAC		HVDC	
Operation Voltage	kV	750	1150	± 600	± 800
overhead line losses	%/1000 km	8%	6%	5%	2.5%
sea cable losses	%/100 km	60%	50%	0.33%	0.25%
terminal losses	%/station	0.2%	0.2%	0.7%	0.6%
overhead line cost	M /1000 km	400–750	1000	400–500	250–300
sea cable cost	M /1000 km	3200	5900	2500	1800
terminal cost	M /station	80	80	250–350	250–350

图5.9 高压交流与直流长距离输电损失与建造费用。像800千伏直流输电每一千千米电能损失约2.5%。

DLR的结论是北非撒哈拉沙漠DNI特强,天下没有比撒哈拉更好的日照来发展CSP。CSP有足够能力解决北非、中东与整个欧洲地区的供电问题。撒哈拉一年日照时间长达3000到3500小时。沙漠人少，环境简单，不加利用就可惜了。有关应用，DLR给出了大量数据与图表。CSP与HVDC是开发太阳能的两项主要技术，在世界许多地方都已有应用设置，科技工程人员也已熟悉其特性与使用。

也许是DLR太有说服力，在2008年，先是由一群科技界人士成立Desertec Foundation，2009年德国工商业跟进，成立DII(Desertec Industrial Initiative)，两边一并组成了Desertec公司。2013年又因宗旨上差异两边分道扬镳，各凭自己本事来推进Desertec计划。

在Desertec计划与5550亿刚宣布之时，许多人佩服其想象力与胆识。出乎意料反对之声是来自德国太阳能光伏圈子。代表人物是Hermann Scheer，三十年德国国会议员，德国上网电价(feed-in-tariff)的主要立法者。他对德国风电与光伏的发展有很大贡献，因而被人称作德国可再生能源之斯大林。他的理由是反对任何集中型大规模能源装置与反对离开国土去寻求境外资源。显然他不了解可再生能源里需要一个主力能源，单靠他所钟爱的风电与光伏是难撑大厦的。还有就是北非与中东的太阳能资源，经由"聚光储热"可以满足整个欧洲、中东与非洲的电能需求，这眼光是何等长远，计划是何等广大重要，岂是区区国界所该限制。他已于前几年去世，一生带了些传奇色彩，生前曾强调过："在新能源发展上，科技与经济都不是问题，问题在政治。"这话是他经验之谈，不容忽视。

人们稍后开始认识到Desertec单凭的想象、胆识、科技与经济力量远远不够，还真像Scheer所说主要阻力依然是来自各种政治因素。像欧盟就是一个难以协调的群体，每个国家都有自己算盘。譬如说Desertec想借道西班牙把在北非摩洛哥CSP所发的电输往北欧，几经协商，结果西班牙硬是不肯。西班牙自己也在发展CSP，岂有借道让利之理。北非现在政局不稳，所以发展Desertec有困难。不过就算政局稳定了下来，由于过去列强殖民历史，欧盟还得十分小心安排，不是出钱出力就会有控制权，看来政治上有得折腾的了。尽管Desertec这条路不会顺利，不过从大局上说，利用撒哈拉太阳是所有人都能获益的事。德国需要耐心绕路并坚定走下去，此路还看不出有不能克服的障碍。与美国情况不一样，美国是有强大的既得利益集团把关死守，存心就是死不让路。

Desertec看起来是德国工商业所为，胆子大到有些难以想象。其实德国政府最近也是动作频频，胆子大到还更难想象。2011年6月底，在日本福岛核事故发生几个月后，德国国会以513对79票，8票弃权通过了一项废核法案，要求德国所有的核电站按五个梯次在2022年前全数停工。德国废核运动已经有些时日，日本事故是压断骆驼背上的最后一根稻草。核电曾经占有德国发电总量的四分之一，很难想象德国会怎样来承受废核所带来庞大的经济损失。这可像是在玩命，并且还像是自己下手切腹？够残酷的了。

我们需要设身处地来了解德国，废核绝对不是件容易的事。本书前面有强调，有些能源领域敢进就得敢出。不要进去时十分踊跃欢喜，该出来时候就像戒烟一样，一把鼻涕、一把眼泪，就是走出不来。从这角度来看，德国不顾经济损失，当机立断，这是何等决心、何等勇气。世界有幸还有德国这样国家，走的是与紧邻法国完全不同的路线，不得不令人表示敬意。

当然德国有很强自信，他们具有世界一流的新能源科技。并且也不是没有算计，好比在过去十多年可再生能源进展神速，从2000年可再生占总能量的6.3%到2010年升至17%（请见图5.10）。美国"前进派"Sandia就是他们的忠实粉丝，图5.11就是粉丝所列举的德国种种成就，里面不乏爱慕之情。

从2007年能流面条图上可以知道中国能源总量约为德国6倍。如果可再生能源按比例计算的话，要与德国2010年相比，中国风电装机量需要达到165GW，光伏要到100GW。目前中国可以说相当落后，甚至在"十二五"规划中，2020年风电装机量也只达到100GW，光伏20GW。目前中国风电装机量全世界第一，按比例与德国相比其实相差颇远，还有得追赶的了。德国自信不是口号，是以实力作后盾。

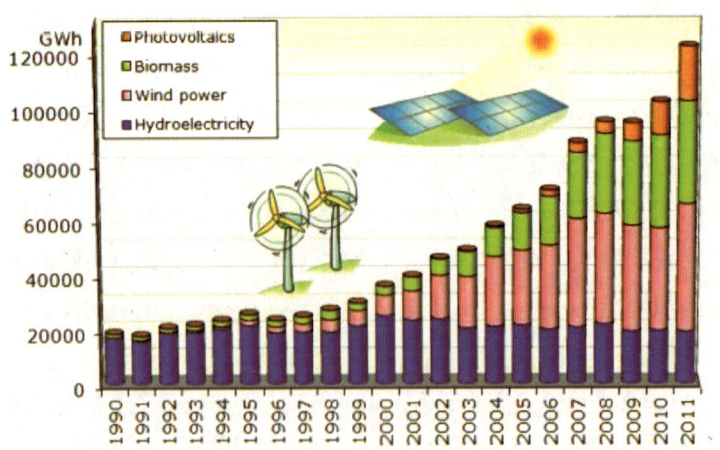

图5.10 德国可再生能源近年成长经过。从2000年占总能量6.3%，增长到2010年17%。

图5.11 美国Sandia是德国粉丝，很注意德国在新能源上的一些成就，还特意绘制将其收集一处。德国有计划在2050年之前以可再生能源供给80%用电。

德国生活指数高，什么东西都很贵。为什么会贵？显而易见一个原因是油价、电价都很高。

在欧洲电价最高是丹麦，其次就是德国。在美国一度电(kWhe)平均价格是$0.11,而在德国一度电相当于$0.31,贵上近三倍。在欧洲国家里，德国火电成本其实相当低，而销售的电价却是特别的高。主要原因就是电价高才能以并网电价来支持新能源的发展，风电与光伏就是这样起来的。

紧跟着废核法案之后，德国国会又通过了七项立法都跟新能源发展有关。其中可再生能源立法是将政府所订的可持续发展的时程——2020年35%、2030年50%、2040年65%与2050年80%，一一变成了法律。德国女总理默克尔曾发表讲话，大略意思是"日本工业如此先进，在核事故中还是陷入了一种绝望（hopeless）的处境，德国就是要以废核来加速能源转换（Energy Transformation），在工业化国家的可再生能源竞争上取得领先，以发展新能源科技来争取商业出口与提升就业率。"

中国历史上有两句成语也许会对认识德国目前能源处境与政策有帮助：一句是项羽的"破釜沉舟"，另一句是韩信的"背水一战"。在十分艰难只有败算的情况之下，就会有拖延与逃跑；同样只有败算，若先置之死地，反而会有生存的机会。这就是我们所认识德国与美国之不同之处。德国是穷小子，面对将要来临的灾难，自己先把釜破了，舟沉了，准备背水一战。看起来好像在发疯。此时发疯还是自己主动有所选择，到时候被情势所逼而发疯就没有选择余地了，一切也就太晚了。

不用替美国担心，美国富家子，在受灾吃苦之后，有一天浪子不得不回头。到时候只见他死抱住西南角，在CSP上辛苦发展一阵子，很快又会红光满面，像没事一样。有些富家子就是这样运气，天下就没公平的事。

5.4 世界（包括中国）DNI太阳能应用资源

测量与记录DNI有两种方法，从地面直接测量或由卫星数据间接推算。前者是以地面上一点跟踪太阳作定点测量。在美国本土地面上分布有许多定点，可以与卫星测量相互比较与作修正。两种测量一般有差距，可以高达30%，只有在干燥、无云、无尘情况下才比较接近。两种测量都有自己的误差，所以一般是靠多点、多次与长时间数据的累积来增进测量的可信度。

美国NREL利用人造卫星数据，估算出来世界许多地区的DNI分布，其中有中国部分（请见图5.12）。注意图中有注明所绘的是DNI。图中单位是年平均每日直射能量 $kWh/m^2/day$。一般是选择DNI大于$5.5kWh/m^2/day$或$2,000kWh/m^2/yr$作为有CSP发展潜力的地区。卫星方便作大面积扫描探测，图中小字对其推算假设作了些解说。定点测量除DNI之外，还包括风向、风力、温度、湿度、灰沙雾霾，是实际工程上所必需。

中国日照区域都在中国西部。最好是青藏高原，尤其是西藏阿里与那曲地区。其次橘黄色地区分布在甘肃、青海、新疆与内蒙古。西部地理环境尽是高山高原与沙漠荒原。气候可以十分恶劣，像严寒、昼夜温差大、冻土期长、风强、沙尘大、缺水等。所以中国西部比起美国西南角来，开发上要困难许多。

同时也可以看到中国东部地区日照不行，从东往西以四川颜色最黑、情况最差、终日迷蒙一片。偶尔太阳现身一下，蜀犬吠日是说连狗都觉得看到太阳是件稀罕之事。CSP需要直射光线作聚焦，所以对空气里水气与雾霾特别敏感。

第五章
中国何去何从

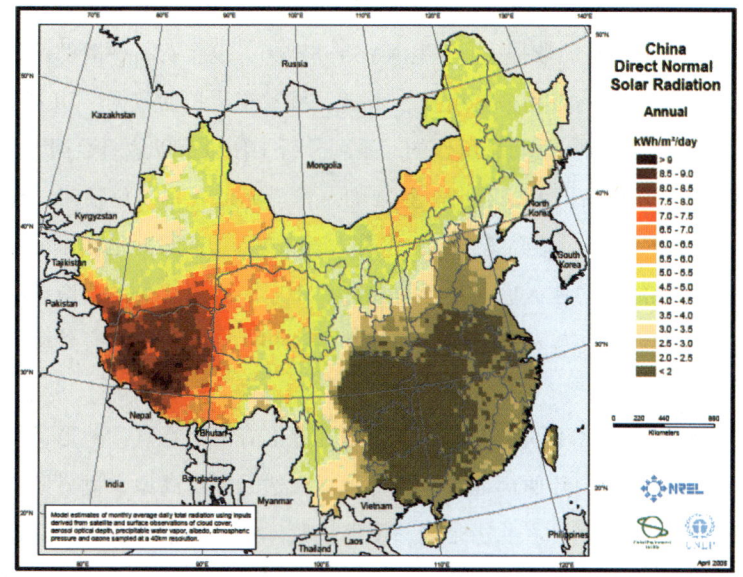

图5.12 美国NREL依据卫星数据推算而得的中国DNI分布情况。

知道DNI分布，并不能估算出来一个地区可利用的太阳能能量。这还须要考虑到地理环境与气候状况是否适合发展CSP，加上聚光装置本身也会有一些要求。因为欧美都希望在低纬度地区应用CSP，像北非与中东区域，所以习惯使用槽式作估算。槽式长处在于可以快速增长聚光面积，系统效率好过光伏，加上两足支撑作一维运动，抗风力较强。不过槽式要求地面必须平坦，并且光场必须是整块土地，不能左一块、右一块零碎拼凑。譬如说，要想以一百兆瓦功率发电，地面面积至少得有四平方千米。前面Sandia曾拿美国西南角为例来说明他们的选择过程，下面是摘自德国DLR在美国卫星资料的基础上对全球太阳能资源所作的一个分析报告Global Potential of Concentrating Solar Power。

在2008年，德国航空太空中心（DLR）成立了一个称为REACCESS——"Risk of Energy Availability: Common Corridors for Europe Supply Security"的工作小组，主要任务是分析欧盟在能源供应上的安全可靠性。结果附带也分析了世界DNI的分布与其应用价值。自然，这里面重点区域是北非，主要用意是衬托出北非巨大CSP潜力，帮助推进Desertec计划。

美国航太中心（NASA）一直在做太阳能探测工作。NASA从其卫星资料里估算出来一组有关全球DNI分布的数据——简称NASASSE6.0。卫星资料一般都希望有10年以上的累积以减低数据上的波动，这组资料来自卫星22年累积的数据。DLR先将这组数据绘制成图（请见图5.14），随后所作的一系列分析工作也都以这组数据为准。

从这世界DNI分布图里可以看出一些规则。像沿赤道一带，包括南、北纬从零到十几度，DNI并不特别高，想必是空气里水分太多关系。DNI最好地区是分布在南北纬十几度到三十几度的沙漠地区。北半球有北非、中东、西藏、美国西南角与墨西哥北部。南半球有澳洲、南非与秘鲁北部。在纬度高过40°地区，就只有外蒙、内蒙古与新疆北部还可以。

与世界一般日照地区不同，中国在太阳能资源上有两个特点：地形过高与纬度偏北。中国日照地区都在内陆西部地区。西部地区南边是多山高原，世界屋脊青藏高原是世界最好的日照地区之一。北边是高纬度沙漠荒原地区，包括甘肃北部，新疆东北部与整个内蒙古。

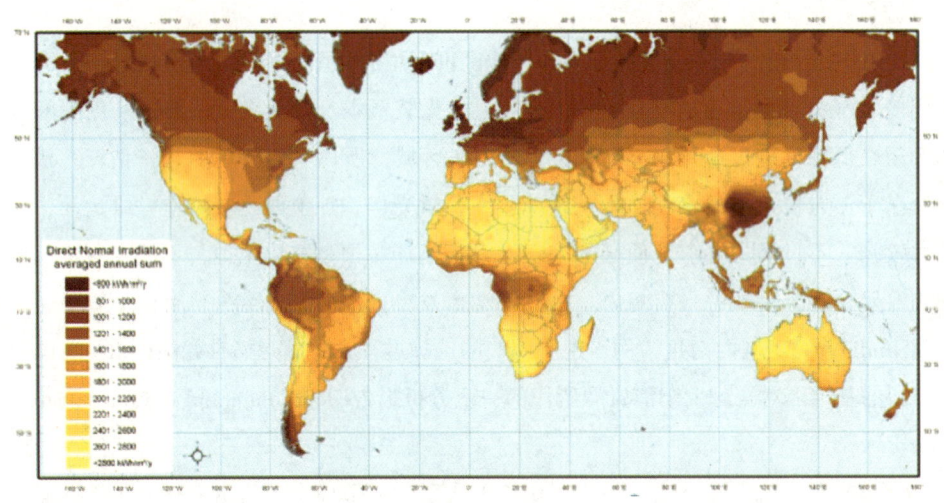

图5.14 德国DLR依据美国NASASSE6.0卫星数据库有关DNI资料所绘制出来的全球DNI分布图。

世界目前还没有在如此高纬度或高原地区设置过CSP装置。中国日照地区不仅交通运输有困难、极端气温与强大风速也会造成问题。对于西方有关CSP的估算与科技，我们需要认识中国情况有所不同。在聚光装置的设计上，有可能需要作重大修改甚至重起炉灶。

DLR的选择条件比前面Sandia对美国西南角所使用筛选条件要宽松许多。像DNI大于5.5kWh/m²/day(6.5)，整块土地面积大于5km²(10),土地坡度小于2.1°（1%）。相同考虑是不占环保脆弱地区、城市开发与农业区域。另外新加的是不占沼泽、湖泊、森林、冰川区与冰川周边、游沙区与游沙周边、盐性侵蚀地区。DLR先没管日照，就所列条件对全世界作了筛选（图5.15），然后再与日照地区合并形成最终选择（图5.16）。

在最终选择里，中国的情况很有意思。日照最好的青藏高原并没多少被选进。落选照说应该是地理原因。到处冰川积雪？高原多山欠缺平地？目前还不清楚是怎么回事。青藏高原没选进多少，而北边被选进的沙漠荒原地区纬度都相当高。像青海北部、甘肃北部，新疆南部沿着塔里木盆地一圈都是在北纬37°以北，而像新疆北部与内蒙古从北纬四十多度一直延伸到北纬五十度，那是更北了。

纬度高、冬天太阳斜、土地面积要大打折扣，因为有效面积是垂直于阳光的部分。DNI本身不含纬度信息，若是忽略了高纬度（像40°到50°范围）与低纬度的区别，只算土地面积，结果会夸大了高纬度土地的应用价值。德国与美国主要兴趣是在低纬度区域（15°到35°之间），从来没仔细想到高纬度应用。DLR也觉察到有些不妥，作出声明：在下面土地面积计算里没有考虑纬度效应。

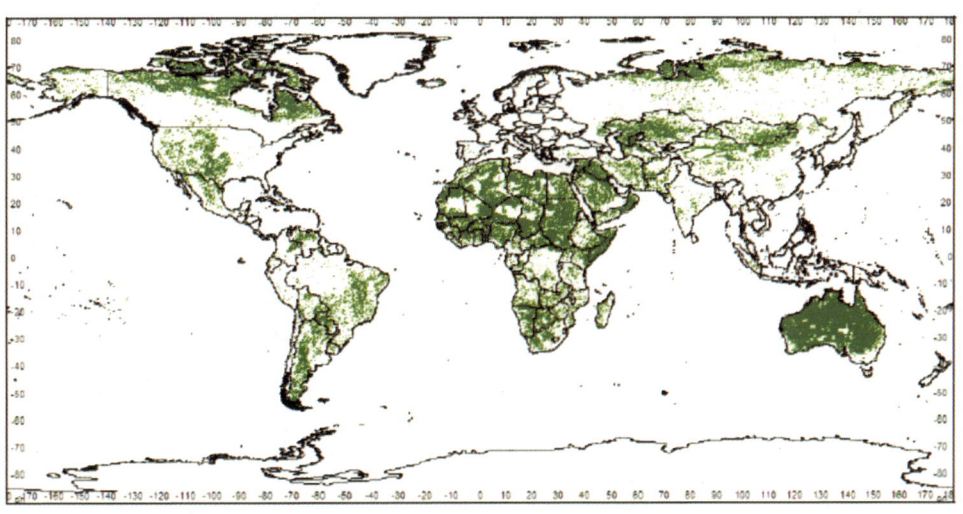

图5.15 世界合乎DLR地理筛选条件（不带DNI条件）之地区分布。绿色是合格地区。

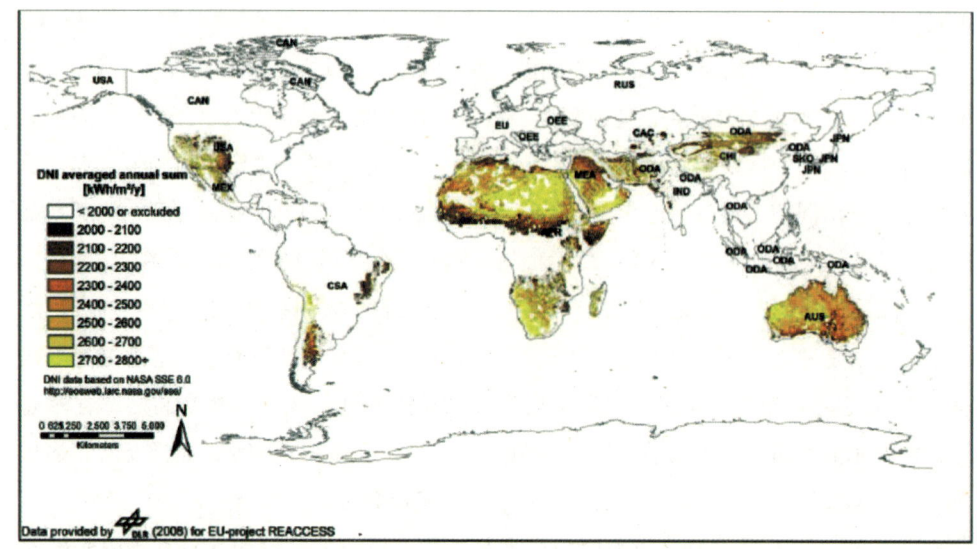

图5.16 合乎德国DLR的地理与DNI筛选条件，有CSP发展潜力的世界地区分布。图中使用颜色有欠理想，应该是DNI愈高颜色愈深。

下面有一表列出各个日照国家与地区按DNI强弱列出所占的面积。在累积的总面积上，前三名是非洲、澳洲与中东；其次是美国、中国、中南美洲与发展中亚洲区域；再次是墨西哥、中亚高加索地区与印度。名不上榜国家有俄国、加拿大、韩国、日本与欧洲大部分地区。

中国日照地区纬度偏高。纬度高，面积就得打折扣。DLR在算面积时没有把纬度效应算进去，所以高估了中国日照面积。我们需要一个概略性数字告诉我们中国日照的年产能量。所以我们将DLR数字除以2算是与北非在纬度面积上拉平。有人说这可是蛮干了，是的，不管死的活的，我们就是要个数字。DLR给中国是一百二十万平方千米，我们只认六十万平方千米（下调一）。

在六十万平方千米中，我们又分三十万作聚光场，三十万作热能应用保留地。热能不能输远，必须就近使用，第七章里有比较详细的解释。这是说以DLR估算一百二十万平方千米为本，我们向下调整只得三十万平方千米聚光场面积（下调二）。

纬度不仅影响土地有效面积，在更改了太阳入射角度下，也影响到槽式反射与吸光效率。DLR知道纬度效应，只是在计算各国与各地区发电量时还是以适用于北非的槽式模块为准。为了与北非拉平，我们在热电转能上再除以1.5（下调三）。就表上所给中国发电量，总共得除以6。表上所给126,000TWhe/y得下降为21,000TWhe/y。

DNI Class kWh/m²/y	Africa km²	Australia km²	Central Asia, Caucase km²	Canada km²	China km²	Central South America km²	India km²	Japan km²
2000-2099	1,082,050	70,164	151,109		88,171	334,096	83,522	
2100-2199	1,395,900	187,746	3,025		184,605	207,927	11,510	
2200-2299	1,351,050	355,188	3,594		415,720	232,678	5,310	
2300-2399	1,306,170	812,512	1,642		263,104	191,767	7,169	
2400-2499	1,862,850	1,315,560	569		99,528	57,041	3,783	
2500-2599	1,743,270	1,775,670			96,836	31,434	107	
2600-2699	1,468,970	1,172,760			17,939	42,139	976	
2700-2800+	2,746,100	393,850			24,435	93,865	120	
Total [km²]	12,956,360	6,083,450	159,939	0	1,190,338	1,190,948	112,497	0

DNI Class kWh/m²/y	Middle East km²	Mexico km²	Other Developing Asia km²	Other East Europe km²	Russia km²	South Korea km²	EU27+ km²	USA km²
2000-2099	36,315	16,999	47,520	59			9,163	149,166
2100-2199	125,682	34,123	52,262	129			5,016	172,865
2200-2299	378,654	35,263	105,768	23			6,381	210,128
2300-2399	557,299	53,765	284,963				1,498	151,870
2400-2499	633,994	139,455	172,043				800	212,467
2500-2599	298,755	60,972	37,855				591	69,364
2600-2699	265,541	12,628	2,084				257	19,144
2700-2800+	292,408	14,903	1,082				270	
Total [km²]	2,588,648	368,108	703,577	211	0	0	23,975	985,005

图5.17 世界按DNI高低所得地区或国家的土地面积分布。统计只是粗略数字。严格说来土地应作纬度调整，高纬度地区冬天不仅余弦效应显着，日照时间也缩减许多，同样土地面积在太阳能资源上比低纬度地区要少许多。

DNI Class kWh/m²/y	Africa TWh/y	Australia TWh/y	Central Asia, Caucase TWh/y	Canada TWh/y	China TWh/y	Central South America TWh/y	India TWh/y	Japan TWh/y
2000-2099	102,254	6,631	14,280	0	8,332	31,572	7,893	0
2100-2199	138,194	18,587	300	0	18,276	20,585	1,140	0
2200-2299	139,834	36,762	372	0	43,027	24,082	550	0
2300-2399	141,066	87,751	177	0	28,415	20,711	774	0
2400-2499	209,571	148,001	64	0	11,197	6,417	426	0
2500-2599	203,963	207,753	0	0	11,330	3,678	13	0
2600-2699	178,480	142,490	0	0	2,180	5,120	119	0
2700-2800+	346,009	49,625	0	0	3,079	11,827	15	0
Total [TWh/y]	1,459,370	697,600	15,193	0	125,835	123,992	10,928	0

DNI Class kWh/m²/y	Middle East TWh/y	Mexico TWh/y	Other Developing Asia TWh/y	Other East Europe TWh/y	Russia TWh/y	South Korea TWh/y	EU27+ TWh/y	USA TWh/y
2000-2099	3,432	1,606	4,491	6	0	0	866	14,096
2100-2199	12,443	3,378	5,174	13	0	0	497	17,114
2200-2299	39,191	3,650	10,947	2	0	0	660	21,748
2300-2399	60,188	5,807	30,776	0	0	0	162	16,402
2400-2499	71,324	15,689	19,355	0	0	0	90	23,903
2500-2599	34,954	7,134	4,429	0	0	0	69	8,116
2600-2699	32,263	1,534	253	0	0	0	31	2,326
2700-2800+	36,843	1,878	136	0	0	0	34	0
Total [TWh/y]	290,639	40,675	75,561	21	0	0	2,409	103,704

图5.18 世界地区或国家CSP发电电量分布。槽式估算以北非为准，没有考虑土地的纬度影响。

以DLR估算为基础，作了三步下调后，我们得到了一个数字，每年可应用太阳能发电总量为21,000TWhe/y。下表列出中国与美国的比较。结果也与2007年能流面条图（见第三章）总能源与发电量求得了比较倍数。中国可供应用的太阳能资源看来没有像最初DNI分布图所示那样丰沛，每年聚光所得能量只有2007年中国总能量的3倍。抱歉有些蛮干，的确不科学，我们要的只是一个概略性的认识。没见到过世界上有关于中国这方面的估算工作，DLR好像是最为接近，可惜他们重点是在北非，没有顾虑到纬度效应。

如果愿意相信上面概略性估算的话，那中国西部可应用的太阳能资源还过得去，满足目前能源需求应该没有问题。西部发展太阳能主要困难是在地理环境与气候状况。看来开发西部与发展CSP得有相当决心与毅力，没有背水一战的精神，就会难以成事。

	中国部分	美国部分
2007年能流图总能量	85,000 PJ=23,600 TWht	99,000 PJ=27,500 TWht
2007年能流图发电量	10,000 PJ=2,780 TWhe	14,000 PJ=3,900 TWhe
DLR 估算聚光场面积	30万平方千米	100万平方千米
聚光总热量	63,000 TWht	347,000 TWht
聚光发电量	21,000 TWhe	104,000 TWhe
总能量（热量）倍数	3	13
发电倍数	8	27

图5.19 中国西部与美国西南角CSP所得能量之比较。中国部分带三步下调，应用上有供热安排。

美国西南角是块宝玉，是女娲补天的玉材。中国西部这块宝玉只能算为后补材料，成色略差，可是也是块难得之玉。当年贾宝玉出世时，口里衔着的就是这宝贝。这个妹妹爱，那个妹妹爱。偶有不爱，宝玉就扔玉，吓得妹妹们人人都得爱宝玉。一天擦玉就不知道多少回，先是袭人姐姐擦，接下来是薛妹妹擦，然后是林妹妹擦，晚上又由袭人姐姐伸手从宝玉项上摘下那玉来，用自己手帕包好，塞在褥下。唉！我们真需要认识中国西部也是块宝玉，看来由红楼梦姐妹们来开发中国西部还真会令人安心一些。

5.5 中国何去何从

综观世界各国，在能源环保问题上至少有三种不同的态度与进行路线。为了区分，我们姑且称之为："保守派"、"灭火派"与"沉舟派"，分别作些解释如下。

"保守派"："保守派"就是前面所说美国的"保守派"。特点是坚守化石能源。不仅认为化石能源不会有供应问题，所谓排放问题也并不存在。气候变化是大自然本身使然。所谓化石能源既得利益集团包括不仅有与能源有关企业，另外像军工业集团也在内。先得有石油，才会需要军力来保护石油生产地与输运线。

"灭火派"："灭火派"不同于"保守派"，认识到有"替换化石能源"的必要，只是在意识行事上，带有延续现代文明的惯性与惰性。结果使得新能源发展很难脱离现代经济与现代社会的控制。现代社会以为能源问题是科技上的问题，而现代经济以为在市场竞争下就会有合适的科技出现。能源发展从头开始就是为了满足现代社会及经济，从没有想到真正妨碍能源发展的就是现代社会及经济本身。

现在就是这模样，能源发展在潜意识里等待的是对现代经济及社会波动最小、花费最低的新能源科技来解决能源环保问题，因而所鼓励的都是暂时性、治标性与片面性的一些能源方法。因其暂时与片面，长处是对经济与社会波动不大，问题得到拖延；短处是并没有解决问题，迟早又会星火燎原。譬如说，我们可以问核电与天然气可真是能源上长久之计？大多数人都会避免回答这样问题。因为自己心里都有数，真正考虑的不是长久能源，而是如何持续现有的社会及经济。许多人都知道核电不可再生与天然气只是排放减半，不是可再生能源，所以不可能是长久之计。只是目前社会及经济看上了，可作权宜与拖延，以后起火是后人的事了。

有没有治本之计？有！真正治本之计因其要求严格、成本不够低廉与改动现代社会及经济的幅度过大，变成不合现代文明的希求，于是面对面也是不识，更不会愿意接受。"保守派"不可能接受"聚光储热"，"灭火派"也不会接受，因为不合现代经济及社会的要求。日本在福岛核事故后，想到风电。日本北方海上风电的潜能很大，风电清洁可再生，然则大规模海上风电的建造在成本上是核电的许多倍。这药对现代经济及社会来说挺苦的,虽说风电是长久之计,日本会硬吞吗?不妨拭目以待。

"沉舟派":在核电上,"灭火派"拥核,"沉舟派"废核。"沉舟派"就是德国目前走的路线。废核是德国"破釜沉舟"的象征方式,把舟给凿沉了,大家也死了心,确实没有退路,只得去做该做的了。"沉舟派"在能源上先问的是该不该做,而不是在市场上要各种能源排队作成本比较。德国Desertec就是一个例子,德国工商业眼没眨,一个伊拉克啪的一声就摆在桌上了。德国生活指数如此之高,人民居然也吃下来了,并且整个社会都有斗志,因为"破釜沉舟"使得万众一心,没有退路只得奋勇向前。

"沉舟派"所做的就是"能源革命"。革命是以"生存"与"持久"作原则,清洁可再生能源是最好的革命代表。自然,需要更换的不单是化石能源,还包括有那不能持久的生活与经济方式。如有需要,人口、工业与农业也会重新分布。换句话说,不同的能源有力量建立自己的文明,化石能源建立了现代文明,"聚光储热"也会建立明日文明。所以,我们可以理解为什么现代文明很难看上"聚光储热",而"聚光储热"也不会愿意延续现代文明。譬如说中国现代文明的重心是在东部,选择核电与天然气可以帮助东部硬撑一阵子。"聚光储热"得依靠西部太阳能资源,会以西部作中心来发展农业与工业,这种大幅度对现代社会及经济作改革当然不是现代文明所中意的能源方法。

一般西方因为天然气优势过强,都不谈可再生能源的供热问题,谈也白谈,全世界只有德国偶尔会将其列入能源讨论里。我们注意"聚光储热"可以"替换化石能源",一并解决供热与供电问题。尤其目前中国用煤供热,还没有充足的天然气,没有养成对天然气的依赖性。"沉舟派"知道废核会比废气容易,天然气一进去之后,很难出来,只有等断气。所以在大规模开发页岩气之前,得想一想是不是以风电供热、供暖都比使用天然气要好?这是说"灭火派"在想法上主要就近考虑,与"沉舟派"尽量就远考虑当然不可能相同,并且经常作法完全相反。就在这样考虑里,一些看起来的缺点如果及时利用反而能帮上不少忙。

这一章在东绕西绕之后,我们想问一个问题:"中国何去何从?"这是一个奇怪的问题,要人静下来好好想一想。尤其我们说了,在能源更换之际现代文明里的一贯想法与看法不再可靠,不可作为依赖。现代社会及经济除了惯性、惰性与延续自己之外,并没有能力引导能源发展。美国平常是如此凶猛、世界上最强大的国家,在发展新能源上所需的资源与科技一应俱全,结果自己瘫痪在那里,一点力气都使不出来。能源及环保是世界目前顶级问题,关系到未来,或没有未来。平常人们不停的争论,那种社会、经济与政治是最好的制度?制度不单是理论,最重要是要能解决问题、要能经得起考验。能源及环保就是摆在大家面前的问题。所以中国何去何从是个很有意思的问题,没人可以代庖,自己得下手解决问题,是个对制度的考验!

第六章 大棚农业

DILIUZHANG
DAPENGNONGYE

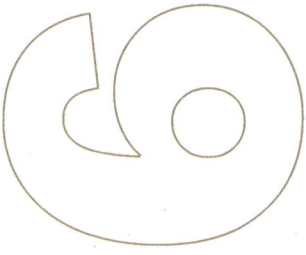

第六章
大棚农业

从能源突然跳到农业，这好像是拿两件不怎相关的事来搅混，至少工业应该会比农业要切题一些吧？这不是我们的看法。就重要性来说，农业应该比工业重要。"民以食为天"，没有足够粮食就可能威胁到生存，就会造成灾难与引起动乱，所以除非农业确实没问题，粮食充裕，不然就得保守一些，先顾农业。所以在CSP应用上，一般我们选择是先农后工。

在我们的构想里，西部开发会以"聚光储热"为能源，所得能量有三种主要应用：农业供热、工业供热与发电上网。农业会是大棚农业，工业是大棚工业。因为供热必须将就热源所在，所以所有应用都会在聚光场附近。这就是上章估算太阳能资源时，在可用土地面积上我们作了下调的缘故，只算一半土地以预留另一半作应用占地。不过聚光场附近未必适合发展农业，像荒原沙漠虽说日照特别好，沙漠还是沙漠，难道还想在沙漠里发展农业？这问题问得好。是的，能源是主干，太阳能是主子，农业需要将就太阳能。除非绝对不可能，我们确实是想在沙漠里发展农业——大棚农业。

大棚农业是以大棚来隔离外界气候，不仅保护农作物，同时也可以调控棚内环境使得有助于农作物生长。大棚在保持温度与进行调控上需要大量能量，"聚光储热"是上好能源，十分适合供应大棚。"聚光储热"是既供电又供热，昼工作夜也工作，既清洁又可再生，并且农业可以提升太阳能总体应用效率。上章有说，Sandia的计划是在美国西南角以CSP发电上网来供电全国，只说了发电电量没提发电余热，余热不好提因为全给扔了。所扔热量比所发电量要大上好几倍，真是会"暴殄天物"，真是可惜。想一想，余热不正好可以用来供应大棚农业，以热电联用方式提升太阳能整体应用效率。美国农业发达，世界很少国家在农业上能与美国相比，中国可耕地少而人口众多，差远了。美国富家子对外农产品输出占世界第一，有本钱可以胡作非为，其他国家如果跟进，不就成了东施效颦，不仅不管用，也不会很好看。西部大规模光伏发电也有这毛病，光伏惧怕升温，那热能不仅得全扔，还需扔得够快。

这一章让我们去环球旅行，先去澳洲Port Augusta与中东卡塔尔，然后神游欧洲西班牙与荷兰。我们去澳洲与中东是因为以槽式聚光作为能源的大棚农业已在那里有示范农场，可以去看看他们在沙漠里怎样发展农业。去西班牙与荷兰是因为大棚农业在近几十年来发展飞快，早已不是昔日阿蒙，有需要重新作认识。等回来后再看看中国西部，也许会觉得士别三日，怎么愈看愈没有从前模样了。

6.1 Sundrop农场

澳洲日照丰沛仅次于北非（请见第五章世界DNI分布图与列表），世界排名第二位，十分适合发展"聚光储热"。虽说澳洲很大，大部分地区一片荒漠，干旱缺水。尤其是中西部，每年十二月到二月（南半球夏季），所有生物就像在烤炉里的烧饼一样，慢慢被烘干。只有东南角的气候才比较温和，大部分城市像悉尼、墨尔本都分布在这区域里面，请见图6.1。如果由这区域沿海岸西行，愈走就愈荒芜，也愈见干旱。最后就会到达澳洲南部一个名叫Port Augusta的海港小城。这里滨海，又在沙漠的边缘，是进入澳洲大荒原地区（Outback）的一个门户。

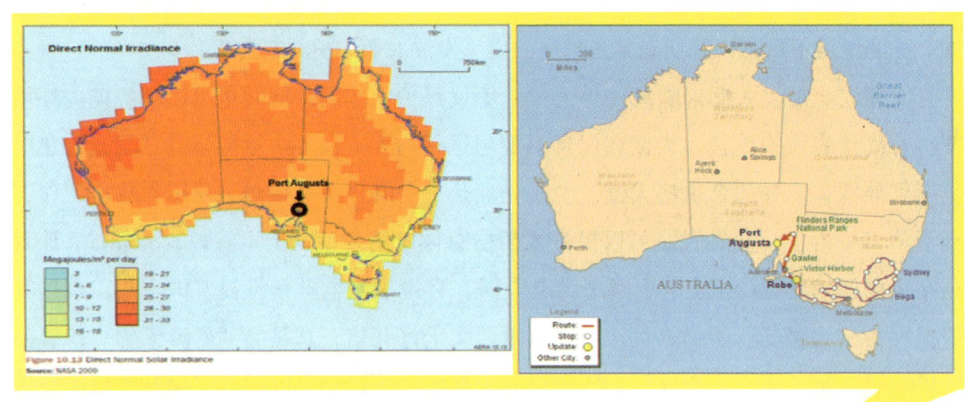

图6.1 澳洲Port Augusta位置与澳洲DNI分布。澳洲太阳能资源十分丰富，占世界第二位，仅次于北非。

Port Augusta人口只有一万，是澳洲南部一个主要火电中心，主要业务就是挖矿与发电。附近有丰富的褐煤，开采出来正好供作火电厂燃料。另外，每年去澳洲大荒原地区(Outback)游玩的旅客会经由此区，给这小城带来一些旅游生意。这里已经属沙漠气候，昼夜温差大，夏日白天炎热，夜晚还会有些寒意。虽说太阳能资源丰富，人们一般不知利用，寻找阴凉地方还来不及，哪有心思去开发。澳洲是资源大国，不缺化石能源，觉得CSP成本比化石能源高，所以就坐在庞大的太阳能资源上，偶尔转头观望下太阳。

所以，当有人不远千里从欧洲来，无意旅游，为的就是要在这滨海的沙漠边缘地区开办一个农场，此举确实对人的想象力是个考验。这里没有适合农作物生长的条件——沙漠缺水、土质不佳、昼夜温差大,即使经得起白天烘烤,也得承受夜晚的低温。千里迢迢还特意前来,为什么会有人如此没眼力,做这样不靠谱的事呢?所以,当这农场不仅没有如期破产,还办的有声有色,不得不令人傻了眼。就这样,在众人的眼皮下,不可想象的事发生了。农场所生产的农产品像西红柿、黄瓜与青椒,不仅品质上佳,产量还特高。在2011年,这农场就从地方报道升格成了世界新闻,造成不小轰动。为了一睹这小小农场,附近旅馆为之客满,挤满来自世界各地的新闻记者与好奇旅客。

这农场名叫Sundrop Farm(请见www.sundropfarms.com),位于Port Augusta郊外,离海只有一百米。这个滨海的沙漠农场,能源是太阳能CSP,水源是海水。下面是农场一些图片(图6.2)。显而易见,这农场主要是由一个大棚与一个全长为75m的CSP槽式装置(聚光开口宽度6m)所组成。农场一般是要求维持农作物的生长环境,除了供水与肥料之外,大棚里的温度与湿度也需要有所控制。大棚与CSP槽式两项装置都参与了太阳能应用,大致功用如下:

大棚温度白天是由低温海水流经棚顶所控制,夜晚是由CSP储热供暖。海水经由棚顶日照加热后,在干燥进气气流里挥发,转成潮湿气流后供大棚作湿度控制。在大棚排气出口,潮湿气流经由引来的低温海水冷却,生产淡水,完成海水化淡水过程,供作大棚水源。经由CSP所生产的高温热能可以用作储热与发电。发电用作大棚供电。发电余热与CSP热能可以直接或经由储热供热,可以满足大棚各种供热需求。大棚内部状况(温度、湿度)的测量与控制全部经由计算机自动控制,兼顾昼夜。基本上,太阳能分三处应用:1. 光能用于植物光合作用,与传统农业一样;2. 低温应用,与大棚与低温海水合作控制棚内温度、湿度及生产淡水;3. "聚光储热"生产高温热能应用于储热与发电。

图6.2 Sundrop Farm——以CSP槽式作能源的大棚农场。

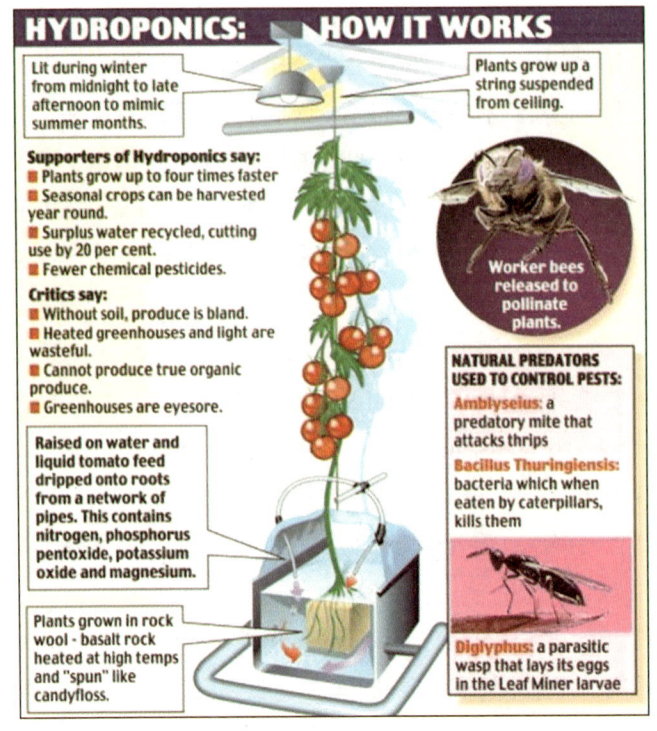

图6.3 图解水耕法（Hydroponics）工作原理。

农场产量高、品质好是由于种植采用了Hydroponics（水耕法，见图6.3）方法。这是一种不用土壤种植的方法。将植物根部（依靠像石棉之类多孔材料来支撑根部）浸入一条小水流里，水流含带了植物成长所需水分与养分。只要阳光充足与大棚维持在有利生长的情况下，没有需要使用杀虫剂，植物就会迅速生长与完美结果。农产品品质与市场所售高端有机产品一样。这方法由于水流带养分直接接触植物根部，植物可以有效吸收。与一般土壤种植相比，在水量与肥料上得以大幅减低用量。比起一般传统农业在用水量上可以相差到10倍以上。在缺水沙漠里，用水是一个关键性因素。

这农场不是在新能源科技与精工农艺上有所创新，里面所做的每一步在有关机构里都已分别发展成功，只是没有这样被结合与串联起来作农业应用。其生产出来的黄瓜与西红柿说得上个个丰满漂亮，并且由于农作物是维持在特别适合生长的环境下，所以产量还特高。

"聚光储热"兼具供热与发电能力，在工业应用上，毫无疑问可以取代化石能源。在农业上，Sundrop Farm可以说是世界第一座使用CSP清洁可再生能源，在一种普通农业不可能生存的沙漠环境里所建的农场设置。这农场是由"聚光储热"、大棚与Hydroponics三要件所组合。与一般大棚农业不一样是没有依靠化石能源（紧急情况除外，由于储热规模过小）。

Sundrop是个CSP应用于农业的实例。在Port Augusta这样不利农业发展地方，CSP得使出全部武艺，包括供热、储热、发电，如有需要还可以制冷。所有的硬件与控制软件需要结合与组织起来以维持大棚生长环境。所以对CSP来说是个不小的考验。太阳能在热电联产联用下，总体应用效率可达80%以上，没有多少废能。这对可再生能源在农业上能否取代化石能源，能否开创一个可持续的生活方式，应该是一个值得认识的里程碑。

图6.4 Sundrop Farm——以CSP作能源的大棚农场。两位开创人，巴顿与邵韦伯先生。大棚内二景，西红柿品质上好，非常丰满漂亮，是大棚主要产品。

对在荒原与沙漠里发展农业，我们看到了CSP、大棚与水耕法如何形成了一个神奇组合。下面作个小结，说说有哪些神奇地方：

日照良好地区大都是在荒原沙漠之处，正好可以用作发展CSP；

发展CSP与发展大棚农业都需大片土地，荒漠地广人稀，正是与世无争、人弃我取的大好地方；

荒漠一般水源不足，使用水耕法的大棚农业用水只有普通农业的十分之一；

荒漠地区也许土质不佳或土地盐性过重，恰好水耕法可以不用土壤种植；

CSP清洁，本身不会对环境造成污染，并且会全力参与环保，不像化石能源会污染沙漠环境，也会影响到日照；

CSP供热供电，大棚农业可以供应粮食，大棚工业可以制作生产，基本生活所需都能照顾到，并且还可以持久如此。这就接近可持久的生活方式了。

俗语形容运气好为天上掉下来馅饼。如果馅饼每天持久性地从天上掉下来，这可算是运气里的运气。只是不知道天上哪来这么多馅饼？

Sundrop两位创始人是巴顿（Charlie Paton）与邵韦伯（Philipp Saumweber）。巴顿是一位六十多岁工程师，在英国伦敦从事舞台剧院的灯光设计与制作工作。他很能动手，主意很多，喜欢自己来设计与制作硬件装备。他属于老一代里一种旧式工程师，有顽强自信心，无意跟着现代化尾巴跑，对复杂现代化机械一概嗤之以鼻。他是环保信仰者，从1991年就开始摸索有关新能源与农业大棚的技术。他相信海水、大棚与太阳能会是一个有重大意义的组合，二十年前就成立了一个叫Seawater Greenhouse的公司。Sundrop Farm可以说是他主意成熟后的一个工程项目。

邵韦伯来自德国银行世家，三十多岁，哈佛大学MBA，从事有关农业的投资业务。显然二人志同道合，由邵韦伯投资与主管商业经营，巴顿负责技术方面工作，两人成立了一个工作团队开始合作。选择队员条件第一要年轻，第二是要有志气。Augusta Harbor还就是他们特意挑选的地方，日照优良，并且就在海边。在巴顿的带领下，就这样开始了。他们一开始就全心身投入，工作进度迅速，十八个月就把农场建得初具规模可以运行了。后来澳洲有专家感叹："这些人真勇敢，不知天高地厚，真有冒险精神。"的确这创业风险不小，所需要的技术细节与配合运作并不容易。我们也注意到，他们没有官僚机构的约束，办事没有冗长手续程序，没有计划审核上的拖延，并且若有审核，那肯定在可行性上就会被挡下来过不了关。可是他们有信心一定可以做成，豁了出去，反而得以从容"背水一战"。说硬闯，结果还就真让他们给闯出来了。

对比可以突显。譬如说，以色列是一个十分重视海水转淡水与在沙漠里发展农业的国家，并且在这两方面也都有多年经验。以色列也滨海，沙漠很多，日照也很好。结果还是让Sundrop Farm抢先了一步，以可再生能源在沙漠里发展农业获得成功，首先达到了脱离化石能源的地步。同时我们也注意到要想全面脱离化石能源还真不容易，现实情况是Sundrop装置了一个烧天然气的锅炉。这是说在接连两天日照情况不好，储热容量不够应付晚间低温的情况下，就得启动锅炉来保护大棚里植物，以免农作物受到大量损失。Sundrop农场的两位创办人在装设锅炉上意见相左。一方坚持不装，宁有损失，不愿对化石能源作任何让步。另一方觉得农场经营上这样白受损失，十分冤枉，坚持要装。最后造成分裂，锅炉还是装了。这也清楚看到了化石能源的威力与方便，"取代化石能源"不是一蹴可及，还得有相当储热规模才有可能。

两位创办人，一位专长于科技，重环保原则，不计亏损，讲观念而不讲效率；另一位专长于商业经营，包括运转细节与发展走向，并且事事讲求效率。双方起先是有求于对方，还能相互包容，到后来分歧实在太大，影响到农场方方面面。最后在装置备用天然气锅炉上意见相左，这就成了压垮骆驼背的最后一根稻草。二人协商后，同意分道扬镳。由邵韦伯出资让巴顿退出，补偿金额数字没有透露，不过巴顿觉得满意。令人奇怪的是Desertec也有相似的对立情况，一方是科技计划集团（Desertec Foundation），另一方是商业发展集团（Dii, Desertec Industrial Initiative），最近也因为意见不合导致分裂。这问题有意思，值得琢磨。是不是科技发展与市场经营有个先后顺序？算盘不能打的过早或过迟？

邵韦伯的算盘打的正是时候。在他接手整个经营后，Sundrop生意蒸蒸日上。Sundrop打入了连锁超市被接受为高端蔬菜产品。在品质绝对保证之下，顾客十分喜欢，远近皆知，生意开展迅速。澳洲政府与一些投资者也已经进入Sundrop来帮助扩建CSP与大棚，目前预定扩建占地20公顷（三百亩左右），预计2015年建成，主要是生产西红柿。邵韦伯是位有经营能力的能干人，还做了一些装备与技术上的改进，把原先实验性装置陆续更换为现代化装备。

▪□□ 6.2 Sahara Forest Project 撒哈拉森林计划

世界有好几个地方邀请Sundrop帮助发展农场。里面最值得注意的是SFP（Sahara Forest Project，撒哈拉森林计划），请见SFP网址：http://saharaforestproject.com。SFP一名两用，既是挪威一家公司名字，也是该公司的工程项目名称。名字响亮生动，所谓撒哈拉森林，顾名思义，就是以化北非沙漠为森林作号召，想在沙漠里发展农业。SFP与Sundrop目标相同，连使用方法也是十分相似——是以CSP、大棚与水耕法作三结合，水源为海水。SFP得到中东国家卡塔尔（Qatar）的资助，就地在卡塔尔建造一个小型示范农场，已经建成进入运转。

下面简单介绍下卡塔尔这中东国家的情况。卡塔尔位于沙特阿拉伯东边伸入波斯湾的一个小半岛上，由于石油资源丰富，是中东国家里最富有国家之一。在化石能源带动下，经济发展迅速。由于外劳的涌入，从2001到2012人口增长了三倍，接近二百万，粮食93%靠进口。随着人口增加，用水量也跟着增加，目前用水已成为严重问题。由于地处沙漠，降雨量少于75mm一年，地下水水位在来不及充补的情况下，愈降愈低，现已下降到接近无水可用的地步。所以目前用水有99%取自海水，在海水转淡水过程中消耗了大量能量，即使对这盛产石油的国家来说也是负担沉重。

供水自然又牵连到农业，以前农业是靠地下水维持，现在农业也成了问题。并且粮食绝大部分依靠进口更使得卡塔尔政府很没有安全感。如果有一天气候变化使得全球粮食短缺，他们担心许多国家自顾不暇，哪还有谁愿意出口粮食给卡塔尔。就算那时还有钱、还有石油，但不能保证粮食供应不出问题。

卡塔尔还有一层顾虑。他们清楚知道化石能源只是一时盛景，最多再繁华数十年，要作长远打算就得及时。在用水问题上，卡塔尔已经采取了一系列严格措施，像污水回收处理与地下水使用管制。政府也做了号召，鼓励发展农业，强调粮食必须自给自足。

卡塔尔国家很小，情况比较简单，三面环海，占地不大，还尽是沙漠，主要考虑的几个因素也就是水源、农业、沙漠、石油与太阳能。卡塔尔是个好例子，也就是关系简单，有助于能源思考和分析，不会像瞎子摸象那样，摸了半天还不知所摸何物。就是在这种情况下，我们可以清楚看到CSP所起的作用。CSP可以将海水化为淡水，可以帮助在沙漠里发展农业，这些并不需要化石能源帮忙。只要规模够大，粮食就可以持久地自给自足，这就解决了水源、农业，包括粮食自立问题。并且只要CSP发展够迅速，在石油还没见底之前，就可以将能源全面转换为太阳能，既清洁还可再生，这样也就解决了能源与工业问题，CSP与水源、沙漠、农业、能源、工业与环保都沾上了边，并且连带将所有问题一起全都解决了。也许这就是SFP与卡塔尔所想象到的，CSP可以与戴了面纱的阿拉伯美女媲美。卡塔尔动作干脆利落，啪的一声，甚至连美女有没有带面纱都没管，就把SFP预算的美元放在桌上了。

SFP在卡塔尔建造了一个小型实验示范农场（见下图）。农场占地约1公顷（15亩）。在2012年初，SFP邀请Sundrop入伙，希望借助其工作经验来共同完成SFP项目。SFP规模较大，设计比较正式。SFP示范农场在2012年底建成，已经投入使用。在示范农场里可以看到CSP-海水-大棚农业如何联合工作，大体上与Sundrop近似，自然在装备上SFP是更有规模、更现代化。譬如说，里面还有个培育水藻的地方，准备以后养鱼虾，以供应蛋白质。SFP接下来是在约旦建造一个占地200公顷（2km^{2}或3,000亩）的农场。计划中也准备与摩洛哥合作，所谓Genesis Project是名副其实，真的要利用CSP在撒哈拉沙漠里发展农业了。

图6.5 图解SFP的Qatar示范农场。（The Sahara Forest Project：The visuals below embody the vision of Project Genesis, they are integrated units forenergy, water and food production. The visual of the Solar Belt is also very stunning, it could stretch 2500 Km from the north to south here in the Kingdom of Morocco.）

图6.6 SFP宣传Genesis Project所绘的宣传图片。图里安排是艺术绘图人所想象的情况。Genesis Project是在北非摩洛哥撒哈拉沙漠中以CSP发展大棚农业的计划,发展地区长度从南到北可达2,500千米长度。

这章开头有说,CSP在应用选择里是以农业最优先,所以Sundrop与SFP在CSP应用上带有重大意义。农业之所以优先,一方面是"民以食为天",必须粮食无缺以避免动乱,我们不敢指望传统农业在气候变化剧烈与没有化石能源的情况下还能供粮无缺;另一方面是说新能源有可能会促进带有持久性的新生活方式。在新能源推动下,我们希望尽可能走向未来可持久的生活方式。

以往化石能源推动了"工业革命",造成了人口大量涌进城市。人口空前集中一方面是为了建设工业来从事大量生产,另一方面是为了开辟市场来增加产品销售,就这样形成了现代经济循环。这是说化石能源打造了现代经济与生活方式,这属于即将过去的时代,我们相信新能源会有新的选择。问题是现代经济与生活有惯性与惰性,不仅不肯放手还想自己去导引能源发展。看来只好新旧分道扬镳,"聚光储热"得走自己的路,自己选择了以农业应用作为优先。这是强调CSP热电兼顾,可以发电,但不会忽略热能应用，同时坚持热电联产联用以提升太阳能总体应用效率。这是以清洁可再生为主力能源，尽可能走向未来可持久的生活方式。

6.3 西班牙大棚农业

近二十年来，有规模的大棚农业(Greenhouse Agriculture)发展迅速，可以算是世界上新兴的一种农业方式。原先在美国佛罗里达州一直是传统农业生产时鲜水果蔬菜的主要产地，现在已经感受到来自欧洲与加拿大大棚农业的压力，主要是佛州产品品质不够上等，所以也正想转进大棚农业。大棚农业的前身是精工园艺，很有历史，只是规模一直很小。规模由占地上看得出来，最初只以平方米（m^2）计算，后来上了亩与公顷，到现在开始以平方千米作单位。目前大棚农业在欧洲与地中海区域占地总共一千平方千米，分布在像西班牙、以色列与荷兰这些国家。光欧洲每年大棚农业有近百亿欧元的生产总值。据称全世界大棚农业总共占地约一万平方千米，看来西欧地中海区域只是十分之一而已。

大棚农业是靠大棚把严寒风沙隔离在外，在棚内建立一个在温度与湿度上适合农作物生长的环境。大棚农艺由于生长环境可以调节而得到许多实验机会，技术上也就变得日新月异。今日的大棚农业已经不是昔日阿蒙，譬如水耕法（Hydroponics）不用土壤就可以种植，使得荒漠也能变成大棚农业的基地。西班牙Almeria就是一例，原先荒漠土壤根本不适用于发展农业。大棚农业需要能源来维持生长环境，目前主要是靠化石能源供能。白天有太阳光帮忙，晚上就得靠化石能源来供热保温。大棚、能源与劳工是大棚农业的主要费用。在欧洲气候与日照上，西班牙最占优势，不过荷兰也在不遗余力发展大棚农业。自然偏北的荷兰要辛苦许多，为了补偿太阳能资源不足，不得不想尽办法以提高能源使用效率来降低成本。在热电联产联用上，荷兰计划周详与规模庞大可以说尽了全力。下面我们简单介绍一下大棚农业在西班牙与荷兰两国的一些情况。

欧洲农业大棚，以西班牙占地面最大，约460km^2。其中有260km^{2}是在西班牙南部滨海一个称作Almeria地区。整个地区密密麻麻（见图6.7，6.8）挤满了大大小小，略带白色以塑胶板作棚顶的大棚。这地方降雨量低，在二百毫米左右，天气干燥，土质又差，一般农业没办法在这里发展。三十多年前也确实是一片荒芜，几近沙漠之地。

当年欧洲影片公司为了仿制美国西部片，就是以这地方为拍摄背景。Almeria是全欧洲日照最好地方之一。欧洲CSP主要实验测试基地，Platforma Solarde Almeria，简称PSA，就在附近。CSP装置像Euro Trough与Euro Dish都曾在这里进行发展与长期的测试

图6.7 西班牙大棚农业最大集中区Almeria，位于西班牙东南角，占有260km² 土地面积。
图6.8 Almeria半岛：1974和2004三十年前后对照。农业塑胶板大棚二景。

工作。

除了日照良好，Almeria大棚农业得以迅速发展的原因是成本低廉。成本包括土地、大棚与劳工：土地起先是没人要；大棚用材尽是廉价塑胶板；大棚结构简单所以建造费用低廉。塑胶板容易老化，所以成本虽低，每隔数年就得全部更换。现在整个区域到处堆积都是废弃的塑胶板，造成严重环保问题。劳工大部分来自外地，像北非与东欧，不仅工资低廉，也不讲求工作环境。棚中温度经常在40℃上下，很少有当地人愿意进棚工作。土壤原先是从外地运入，现很多农场已改为Hydroponics，不用土壤种植了。地下水早已见底，先是从外地输水供水，目前已设有海水转化厂供应一部分用水。这地区雇佣了十几万人，每年生产近十多亿欧元的农产品，有70%售往英国。英国人在产品品质上管得紧，检查严密，不合格就退货，所以品质一般也还过得去。

西班牙Almeria告诉我们，只要日照还不错，加上供能与供水问题得以解决，就算是沙漠不毛之地，大棚农业也可以发展起来。可惜是Almeria整个经营方式十分短视，讲求投资小，回本快。基本上，政府没管事，像能源使用效率与环保效应也不讲求，任市场以打游击低成本方式自由发展。

Almeria是欧洲日照最好的区域,没有充分利用上太阳能,真是可惜了。前面我们有提在Almeria同一地区有PSA,欧洲最大的CSP实验发展基地。基地里各种CSP设置装备,槽式、塔式、碟式应有尽有。就这样,大棚农业与PSA就像同床异梦的夫妻一样,一个想的是低成本发财,另一个满脑袋只有CSP发电,真是浪费了那张温暖的床。所以,回头想一想Sundrop故事,真是令人感慨不止。一个英国人与一个德国人不远千里前去那热昏了头的澳洲Port Augusta,以CSP作能源,海水作水源,不顾所有投资与科技上的风险,为的是要在沙漠里发展大棚农业。为了一个梦想,何等勇气、何等坚持、何等想象、何等远见,所以说Sundrop是一个弥足珍惜的故事。

6.4 荷兰大棚农业

就欧洲国家的自然条件上说,只有位居南欧与地中海接邻的几个国家日照较强与气温较高,比较适合发展大棚农业。所以很难想象在纬度五十多度、日照不足的荷兰居然也会有相当规模的大棚农业,并且还经营得有声有色。荷兰的大棚占地有$100km^2$,是领土的0.25%;雇用了15万人;大棚农产品年产总值在45亿欧元左右,有80%用于出口。

图6.9 荷兰大棚农业:玻璃大棚与棚内世界最先进的农业科技。

荷兰在一百五十年前（十九世纪中叶）就开始发展精工园艺（Intensive Horticulture）生产葡萄，花卉，发展到今天的大棚农业是有其历史轨迹与经验。荷兰日照不足与天气寒冷，在发展大棚农业上自然条件远远不及西班牙。西班牙可以贪图近利，马虎一些也可以混过冬天，而荷兰冬天就难以渡过了。所以荷兰在发展大棚农业上花费了大量心思，特别看重整体规划——眼光要远，计划要周全。荷兰坚持在大棚工程与农业技术上保持领先地位，同时也在农业组织与市场经营上下了很大工夫。这是说荷兰在先天不足情况下居然还有能力与西班牙一争长短，这里面肯定有其过人之处。

下面举些例子具体说说。在企业规模与个别农场的大棚面积上，荷兰比西班牙要大，投资款额要高出许多。荷兰传统在大棚建材上是以玻璃为主。先树一个棚架，然后四壁与棚顶所用的全是玻璃。荷兰阳光不足，棚顶得接近透明。玻璃透光好，可是玻璃重，支架结构得承力。自然这样大棚建造成本很高，连带各种附属装备，总和造价大约在100欧元/平方米上下。塑胶大棚要便宜许多，总合成本可以下降至原来的1/5，装备差些的甚至可以低到10欧元/平方米。但塑胶板寿命一般只有三年，而玻璃一用就是几十年不用更换，使用愈久愈划算。四五十年下来计算总投资，也许玻璃大棚并不一定会亏损，只是开头一次性注入资金要大许多。

荷兰玻璃大棚设计比较周全，大棚带有收集雨水与储水功能。大棚用水一部分是收集的雨水，另一部分是回用水——用过的水经过处理又再利用。加上Hydroponics种植方法水流直接接触植物根部，用水不会浪费，所以大棚用水依靠收集雨水也就绰绰有余了。

荷兰大棚在供热需求上，尤其在冬季寒夜，比西班牙要大出许多。为了降低能源成本，我们看到荷兰怎样使出浑身解数，基本上是严格讲求应用效率与不放过所有可能的热源。荷兰大棚普遍使用热电联产联用（Co-generation）。利用天然气发电，电上电网，余热用作大棚供热。天然气能量被充分利用，总体应用效率超过90%，基本上已将废能减至最低程度。目前这样大棚农业以热电联产联用所得的发电量已占荷兰整个电网电量的10%。另外，大棚也与其他工业像肥料制作工厂联结，利用工业生产剩下来的余热作大棚供热之用。一部分天然气燃烧所得二氧化碳也被送进大棚用以加速植物成长。国家研究单位对各方面需求先作分析，统筹计划，里面包括有农业科技、农业教育、农业经营与市场开发。电价考虑不仅是发电成本，也要看发电余热如

第六章
大棚农业

何应用，对提升总体能源应用效率的设置给予充分支持。在农业科技上，国家设有大棚农业实验所，以最先进科技帮助发展。世界各国包括中国，常有农业访问团参观荷兰，对荷兰农业发展情况想必十分熟悉。

荷兰资源缺乏，太阳能资源不够；国家又小，占地大约41,500平方千米，人口六百三十万。惊人的是农产品进出口总值是世界第二位，价值约五百五十亿美元，仅次于美国。一部分是农产品转口加工，像巧克力与动物饲料。荷兰出口的苹果占世界总产量的五分之一，西红柿、青椒与黄瓜高达三分之一。世界五大种子企业集团，荷兰占了四个。更为惊人的是从事农业生产居然只占全国劳动力的4%。

上面所说有关荷兰农业都是可见到的外层，里面还有内层，内外相互配合才使得荷兰农业如此强大。如果问为什么荷兰农业如此成功？荷兰人自己会说"OVO三角"。这OVO是荷文"科研—沟通—教育"三词开头字母所组成，这三个词是以最简单的方式表达了荷兰从事农业发展的精神与方法。天下政府都会以为OVO与自己所作所为相同，其实个别方面也许有相似之处，三字要相连才有意义。这OVO很有意思，有必要进一步解释。

先说教育，荷兰有所世界闻名的农业大学，Wageningen UR（University and Research Center），里面分开有教学与科研部门，相互独立，不过分别都是由荷兰农业部出资与控制。这大学不属于荷兰教育部，是在教育系统之外的大学（有可能现在已改为名属而实不属）。换句话说，农业部直接掌控了农业教育与农业科研。怎会这样呢？大概有历史原因吧，我们也好奇很想知道。

Wageningen科研中心很大，大概有近三千人左右。农业上有问题不管来自何处就会丢过来，并且也不管是有关农业机械、农场组织、外销商业、农业经济，五花八门什么问题都可以问，科研中心负责研究回答。一有新的研究成果，马上就进入大学教程里，所以农业教育一直在不停更新，永远及时。这是威力极大的一种安排，所谓学以致用，用以导学。并且这是一个面向世界的研究组织，必须对世界农业各方面与各处农业市场有深入了解。所以荷兰每年也会组团前来中国访问。

所谓沟通（荷文直译到英文是Extension）也是了解。农业部就像植物生根那样无孔不入，一个政策下来，根部立即知道顶部要求，顶部也密切注意根部的成长情况。农业部在全国各地设有农业服务站，从事资讯的下达与上传，以非常便民的方式服务农民，这些服务站对地方情况了如指掌，稍不对劲就会上报。有人把原文翻译成信息，也有其道理。的确，信息不论是向上向下，或是横向与相关机关交流，畅流无阻是荷兰农业制度一大特色。

也许有人好奇荷兰小国农业出口居然会占世界第二位，这农业政策是怎样拟定的。据称这里又有一个所谓的金三角，有农业生产代表、农业部与农产外销代表来回共同协商而拟定。荷兰农业部是个有信用有权威的机构，政策一经协商决定，执行迅速有力。前几年，大棚企业过多，不利生存发展，一经决议裁减，农业部就明确告诉小企业必须合并，政府会给大企业多少好处。没多久，大棚企业数字就有如政府所愿降了下来。

我们还得强调教育对于农业发展的重要性。举个例来说，荷兰农业大学指出将来的生活方式需要可持续农业，这与本书是从清洁可再生能源角度出发观点上略有不同。荷兰教育认农业为中心、是生存的基本防线，围绕四周有能源问题、气候变化与粮食危机。重点在发挥大自然潜力来建立一个可持续农业，只有粮食供应安全、持久与健康才有一个健全可持续的生活方式。这说法有启发性，至少社会容易了解。我们是以能源为主，农业为优先，而荷兰是以农业为主，能源为优先。看法略有不同，也许环境所使然，不过在可持久生活方式上确实是殊途同归。荷兰已经有许多有关环保的立法，不过真正让社会上上下下都认识到可持续发展的重要性就得归功于农业教育。

OVO政策之所以成功当然是农业部经营有方，不过教育发挥了作用也是因素之一。也许就是这缘故，农业部要有自己能控制的教育与科研系统。从农业政策的拟定、执行与修正每一步都有适当人选负责。加上人人胜任，应变灵活，这就是教育之功。这种教育成功与一个国家拿了多少诺贝尔奖没有关系。美国诺奖得主最多，而能源政策就像青蛙跳水，不通不通（扑通扑通），叫人怎么说才好呢？

在世界所有国家中，对于气候变化可能导致海平面上升，荷兰恐怕是唯一有应对计划的国家。这计划还蛮复杂，不仅对海平面上升，也对内陆河流泛滥如何排水，对海岸区淡水线的内撤许多方面都做出了应对之策。有些区域将来不可能适宜住家，政府现在就开始执行搬迁措施。"人无远虑必有近忧"，一被近忧所缠就难脱身，灭火不及，也就没时间、没心情去远虑了。

第六章
大棚农业

6.5 Desertec与SFP之异同

在能源问题里，一般会想到：1. 发电，2. 维护目前生产结构，3. 持续现代经济及生活方式。尤其欧美，在有天然气供热的情况下，容易偏向发电，处处想到的都是电能，能源政策变成了电源政策。是不是一定要这样想？当然不是，好比另外一种想法可以是：1. 热电联产联用，2. 先照顾农业，其次工业，3. 寻找可持久的经济及生活方式。这与前者之不同在于：没有忽略热能，热电兼顾；不仅没有忽略农业，在能源应用上还优先考虑农业；还有，不会受制于现代经济及生活方式而不能自拔，有自由去寻找一种适合将来的可持久经济及生活方式。两种想法里Desertec比较接近前一种，而SFP比较倾向于后一种，两个现成例子正好可以利用来帮助我们更进一步认识能源对策。

Desertec与SFP（Sahara Forest Project）同是想利用北非撒哈拉沙漠里的庞大太阳能资源，并且同是以CSP方式为主来生产能量。Desertec的构想里是以电能为主，目的是以CSP发电来供电北非、中东与整个欧洲。SFP是以农业为主，农业发展主要是热能，在撒哈拉沙漠里就地应用CSP所生产的热能来发展农业。Desertec没有说明发电之后，余热如何处理。不过为了降低发电成本，很有可能会把余热当废能全扔了。Desertec要的是电能，对撒哈拉的热能没有兴趣，因为欧洲前来就地使用热能的可能性很低。这与美国西南角情况一样，美国工业与人口为了热能而迁去西南角也是可能性极低。

撒哈拉的热能有没有用？当然有用，并且在热量上还真是庞大无比。就像SFP所计划，北非与中东国家可以应用太阳热能建立大棚农业。其实不仅农业，CSP热电兼顾还可以帮助北非与中东建立工业。CSP是清洁可再生能源，所以所建农业与工业都会有持久性。我们注意Desertec重电是欧洲所要与SFP重热是地方政府所希望的，虽说重点不同，并不一定会有冲突。CSP可以做到一举两得，并且热电联产联用还会提升太阳能应用效率。原则上，我们希望所有的能源计划都能高效率使用能源，尽量避免为了发电，造就了巨量废能。

在能源问题上不应该紧缠着发电不放，有必要更上一层楼，有较广的视野。其实应该紧抱的是高温热能，热能可以供热、也可以发电，可以供能农业与工业。所以在能源问题上，热能比电能要高一层。在清洁可再生能源中，以热能为主能撑大局的只有CSP（"聚光储热"）。

Desertec是科技上有远见、有胆识的计划，不过有必要认识到不是欧洲想要的东西，伸手就可以来非洲拿。如果有人以为Desertec宗旨就是欧盟在北非利用那里太阳能资源，以CSP发电后就将电能输往欧洲，这与欧洲殖民非洲的历史有可能过于相似。欧洲列强自十九世纪就在殖民与瓜分非洲，帝国主义的行径是国内需要什么就来非洲掠取。所以看来CSP在北非有可能还真得热电并顾，帮助北非发展农业与工业。看来新能源也得有新政治，不仅能源就连政治也得更上一层楼。

6.6 中国西部发展大棚农业的一些考虑

回到中国西部，我们可以问西部日照良好、人烟稀少的荒原沙漠地方有可能发展农业吗？以传统农业来说，气候不对，缺水，土质也不一定适合，应该是不可能，要不然不会荒芜到今天。大棚农业可以一试，不过在降雨量少得可怜，也没有其他水源的地方，那自然也是不成。这是说，日照与水源还是农业发展的先决条件，下面是西部发展大棚农业有关用水供应与日照纬度上的一些考虑。

用水供应

在荒源或沙漠地带发展农业，水直接掌握了所有生物的生命，所以大棚农业在水源与用水管理上，不容半点马虎。大棚水进与水出需要把握清楚。大棚农业有许多种植方法，我们以水耕法（Hydroponics）为准：不用土壤种植，所以与场地土质无关，也不用洒水地上；在种植用水量上，水耕法只需传统农业的十分之一。如果用水管制更紧的话，有可能耗费更低。

水包括液态水与气态水（空气里的水分）。水与能量有一点相同，那就是不会平白消失。如是种植西红柿的话，真正拿走离开大棚的也只是西红柿本身一包水与茎叶里一些水分。用水多的一些植物其实是像呼吸一样，根部吸水后又将水分从顶部呼出，散到空气里去了，加重了空气湿度。所以当棚内高湿度空气向棚外排放时，得先经过冷滤设置将空气里水分给截留下来，使其不得出棚。自然，用过的水不得凭白扔弃，需再处理（甚至蒸溜）以供来回使用。相对来说，传统农业用水是难以节制的，土壤挥发，植物自己挥发，全让流动空气给带走了。只有在雨水多的地方，挥发多了又会再下雨,大自然自己像个大棚,负责用水循环。

大棚有一个用处就是能够有效地收集雨水,下降雨水在没来得及挥发之前就进了蓄存雨水的蓄水库里了。所以在设计大棚得注意收集、蓄存与使用雨水的安排,荷兰大棚在这方面有很多经验。在水耕法只需普通农业十分之一水量下,加上大棚用水回收,管制水气出棚,这就会使得大棚用水十分节省。这是说,如果大棚与水耕法省水十倍的话,收集雨水就会十分重要,在降雨量50mm地方的大棚农业就会与在500mm降雨量的传统农业情况一样。我们看到中国500mm降雨区(见图6.10)是一长条从西藏东部北上一直到黑龙江,区内有不少农作物收获。我们也注意到,将来降雨分布会随气候升温而变化,有地区会愈变愈干旱而影响收成,大棚有抗旱作用。大棚也可以帮助地区抵抗沙漠化。

如果我们要求大棚地区年均降雨量大于50mm,这要求基本上排除了一些特别干旱的沙漠地区,像新疆塔克拉玛干沙漠,青海柴达木盆地沙漠,内蒙古腾格里沙漠。沙漠里偶尔有绿洲,有些地区有地下水源可作供水,不过使用地下水源,用量就得万分节制,不要超过其回充值,使得水位下降。用水的可持续性(Sustainability)是个严重问题,太多地方为了经济利益不顾明天。前面有提像Qatar与西班牙Almeria两处就是不顾明天的两个例子。

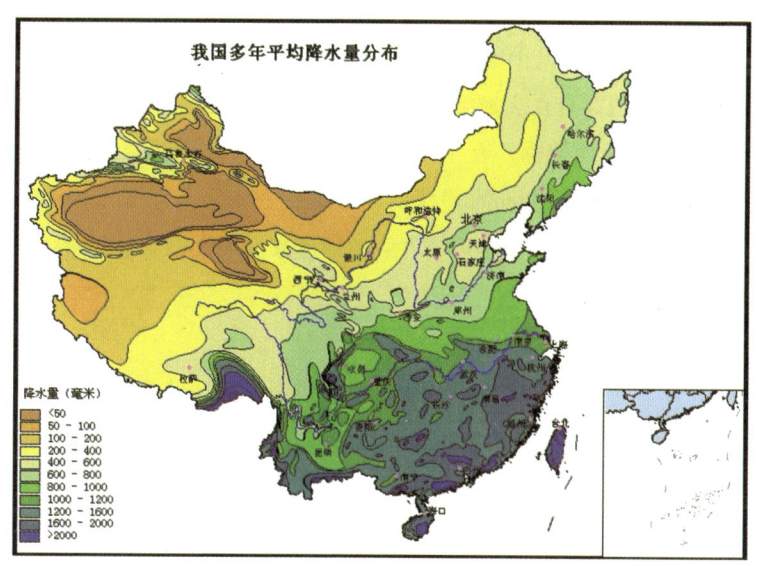

图6.10 中国降雨分布图。降雨量500mm是黄绿色带子从西藏东部北上一直到黑龙江。

中国西部是内陆，不滨海没有海水，不过有咸水湖也行。Sundrop与SFP的作法或直接以CSP热能就可以将咸水湖转为水源。中国咸水湖面积约占全国湖泊总面积的55%。这些咸水湖主要分布就是在西部地区，在数量与面积上大于淡水湖。咸水湖中以"青海湖"面积最大、也最为人知，占地4,000平方千米左右。Sundrop将咸水转化为淡水的过程是：咸水加温后用干燥气流帮助挥发与带走湿气，然后再冷滤湿气以生产用水，太阳可以直接供给所需热能，或使用CSP热能可以加大转量与加快转换过程。

目前大棚农业都是用于生产时蔬、水果与花卉这些需要新鲜供应及卖得出价钱的农产品。大棚农业成本不低，主要费用之一来自化石能源费用，使用太阳能可以省去这项开支。对于主粮像米麦，大棚农业应该是可以生产，只是主粮可以存储，没有时鲜的需要，并且粮价都有控制卖不出价钱。这是说，大棚农业如果生产主粮，多半是基于粮食安全考虑，不一定符合市场经济，起码在发展初期是难以保本的。如何平衡粮食安全与市场经济会是另外一个问题。不过，大棚农业要能帮助生产主粮，不能顿顿都吃西红柿。

荷兰农业的精神目标是："发挥大自然潜力来打造可持续的生活方式。"其实，以清洁可再生能源来发展大棚农业也正是这意思。清洁可再生就是可持续，粮食又是生活所必需，所以两边一结合就可以构成可持续生活方式。大棚农业对能量的需求很大，热能与电能都需要——热能作供暖，电能作运行与控制。清洁可再生能源里的"聚光储热"（CSP）来自庞大的太阳能，既供热也供电，可以热电联产联用，使得总体使用效率合乎理想。两边结合在土地上也十分配合。大棚农业需要大片土地，"聚光储热"也需要大片土地，两边都不在乎荒原沙漠，只要日照不错，有一些雨水就可以了。由上面所说看来，在大棚与水耕法的帮助下，在水源与用水上困难是有可能可以克服的，以西部大部分无法从事传统农业的地区来发展大棚农业是可以做到的。

日照纬度

中国西部日照分布（DNI>2,000kWh/m^2/yr）所覆盖的纬度范围很广，从西藏南边北纬二十多度一直到黑龙江北边五十多度。这与欧美有兴趣的低纬度日照地区像北非、中东、澳洲情况不一样。并且欧美的兴趣只在发电，而我们关心的不仅是能源和环保，还有是将来的可持续生活方式。这里面好比如何在高纬度地区以清洁可再生能源渡冬就是一个很有挑战性的问题。上一章在讨论日照分布时有提纬度是个重要角色，这里我们再继续讨论有关高纬度的情况。太阳能一般威力巨大，不过在高纬度地区冬季也遇到了局限，所以在中国发展太阳能时，我们需要知道局限之所在。

太阳能有三种变化：第一，随空气介质而来，像云层、水气、雾霾所引起的变化；第二，随地球自转而来的昼夜变化；第三，随地球绕太阳公转而来的季节变化。纬度高使得季节变化明显突出。就拿冬季来说，低纬度日照改变不大，而纬度一高，日光就愈斜（有效面积减少，余弦效应），日照时间愈短，使得收集到的太阳能就愈少。DNI是正对太阳的直射测量与纬度没有直接关系，并且是一年累积或年均数字所以看不出高纬度冬天情况。在纬度高到进入北极圈内，整个冬季太阳不会露面，变成了长夜漫漫，可收集的太阳能下降为零。北极熊得进洞冬眠，所有候鸟也早已飞离。

因为在高纬度冬天，可收集的太阳能随纬度增高可以下降到零，所以应该有一个临界纬度，纬度再高上去，CSP与大棚农业也得进入冬眠。在冬眠期间中，CSP的聚光、储热、发电种种装置都会停摆，大棚农业变成与传统农业一样进入休耕。在这高纬度冬天，连"聚光储热"也冬眠去了，这可持续生活方式该怎样办呢？如去求助于化石能源，这就不再是可持续生活方式了。也许有人会想到"聚光储热"在夏天陆续多储存一些热能，储上六个月以供冬天使用。虽说科技上可以做到六个月，只是储热量上会使得工程规模过于庞大，成本过高，还不如学候鸟南迁还比较实际。

就说东北的哈尔滨高过临界纬度，太阳能冬天过于薄弱没有实际用处。以往冬天是依靠化石能源，自然像污染、雾霾种种现象也跟着前来。不过在天寒地冻下，人口如此众多，没有化石能源使用，总得有方法可以供热取暖呀？学候鸟的话，那就每年得拔城而去。没有或不用化石能源的话，要拔就不止哈尔滨了，也许沈阳、天津、北京等都得拔。在拔城之前，我们来问一个问题："有没有一种可以取代化石能源的清洁可再生能源组合，让哈尔滨可以终年使用、包括满足冬天的能源需求？"这是一个好问题，很有挑战性，具体牵涉到是否城城都得拔城，下面我们尝试回答这个问题。

我们在第三、四章里有提，所谓清洁可再生能源组合就是"聚光储热"为主，水电、风电与光伏为辅的一种组合。在高纬度的冬天，太阳能变弱，CSP与光伏作用有限，水电本身能力就有限并且产地大都在南方，所以剩下就只有风电。风电有意思，在纬度效应上还真能与太阳能有相辅作用，在黑龙江与内蒙北部风力还特别强大。这是说，中国北方地区冬天在清洁可再生能源里只有风电可作依靠，所以风电有没有可能与怎样安排才可以支撑全局？

风电就是风电，有风就有电，为什么需要安排？风电是带波动与间歇性的能源。风力发电看风力，一般发电是在晚上，并且发起电来并不会顾到负荷需求情况。有时风电会变化太快，使得电网运作困难，甚至拖垮电网。这是说风电不是主力能源。第四章里，我们列举了作为主力能源的条件，证明了"聚光储热"就是主力能源。简单说来，主力能源需要供能量大、供能稳定可调，既供电也供热，供热上做到住家供暖，工业供热。这是说，风电须要改换角色，在没有太阳能与化石能源的情况下，自己去扮演主力能源，去支撑起中国北方大局。

风电原先是垃圾电、是丑小鸭，现在丑小鸭得变凤凰，可能吗？

这不是什么《灰姑娘》（Cindelrella，仙杜瑞拉）故事，不是丑小鸭转几个身，念一些符咒，水池里洗几个澡就能变成凤凰，不过模样上有点近似。也许把"聚光储热"运作（符咒）熟记在心，准备转能（转几个身），在储热库（大水池洗澡）里浸浸，就能变成灰姑娘了。前面我们有说热能是在电能之上，这就是一个例子。说白了，这秘方就是要把风电转成热能，然后以储热库将热能储存起来，需要热能时就换热作工业供热与住家供暖，需要电能时就作二次发电。要记得二次发电所得余热不要扔，得作供热。

有人就是着迷于发电，连垃圾电也死抱住不放，这就没有童话《灰姑娘》故事的可能了。我们需要清楚认识转能与储能这两个环节的关键性，要能储能才可以在供能上做到"移时"与"可调"，主力能源的两个必要条件。在大规模储能上，储热远比储电容易，并且没有流弊，所以风电要想能挑大梁就得转热。还有，风电作为主力能源必须供热，所以风电转热能是分内必然之事。转能在整体能量上并没损失，只是改变了热能与电能之间比例。二次发电限制了电能总量，不过电能在品质有移时与可调性方面不是垃圾电所能相比。

"聚光储热"与风电作为清洁可再生能源组合自然可以连合运作。夏天太阳能资源充足，"聚光储热"是主力能源可以协助风电上网。冬天"聚光"停摆，其"储热"、供热与发电装备可以借给风电让风电作主力能源。这是一种巧妙的应用安排。如果风力够充沛的话，大棚农业甚至都有可能持续运作，或缩减点规模，无需全部停摆。

在高纬度北方的冬天，如何以清洁可再生能源供能，与如何维持一种可持续的生活方式，应该算得上是能源里难中又难的问题。中国有幸太阳能与风能搭配十分理想，使得这个难题看起来可以解决。值得强调一点是以风电储热作工业供热与住家供暖直接就能减少煤炭用量。最近报纸上由于雾霾问题提到了治本之计。我们相信唯一可以持久根治之计就得从风电下手，风电就是北方冬天唯一的清洁可再生能源，大规模风电转热与储热是必然之事。我们以为这就是治本之计，不需要其他什么治标的、片面的、暂时性的作法。中国发展建设风力进展很好，不过比例上与德国相比还差上一段距离，所以还得加倍再加倍努力。解决雾霾如能全力以赴，时间上5~10年应当可以见效。

第七章 西部开发：科技上的一些考虑

DIQIZHANG
XIBUKAIFA: KEJISHANG
DEYIXIEKAOLV

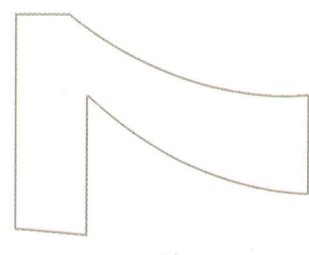

第七章
西部开发：科技上的一些考虑

自介绍了［9010］能流（第三章）与"聚光储热"（第四章）之后，我们注意力就开始向"西部开发"集中。第五章"何去何从"指出中国不能得过且过，得以破釜沉舟精神去开发西部，建造"聚光储热"。第六章"大棚农业"是讲开发西部不得像开矿那样拿了资源就走人，我们借大棚农业说明以太阳能热电联产联用不仅解决能源与环保问题，还可以帮助中国西部建立一个可持久生活方式。

在目前第七章里我们从科技上考虑怎样去开发西部，建造"聚光储热"与发展西部工业。大棚会被用来隔离气候。我们会提到两种大棚，农业大棚与"聚光储热"所用的聚光大棚，包括建造大棚可能材料与结构；还有是西部工业所需的热网，包括热网安排与绝热材料。另外也大致解释了有关西部开发在土地上的安排与所需的投资。我们贸贸然作了不少猜测，这是有意为了有个比较具体的形象可供感受与讨论。抛砖引玉得有块砖，没砖也得有块石头，我们是先扔石头出来再说。主要看点是我们在西部开发上所选的构架，没有必要讲究石头不够大或颜色不对。这章里面有一些有关科技上的讨论，读者觉得有困难阅读就请跳着看，看看图片也行。其实，在有限空间与时间里，我们也只能说个大概。过了这章之后，涉及科技就会少去许多。

就中国能源问题大体上主要有三问，虽然前面陆续都有提，不过在科技谈论上如有走失，这些可作提醒或有指标作用，三问的答案应该不会变更。

问一：中国能源问题可不可以解决？

答：可以解决。能源环保问题来自化石能源，一种以"聚光储热"作为主力的清洁可再生能源组合可以取代化石能源。虽然使用上没有以前方便，万幸的是中国西部有良好的太阳能资源。

问二：会付出多大代价？

答：代价会很大，也需要有很大决心才下得了手。而且将影响社会的方方面面：生活方式、人口、工业分布等。变动之大有如另外一场"工业革命"，所以我们称之为"能源革命"。

问三：要想解决的话，需要多少时间？

答：全面替换化石能源，五十年！

7.1 西部开发占地模式——聚光大棚与农业大棚

2007年中国所用能源总量为85,000PJ（请见第三章中国能流面条图）。若是以"聚光储热"在中国西部日照良好（DNI为2,000kWh/m²/yr或7.2E9J/m²/yr）地区来生产同样能量，估算所需面积为八万平方千米。有人担心改变太阳能的自然分配会对西部环境造成不利影响。不会的，太阳能是清洁可再生的能源，并且所取能量也只是西部日照能量的很小的一部分。由于反射镜设置与光热转换效率，"聚光"所得热能大约为聚光场太阳光总能量的12%，以电能方式输出区外最多只有4%，比沙漠地区对阳光的自然反射要小上一个量级。

值得再度提醒的是，采用了新的"9010"能流安排就会增加了供能总量。如第三章所述，新的能流安排十分注意热电联用，有热网输热与供热，加上交通电力化，使得废能从原先总能量的50%下降到15%或更低。

举一例来作对比（图7.1）。原先在2007年总能源供量为85,000PJ，用于消耗可分为电能10,000PJ，废能40,000PJ，与热能35,000PJ。现在如果有十万平方千米的聚光面积，每年可供总热能100,000PJ。如果以总能量60%用于发电（热电转换效率33%不变），就会有20,000PJ电量（2007年的二倍）。在新能流安排下有40%总能量是高温热能，加上发电余热，总共热能是80,000PJ。除去废能15%，可用的热能为68,000PJ，也是2007年的2倍。这意味着十万平方千米的聚光面积在"9010"能流安排下，供电与供热的能量都上升为2007年的两倍。

解释一下为什么热电效率还定为33%。熔盐储热温度是在565 °C，如果蒸气是在120大气压，发电又使用水冷的话，热电转换效率可达42%。使用气冷效率一般会降低10%，而设备投资会增加10%，所以火电市场一般不愿采用气冷。但沙漠缺水，只得气冷。所以我们以气冷替代水冷，说发电效率从42%下降到33%，算发电效率损失了20%，这是一种十分保守的估计。

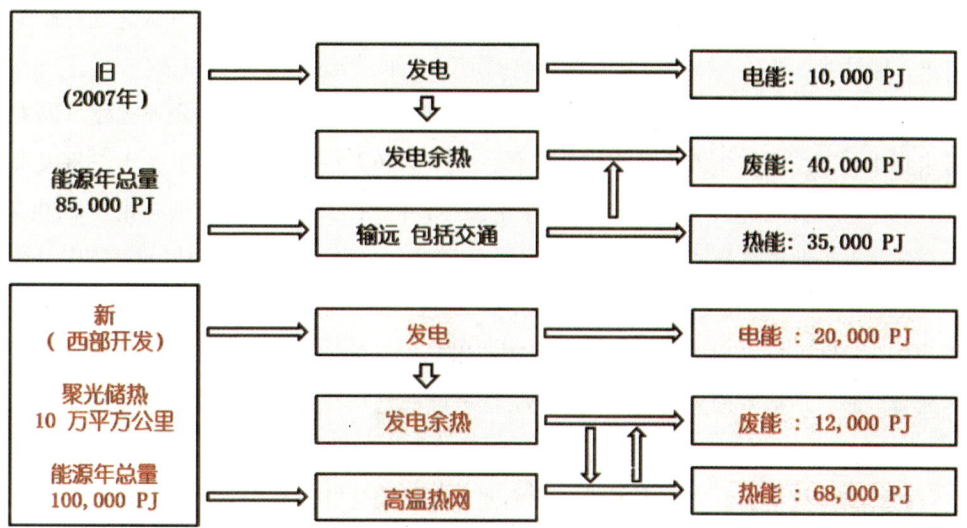

图7.1 新旧能流之比较。旧是"4060"能流样式，新是"9010"能流样式。十万平方千米的聚光场土地面积在［9010］能流安排下（新），供电与供热的能量都上升为2007年"4060"样式（旧）的两倍。

我们就拿西部日照十万平方千米作为"聚光储热"的聚光场总面积。十万平方千米相当于一个浙江省。我们再拿十万平方千米作为发展大棚农业之用，这是已经预定好在聚光场附近的应用保留地（见第五章）。这是说西部开发总共得有二十万平方千米，两个浙江省的面积。全国耕地基线是18亿亩，取其十分之一大致就是10万平方千米。除去纬度超过临界纬度的北方地区（见第六章），大棚农业一年四季都可以生长，产量应该高出一般农业许多，粮食生产应该可以供给2~3亿人口。

假设把二十万平方千米分为一千份，每一份称其为县。每县有100平方千米的聚光大棚区与100平方千米的农业大棚区，加上若干没有大棚保护的土地。聚光区与农业区相互邻接或交叉以方便输热。聚光大棚内不仅有聚光装置，还是工业工厂所在地。农业大棚不仅有农业，还包括有住家乡镇。这就是我们设想中的西部开发占地安排。

每个县平均每天"聚光储热"生产有75GWht高温热能。若以高温热能的60%发电，一天一个县生产能量就可以分为三部分：

1. 电量15GWhe, 2. 发电余热30GWht, 3. 原先40%高温热能30GWht。

电能大部分上电网输出，供应全国。热能主要是供应县区内的工业与农业，输热与供热依靠热网。与电网不同，热网输热最多数十千米。如果离县区不远之处有能源需求，像垦荒、开矿，或建设新县区，热网可以延伸，架设专线输热供能。

一个县区并不小，100平方千米农业大棚也就是荷兰全国所有的农业大棚。人力需求不小，至少得有十万人从事农业工作，一个县区人口大概总得有几十万。每天每县有60GWht的供热量，一半高温、一半中温。1,000个县总和下来就拥有相当于2007年全国每天工业供热量的250%，所以热量十分可观。在美国Sandia计划里与德国DLR在Desertec计划里，发电余热被当成废能扔的就是这样庞大的热量，真是疯了！全疯了！为什么会疯呢？究其原因主要是欧美习惯使用天然气供热，供起热来就像吸食鸦片一样通身舒服，所以不愿意将就别的供热方法，除非鸦尽片绝否则很难有人能逃离天然气的掌握。

西部安排就生活基本需求上说，我们要求邻近数县联合至少要做到自给自足。开发西部有三重使命，除了能源环保与可持久生活方式，就是发展西部成为中国的避风港。不管灾难来自气候还是经济，自然的还是人为的，得以最坏打算来应付可能前来的灾难。譬如说，将来海水上涨，东部沿海地区一遭水淹就内撤，不要去筑堤保地，不要自陷于一个没完没了的灭火与挣扎。

前景虽说诱人，不过自己开路会是十分辛苦。由于西部地理环境与气候状况说得上是世界上最难开发的一个区域，没有人知道如何进行开发，没人有经验，这意味中国得靠自己，得凭自己摸石头过河。下面我们谈谈过河道路的一些特性。规模大是特性之一。譬如说，在谈到大棚农业时候，我们十分小心没有使用一般常用名称像"精工园艺"与"温室农业"。"园艺"与"温室"都不够"大"，这不是几百平方米的事，动辄就是100平方千米。所以从开头就一直表示大棚农业不是件小事。

为什么会"大"？有两个原因：一是太阳能能量密度过低，需要以"大"面积来收集能量，二是化石能源增"大"了世界人口，撑"大"了能源需求的胃口，变成在清洁可再生能源中只有太阳能才够"大"，只有够"大"才有可能"替换化石能源"。

东西要做"大"，就得加倍讲求"设计精简"、"生产大量"，与"组装省事"、"维护容易"。就拿"设计精简"来说，好比结构设计必须有效不复杂，部件愈少愈好。这在开头就得往大处着想，研究发展当然是由小作大，小时不留意，就没有长大成材的可能。过去就有不少这种情况，主意可行但略为复杂，最终难以大量生产只得饮恨放弃的例子。世界在"聚光储热"与"大棚农业"上已经有相当进展，中国自然需要在这些领域迎头赶上。赶上只是开始，还得更进一步，需要能够做"大"，这样才有希望达到需求量级。技术上带挑战性的装置很多，大棚就是一个好例子，另外像巨型光碟与大规模热网装置也都需要自己摸石头过河。这对科研工程人员是个考验。最好是心安下来，准备背水一战。没有自信，有决心也行。并且自信不是别人能给得了的，只有靠自己跌跌撞撞去赚取。

我们把开发西部的困难分为：天、地、人三类。每一类里提一两要点出来讨论。对于提出的要点问题我们作些解释与说下自己的观点。我们所作是引案，主要是想引起人们的兴趣，借着对稻草人引弓练靶机会，对问题能更深入，甚至更进一步去拟定一个行动草案。

"天"是说气候，恐怕开发西部最大困难就在气候。大棚农业是以大棚来应付气候。这是说大棚能起隔离的作用，开发西部可以拿大棚来与气候作隔离。"地"是有关工业安排。工业发展需要靠太阳能以热网供热。目前由于化石能源输送方便，热网在市场上一直没有发展空间。现在为了要"替换化石能源"，就只得不顾市场去发展热网技术。"人"是有关科技人选与训练。

中国社会不说，就连政府新能源单位对"聚光储热"也是欠缺认识，使得这方面发展工作一直没能离开原点。这是很可惜的事，没有行动就难有更进一步的认识。在德国与美国的科研和工程机构里，有一群认识"聚光储热"并坚信不疑的死党。连社会上特别喜欢诉讼的美国民间环保组织Sierra Club也明令过其地方组织，要对"聚光储热"项目网开一面，不得误会以诉讼挡路。这对无所不诉的SierraClub，包括所有水电、核电项目在内，网开一面是极不寻常的事。中国想在西部发展一千个新县区，能够以清洁可再生能源解决中国能源环保问题，可以引导中国进入一个可持续发展的社会，并且对可能前来的灾难有个避风之处，这就需要培植一群能动手、满怀热情、敢于冲锋、愿意献身"聚光储热"太阳能的死党。不知道要怎样做才有这样可能？信息科技在美国之所以进展飞快，是由于一大群不分昼夜工作的青年死党献身于"信息革命"。有人把"能源革命"与"信息革命"比作走向明天的两条腿，没人希望看到单腿一跳一跳，像个蚱蜢一样，或两腿一长一短，一跛一跛走向明天。

7.2 天之因素（一）——大棚与ETFE材料

西部日照良好经常是在沙漠、半沙漠荒原与高原地区。要想开发这样地方，气候是一个严重问题。像无霜期短、冻土期长、严寒、强风、昼夜温差、沙尘、缺水、高原还缺氧。就说严寒，在零下几十度的情况下，别说人难以忍受，连许多装备也会吃不消而走样。一般大棚农业对大棚有很清楚的要求：将严寒隔离在外，强风与沙尘不能要，要让阳光进入棚内，雨水要收集储存，霜雪冰雹也是要的，只是不能压垮大棚。单有大棚不行，还得要有足够能源供热大棚。人可以多穿几件保暖，农作物可没衣服穿，非得供暖不可。这些都是大棚在隔离气候上的基本要求。

我们有兴趣的是两种大棚：农业大棚与聚光大棚，分别各有其重点要求。农业大棚高度不高，从几米到十几米都有。重点是需要保持农作物生长环境，对棚内温度、湿度要求比较严格。在棚顶透光上，偏北荷兰阳光不足自然要求透光度高，所以玻璃透明适用，像纬度较低的西班牙与澳洲，显然并不要求高度透光，所使用是半透明塑胶板。由于农业大棚需要保温，为了节省供热能量，大棚绝热在设计上是个重要考虑。

聚光大棚里面主要是聚光反射镜装置。棚顶透光率要求很高，不希望大棚支架挡光太多，棚顶必须保持清洁，沙尘需要清除。反射镜面积大，又需转动跟踪，所以大棚高度会很高，至少是在二三十米左右，四五十米有可能，甚至还更高。大棚主要作用是保护聚光装置，不受强风、沙尘影响。气温上下活动范围可以较大，只要不过度影响聚光设置的精准与运作就可以容忍。

大棚可以隔离气候，所以给予开发西部关键性帮助。大棚是由许多小棚所组成，不过小棚也是大的惊人。在规模上，小棚也是远远大过以往所建的大棚。对于这样大规模的大棚自然会有一连串疑问：像大棚是何模样？材料有哪些选择？材料特性如何？大棚要怎样结构才能覆盖广大面积？大棚成本会是多少？成本当然不能有如天方夜谭。可是数字多大才算天方夜谭？所以，这就会像去探险一样的新奇，一连串没人见过、没人想过的问题。

在建造大棚上，我们可以拿荷兰玻璃大棚与西班牙PVC大棚作参照与比较。我们粗略估算一下，如果大棚建造成本（连带所有附件装备）是从5欧元/平方米（PVC）到30欧元/平方米（玻璃）的话，二十万平方千米就得需要人民币十万亿元（PVC）

到六十万亿元（玻璃），就算50年建造期平摊下来每年投资平均为0.2万~1.2万亿人民币。这是参照给出了一个成本范围，包括只有大棚，没有西部开发其他费用。

请让我们回头，从头问起。第一个问题是大棚材料有哪些选择？据我们所知，有三种可选：PVC塑胶板、玻璃与ETFE膜。PVC种类繁多，性质上也在不断改进。据称日本的农业大棚使用了一种性质还不错的PVC，比西班牙用的要好。玻璃自然大家都熟悉。三种材料里ETFE最不为人知，其实人人也都见过。北京奥运水立方就是使用这材料建造的，边上的鸟巢也用了些类似的材料（PTFE）。从实用角度来说北京水立方也就是个大棚，有隔离气候作用。自然，水立方也算建筑艺术，艺术得有观赏价值，与我们讲究实用不一样。

图7.2 北京奥运水立方夜景。水立方外壳所使用的气枕就是ETFE所制成。ETFE是建造西部大棚理想的材料。

ETFE全名是Ethylene-Tetra-Fluoro-Ethylene，中文名称是乙烯—四氟乙烯共聚物。ETFE是一种高分子材料，熔点在200多度，由美国DuPont在1940年最先研制出来，DuPont称其为Tefzel，属于Teflon产品家族。有关ETFE的简单介绍，与其物理、机械、化学性质，网上有很多资料可供查询。DuPont在网上也给了一本ETFE的特性手册，可以下载。

ETFE原材料可以是一颗颗小粒。在加热到300多度熔化后可以制膜方式做成与纸同样厚度的薄膜（厚度一般是在0.1mm）。水立方是用了0.2mm厚的薄膜做成气枕，枕头模样，里面只有加压空气，以气枕嵌入钢架结构。水立方气枕耐压惊人，据说气枕本身轻轻松松就能承受起一部汽车重量。这是说ETFE薄膜应力性质很好，很能承力。除了强韧之外，ETFE薄膜还特有延展性，可以伸展到原先长度二倍到三倍而不破裂，力量一回减，又缩回到原来模样。

ETFE光学性质也十分理想。在可见光光谱部分透光率有95%，与玻璃一样。塑胶老化一般是吸收紫外光线，损害了塑胶组织。ETFE曾在紫外强光里作实验，累积了相当于三十年日照的紫外辐射量，未发现对ETFE薄膜有任何损害。这说明了为什么ETFE使用寿命会很长，至少三十年，一说五十年。更妙的事是三十年后，这材料可以百分之百回收，经热处理后又变回新材料，接下去又可再用三十年。

"特氟隆"（Teflon)在高分子塑胶产品中是有名的滑溜，摩擦系数很小、不沾水。ETFE在Teflon家族中还尤其滑溜，连灰尘也不沾。这就是所谓的自洁性。目前一般光伏板上都有这样薄膜作覆盖，为的就是这自洁作用。ETFE薄膜如果破裂，使用特别加温工具可以就地修补，不是很困难。

总结下来，我们归纳ETFE薄膜有八大长处：

1. 薄膜应用重量很轻；
2. 十分强韧；
3. 延展性良好；
4. 高度透光；
5. 不沾灰尘；
6. 寿命至少30年，一说50年；
7. 100%回收再用；
8. 可以修补。

随应用不同，ETFE展示出来的好处与强处会略有不同。下面（请阅图7.3与7.4）是两种ETFE简介有略为不同的重点，对上述八点有参考与补充作用。

图7.3 ETFE特性介绍之一，取自技术杂志。

ETFE stands for Ethylene Tetrafluoroethylene, a transparent polymer that is used instead of glass and plastic in some modern buildings.

Compared to glass, ETFE:

1. Transmits more light
2. Insulates better
3. Costs 24% to 70% less to install
4. Is only 1/100 the weight of glass
5. ETFE is often called a miracle construction material because:
6. ETFE is strong enough to bear 400 times its own weight
7. ETFE can be stretched to three times its length without loss of elasticity
8. ETFE can be repaired by welding patches over tears
9. ETFE has a nonstick surface that resists dirt
10. ETFE is expected to last as long as 50 years
11. ETFE does have disadvantages, however.
12. ETFE transmits more sound than glass, and can be too noisy for some places
13. ETFE is usually applied in several layers that must be inflated and require steady air pressure
14. Working with ETFE is too complex for small residential projects

图7.4 ETFE特性介绍之二，取自ETFE产品宣传文件。

三种材料的各自特性十分清楚，应用于大棚可作比较。使用玻璃的好处是经久耐用，透光性好。不过荷兰大棚一般使用玻璃厚度是4mm，重量不轻，加上过于刚硬，难以大片使用。这些使得大棚不得不以立体结构来承重，棚内支架林立，棚顶构架又遮去不少阳光。成本也就这样上去了。使用PVC好处是又薄又轻，有韧性，适合大片使用，简化了大棚结构。PVC透光性上不及玻璃，并且用上几年就得更换。PVC容易老化是与吸收紫外光线有关，在紫外线的杀伤力之下变成脆弱，易于分解。PVC长处在价格低、绝热性上比玻璃好，短处是寿命不长与透光不够。

除了成本考虑之外，ETFE薄膜可以说兼具玻璃与PVC的长处，而无其短处。几乎建造大棚想要什么，ETFE就能给什么，如此服帖与善解人意令人吃惊。前面我们有提化石能源是上天的杰作，要想以可再生能源作取代还真不容易，应用上不可能达到同样方便。ETFE这材料，不折不扣，也是上天的杰作。只应天上有，若是不好好利用，这可成了辜负上天了。所以得想法用上这材料，发挥其长处。回顾北京水立方，花点钱值得，不仅是艺术建筑，作为ETFE材料示范是有其教育与启发意义的。

近几年世界各地开始接受ETFE作为建材，大棚数字正在快速上升。欧洲建筑界有所谓的八大大棚，全部都是以ETFE薄膜作材料。德国Vector Foiltec是建筑界里有名的以ETFE大棚作为专业的一家公司，北京水立方的气枕就是他们的产品。对于怎样应用ETFE，建筑界发展了许多设计构想与应用技术，值得认识与熟悉。不过就大棚发展来说，西部开发应该有自己的目标与路线，与建筑界不尽相同。

我们以北京水立方为例来作说明。譬如说：就凭水立方那些气枕，芝麻点重，哪里需要金属构架来作支撑？这看得出我们只要求实用，不讲艺术。并且水立方平顶结构不适合加大覆盖面积，面积一大就需在棚内增设支柱。不是说气枕多重，支撑结构本身远比气枕要重，结构变成主要是在支撑自己本身。并且水立方艺术品价格不合实用，会使人以为在说天方夜谭故事。显然，西部开发有自己三大要求：全实用，大面积，低成本，所寻找的是一种简单、经济又实用方法以做大面积大棚。建筑界没做过这样工程，目前建筑市场上也没需要去做面积特大的大棚，看来西部开发得靠自己进入ETFE建筑领域来认识与解决自己的大棚问题。

接下来，我们对大棚成本作个粗略的估算，主要是在量级上求得一个认识。西部处境有些特别，需要作些安排与多方配合才有可能控制大棚成本。譬如西部需要大量ETFE原材料，远远超出国际市场所能供应，所以必须使得自己有能力生产原材料与自己制膜。生产ETFE与制膜需要庞大能量，而西部正是巨量太阳能热能的生产者，所以正巧可以配合生产。因为自己供能加上ETFE产量巨大，所需在装备上的投资相对减小，成本可以下降。所以借由这些因素，西部在建造大棚的成本上应该可以粗略估算。

目前ETFE原材料（白色小颗粒状），国内代理商所标出的零售市价是20美元每千克。这是市场价格，不是生产成本，没有包括制膜包装。我们假设在巨量生产下，从生产带制膜全部，ETFE薄膜的成本是5美元每千克。请注意这是西部以自己太阳热能参与生产，生产成本不包括能源。ETFE比重1.7，一千克原材料相当于$6m^2$面积薄膜（厚度标准尺寸0.1mm）。换句话说，薄膜成本是人民币5元每平方米。棚顶一般需要多层薄膜才有绝热效果，水立方使用0.2mm厚度薄膜三层，我们假设是0.1mm厚度六层，ETFE薄膜总和成本变成人民币每平方米30元。

我们假设大棚的建造部分与装备部分在成本上我们也按大棚面积折合。建造部分包括大棚结构、外围护墙、集水储水设置等。装备部分包括棚内交通与气候控制设置等。我们假设建造部分为人民币每平方米35元、装备部分为人民币每平方米35元。加上ETFE部分人民币每平方米30元，三部分总和是人民币每平方米100元，这是粗略得出的大棚每单位面积成本。当然，这不是一种寻常生产的安排，生产本身带有正向回馈。正向回馈是说生产产品可以帮助收集更多太阳能，而增多的太阳能又可以投入生产增加生产产品。进入循环后，迟早由于增长，我们手上拥有大量太阳热能，唯恐用不完浪费。这种生产方式是难以求得，威力极大的一种安排。

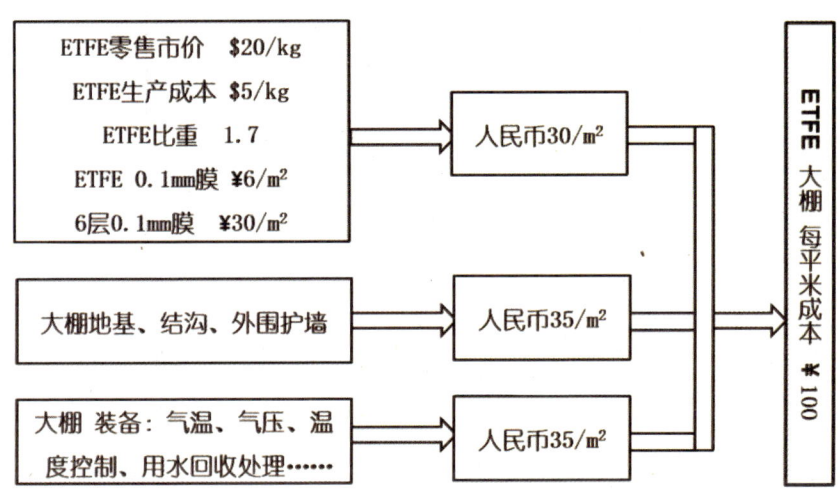

图7.5 中国西部ETFE大棚单位面积成本估计。

西部开发总共大棚面积是20万平方千米，若以人民币每平方米100元估算，大棚造价开支总共人民币20万亿元。这正好是我们熟悉的一个数字，攻打一个伊拉克花费是美金3万亿元，大致是人民币20万亿元。大棚总造价为攻打一个伊拉克，前面我们有提聚光储热装备（1,000GW，24小时连续）大约造价也在一个伊拉克，再加一个伊拉克给基础建设与乡镇住家，总共西部开发约需3个伊拉克。3个伊拉克就说分30年花费，每10年一个伊拉克，真正伊拉克战争也是耗了10年。10年20万亿元人民币，开发西部平均一年需要2万亿，大约为全国GDP 4%。这不是中央政府所需负担，下一章会有解释。

西部开发出来在经济上有些什么好处呢？我们顺便也来粗略作个估计。西部开发后，生产总值至少应该占全国GDP 50%，像承担起全国能源生产的80%（热能+电能），工业生产的70%（包括所有耗能工业），农业生产的20%（大棚农业）。这是说，每年数个GDP百分点投资数十年下来，最终可以得到至少每年GDP 50%的回报，并且年年如此，回报还有持久性。就算是商业投资的话，应该是很难找到如此赚钱的机会。不过，这投资不是小数，得要有长远眼光，要有胆识，要认清楚目标。"能源革命"的目的就是要解决能源环保问题，主要是有巨量可再生的能源参与生产，同时全国再没有冒烟的工厂，金钱与利润还只是其次。

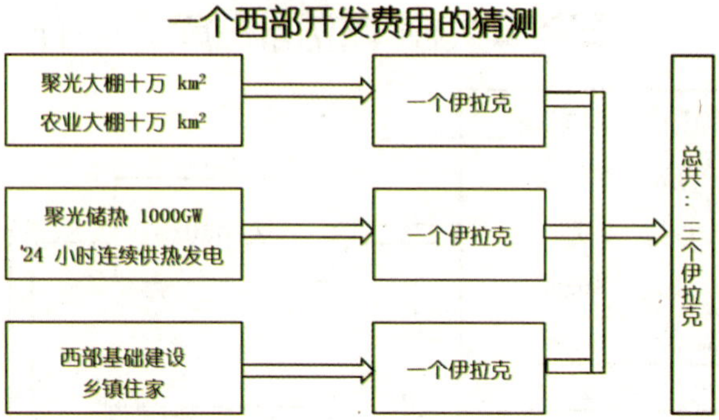

一个西部开发费用的猜测

```
聚光大棚十万 km²     →  一个伊拉克  →
农业大棚十万 km²                         总
                                         共
聚光储热 1000GW      →  一个伊拉克  →   ：
24 小时连续供热发电                      三
                                         个
西部基础建设          →  一个伊拉克  →   伊
乡镇住家                                 拉
                                         克
```

图7.6 一个开发西部所需总投资的估算。主要是一个参考，给人一个量级上的感觉，至少不能是天方夜谭。譬如说，我们觉得三到五个伊拉克是可能的，低于二，高过八不太可能。先得有个数字，以后再一轮一轮改进。

我们给出这些数字，一点都不吝啬，并且毫无保留，知道就说，不知道就猜。这样作法主要是在现阶段，重要的是有个具体的感觉，避免天方夜谭，也避免顾小处而忽略了大处。还有就是知道路上哪里有大窟窿，不要摔一跤一篓鸡蛋还没到市场就全打碎了。

在我们认真计算，算盘敲的啪啪响之前，有一点也许值得一提。高分子材料领域很大、塑胶种类数不胜数，不过只有ETFE合乎我们要求，其他产品像PTFE虽说靠得很近，属于同一产品家族也不能充数。ETFE就是水立方气枕的材料。只有ETFE薄膜是与玻璃一样透光，寿命五十年。世界生产ETFE有美国DuPont、日本Asahi、日本Daikin与德国VectorFoiltec，据我们所知，国内目前好像没有企业生产ETFE，网上有的好像都是国外代理商。并且也没有听说国内有朝这材料发展的计划。在国家一些科学发展计划里，像中长期科学发展计划，"十二五"计划也没看到，还是我们看漏了？总之，希望是我们孤陋寡闻，如果真没有的话，那得想法迎头赶上呢。所谓迎头那就得迎头，不是立项审核连工作还没开始就已经拖上了许多年。

7.3 天之因素（二）——大棚结构

一般房顶都有相当重量，所以才有栋梁结构来承力。房顶覆盖面积愈大，支柱也就愈多，所谓的立体支架式就是这种结构样式。荷兰玻璃大棚因为玻璃重，坚硬没韧性，所以面积难以做大，不得不使用这样结构，所以棚中支架林立（请见图7.7），使得棚顶也遮去了不少阳光。如果更换棚顶材料使得重量可以减重，覆盖面积可以增大。像使用PVC薄板，甚至更轻像ETFE薄膜，立体支架式看起来就不适当。支架如果变成主要在支撑自己，这样结构就显得多余了。这是说，棚顶如果大幅减重，大棚支架结构也得跟着改变。下面是我们根据所见所闻，归纳出来的五种大棚建筑方式：立体支架式、薄壳支架式、Geodesic式、气包式与吊桥式。大棚结构设计十分重要，不仅影响大棚强度、覆盖面积，也与建材使用量、最终大棚建造成本有关系。

要怎样才能以最少的建材做最大覆盖面积的大棚？这题目应该有吸引力，有挑战性，使人一见就跃跃欲试。其实并不难试，自建一个大棚模型与一个风洞就可开始实验。可作的实验很多，像风力怎样影响大棚结构？雨雪沙尘怎样及时排走？不够及时会怎样压垮或撕裂大棚？像ETFE的光滑性与延伸性很强，如何利用得上？因为大棚占地极广，没人做过，没人有经验，基本上事事都得靠自己。自己发问、自己构想、自己实验、自己摸石头过河。

图7.7 荷兰玻璃大棚。玻璃重，过于钢硬做不成大片，所以需要立体支架式作支撑，使得棚内与棚顶支架林立。玻璃大棚经久耐用、成本高。

薄壳支架式

薄壳支架式是由支架组成一层薄薄的外壳，大棚薄板或薄膜就铺在壳上。外壳支撑起整个大棚，棚里全是空间，没有支柱。北京水立方可以算为薄壳支架式，气枕嵌入薄壳支架。支架使用钢管以减轻重量，做成平顶是为了艺术观赏。薄壳建筑因为可以按艺术塑形，所以一般为博物馆、图书馆、艺术展览馆，体育馆所采用（请见图7.8）。

荷兰建筑公司Except在其宣传资料里给出一种看起来与传统玻璃农业大棚很不一样的大棚结构，请见图7.9。这种结构形式上可算为薄壳支架式，棚顶不应该是玻璃，玻璃会太重并且面积难以做大，看起来像是大片塑胶板，也可能是ETFE膜板。棚中空空、没有支架林立，这就是我们所说在棚顶重量减轻后，大棚结构应该跟着改变。图片是艺术绘图，应该只是一种可能的设计，还没见到过实物。就是像这样大棚结构，我们需要实验知道其抗风强度，最大覆盖面积，建材用量，大棚成本与如何清除灰沙与积雪。在聚光大棚要求下，棚顶得使用ETFE材料。

图7.8 薄壳支架式是轻型建材改变大棚设计的一例。棚顶重量减轻使得结构只需支撑支架本身。在减少了棚内支架的同时，也给与建筑艺术更大的表达空间。自然，艺术不好讲求成本。

第七章
西部开发：科技上的一些考虑

图7.9 荷兰EXCEPT公司对农业大棚的一种新结构设计，颇有新意。图中所示是用于宣传的艺术广告画图，设计详情不知。棚顶所使用显然是轻型建材，可以是PVC、ETFE，甚至合成纤维面板。结构种类应该可以算为薄壳支架式。覆盖面积有可能被棚顶弧度所限，弧度过小会造成积雪过多，导致压垮大棚。

Geodesic式

Geodesic,语出拉丁文，原意是"Earth Dividing"。直线是平面上两点最短距离，Geodesic是地球弧面上两点之间最短距离。在建筑结构上Geodesic是指一种圆球或半圆球形的建筑，其支架全部分布在球面上。结构是以三角、五角或六角形作支架单位，设计需要将支架铺满整个球面（请见图7.11）。这种结构样式有两个特性，结构坚强与用料最少。Geodesic其实是一种特别样式的薄壳支架式，建筑界对其另眼相待就是因为这两个特性。

Geodesic结构的确十分强韧，可以承受风速高达三百千米一小时的风力，对付台风都没问题。如此强韧原因是球面只要有一处受力，力量就会被分散到整个结构上。用料最少是说以球体的体积来说球面支架所用建材最少。其实，这是球体的一个基本性质，在各式各样的容器里，如果容积一样，那就会是球体的面积最小，所以所用于球面建材也会最少。球体形状排水排雪也方便、不怕冰雹，使用ETFE不沾灰尘。

Geodesic Dome

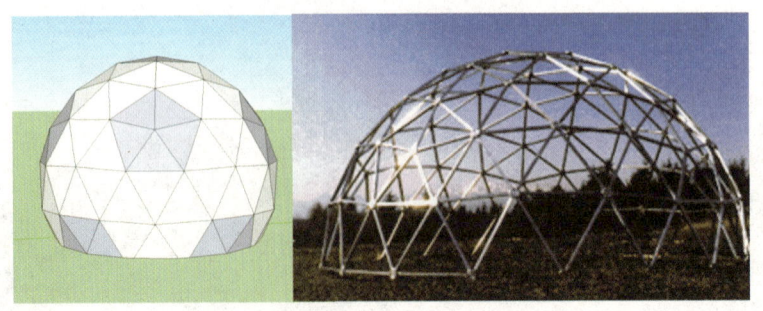

图7.10 Geodesic Dome。Geodesic是指一种支架分布在球面或半球面的建筑，结构是以三角、五角或六角形作单位，设计需要将支架铺满整个球面（请见图7.11）。这种结构样式有两个特性，结构坚强与用料最少（就所得球体空间来说）。

在世界ETFE Geodesic大棚中，以英国的"伊甸植物园"最有名，也最具代表性。"伊甸园"是英国迎接新千年到来的工程之一，有"世界第八大奇观"之美誉。它建在英格兰西南部一座废弃的粘土矿区，耗资约1.1亿美元，于2000年5月建筑部分竣工，植物园是次年3月开放。"伊甸园"是由两组Geodesic大棚群所组成。球体群是以球体相连相通来增加大棚覆盖面积，球面支架单位是由钢管组成的六角型框架（请见图7.11与7.12），嵌上与北京水立方所用相似的气枕（同是Victor Foiltec产品）。

英国 伊甸植物园

图7.11 在世界ETFE Geodesic大棚中，以英国的"伊甸植物园"最有名，有"世界第八大奇观"之美誉。"伊甸园"是由两组Geodesic大棚群所组成。球体群是以球体相连相通来增加大棚覆盖面积，球面支架单位是由钢管组成的六角型框架，嵌上与北京水立方所用相似的气枕（同是Victor Foiltec产品）。

第七章
西部开发：科技上的一些考虑

图7.12 构建Geodesic Dome过程数景。伊甸植物园建在英格兰西南部一座废弃的粘土矿区，耗资约1.1亿美元。

整个"伊甸园"包括有三个生态区，种植着生长在三种气候下的植物。其中最大的生态区是"热带气候馆"。在这个占地近1.56公顷，高55米的巨大展馆内，生长着棕榈树、橡胶树、桃花心木、红树林等来自亚马逊河地区、大洋洲、马来西亚和西非等地植物。"次热带气候馆"占地0.65公顷，里面是来自地中海、美国加州、南非等地，植物有如橄榄树、兰花、柑橘类。而在大棚之外的"温带气候馆"里生长的就是英国本土及日本、智利等地区植物。大棚内控制温度与湿度，所有植物都郁郁葱葱。"伊甸园"在ETFE大棚护育之下，生长着世界各地各种不同植物，除了寒带。

除去游客饮用水之外，"伊甸园"全部用水来自雨水，有一套循环处理用水装置，所用能源来自附近风电。几年前英政府批准"伊甸园"自建一套地热设置供暖供电，发电功率4MWe，足够自身与五百户住家用电。

"伊甸园"是西方圣经里所谓的乐园。乐园有与自然相依、持久生活的用意，这与荷兰农业教育理想是一致的。我们想要做的是在中国西部发展清洁可再生能源，以可持久、高效率的热电联用与大棚农业来组成一种可持久的生活方式，可以说与

"伊甸园"所宣扬的殊途同归。所以"伊甸园"作为一个示范设置像使用了ETFE、Geodesic大棚结构、大棚农业,以地热设置供暖供电等,与我们想做的虽说不尽相同,但有异曲同工之妙。如说对可持久生活方式认真的人是在梦游的话,那天下梦游的人都挤到一处了。

转回Geodesic大棚。前几年美国探索频道(Discovery Channel)在其"Mega Engineering"系列里播出了"Dome over Houston"节目。节目主题是想用ETFE+Geodesic Dome覆盖美国第四大城休斯敦市的市中心,大约2平方千米面积。节目解说了Dome设计上的一些考虑,建筑结构材料与方法是与伊甸园所用十分近似。这应该是目前占地最广、高度最高的一个大棚设计(请见图7.13)。大棚主要是用来抵抗来袭的飓风与节省用于气候控制调节的能源消费。

图7.13 前几年美国探索频道(Discovery Channel)在其"Mega Engineering"系列里播出了"Domeover Houston"的工程构想。这工程计划是想用ETFE+Geodesic Dome覆盖美国第四大城休斯敦市的市中心,大约2平方千米面积。节目里解说了Dome在设计上的一些有趣的考虑,建筑结构材料与方法是与伊甸园所用十分近似。这应该是目前占地最广,高度最高的一个大棚构想。大棚主要是用来抵抗来袭的飓风与减少平常用于气候调节的能量消费。

飓风分五级,风速大于69m/s属第五级,Dome设计是承受300km/h(80m/s),最强的飓风。市区中心有许多高楼,就所围的球体空间来说,Geodesic Dome是用料最少的一种设计。就工程技术上说,伊甸园能建,Houston Dome没有理由会建不成,或挡不住墨西哥湾最强的飓风。就占地量级上说，伊甸园是公顷级，Houston Dome是平方千米级，一跳就是一百倍，看来大棚工程师信心是与日俱增，像吃了豹子胆样连这么大的工程也敢卯上。另外值得强调是大棚看起来脆弱，ETFE薄膜多层总和还不及一厘米厚度，真是够薄的了，可是用来直接抗御极端恶劣的气候还绰绰有余。

Geodesic大棚结构因其球体，在增大球体覆盖面积时，棚顶高度随之增高。说Geodesic用材少，这是按棚内球体空间计算，高处空间必须要能用上，像覆盖Houston市中心，市中心高楼用上了上层空间。如果高处用不上就成了浪费，不仅浪费上层空间，球体增加了球面建材，所以建材上就不会经济了。我们注意到伊甸园为了增大覆盖面积，以多个小球相连组成大棚群。这好像减少了高空浪费，可是沿了棚边因为高度过低也造成了一些空间浪费，总之Geodesic球体空间不好使用，建材上很难真正经济。Geodesic大棚结构不适用于大面积覆盖，所以不适用于中国西部。Dome Houston看来很大，不过中国西部一个小县所需的大棚覆盖面积比Dome Houston又要大上百倍。

气包式

因为棚顶ETFE薄膜很轻，有个想法认为大棚并不需要庞大建筑结构来做支撑，只要棚内空气压力比棚外略高，就像气球一样，压差就能撑起棚顶，这就是所谓的气包式。棚顶愈轻，所需内外压差愈小。在ETFE薄膜情况下，压差只需要有大气压的千分之几就足够了。气包式大棚与一般大棚有明显差别。像Geodesic说结构使用建材少，而气包式可以说没有建材（还是用了一点）。棚顶只要有支架结构就会遮光，气包大棚没支架就不遮光。世界有没有这样靠气压撑起的大型大棚建筑？有！这种大棚一般称为Air Dome，寒冷地区的大型体育馆有些就是Air Dome，像东京体育馆(Tokyo Dome)就是一例。一般Air Dome是体育场大小，占地小于10公顷。据称世界2010年以前最大的Air Dome是在加拿大温哥华的BC Place Stadium（请见图7.14）。在一次积雪情况下操作人员犯了大错造成大棚撕裂，新的大棚改用悬挂可回收式大棚。大型气包大棚维护上比较费事，不过也有一用二十年不出意外。一般气包大棚使用是合成纤维外加塑胶涂料，没见有地方使用ETFE作棚面材料，并且也未见有气包大棚使用于农业。小型Air Dome在美国天冷的中西部不少，大多用于体育活动，像篮球、网球与游泳场地，建造技术十分成熟（见图7.15）。

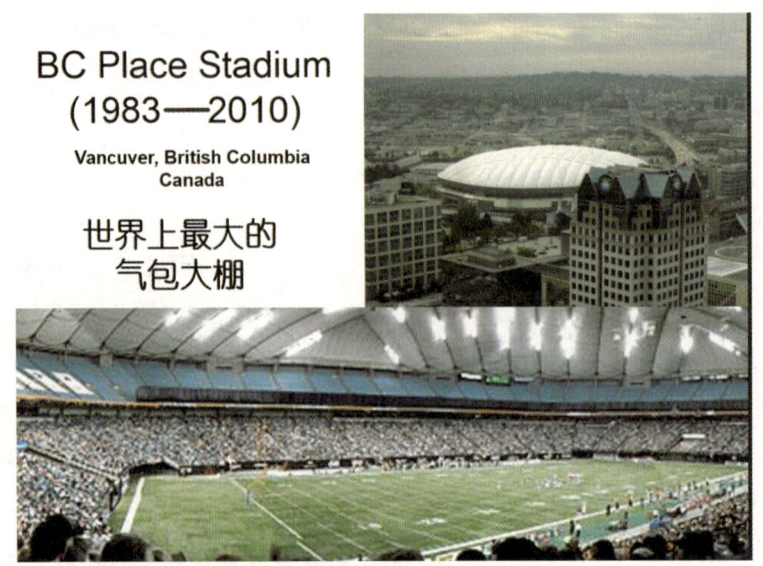

图7.14 BC Place Stadium（1983—2010）棚内一景。这位于加拿大温哥华的体育场大棚曾是世界最大的气包式大棚。由于一次操作失误，大棚被积雪撕裂。大部分气包大棚都在偏北寒冷地区，成本低廉是其长处。一般气包所使用大棚的材料是合成纤维外加塑胶涂料，没见有地方使用ETFE作棚面材料，并且也未见有气包大棚使用于农业。

图7.15 用于小型体育场地的Air Dome。

气包大棚只要温度内高外低差上几度，就有足够压差撑起棚顶。压差控制要在温度变化下始终维持一定压差。内外压差也可以用来调节受力情况。还有就是如何应对外来力量，像风力与雨雪重量。在我们应用里，风力主要部分是由外围护栏承担，不过棚顶风速太快也得担心产生吸力与涡流。护栏范围之内可以气包林立。ETFE很能承力，就像水立方的气枕可以承受一部汽车的重力。不过大棚最好有排雪与排雨能力，因为面积一大，一般都是承力不当出事，造成棚顶撕裂或压垮大棚。薄膜厚度在承力上限制了绳网之间的薄膜空格面积，薄膜受力需要传给绳网，最后传到支架上。支架不是很多，不过最后也还得有支架承力。支架可以起伏使得棚顶跟着上下起伏有坡度，方便排雨与排雪。气包大棚据称可以承受120km/h的风速与20kg/m²的积雪，当然不及Geodesic坚强，不过建材少了许多，建造成本上自然会低许多。我们可以就现有的基础上进行新的一轮设计与实验，可以自小作大，ETFE承力与延伸性有可能会给出些新结果。

吊桥式

为什么会想到吊桥？主要就是目前所有大棚都远不够大，得有一个简单方法可以做大。吊桥靠着钢缆可以扯远，设计与技术已经十分成熟。我们想到一种做大的可能安排，基本是以一群桥柱，一排一排相间隔。桥柱之间有如吊桥那样来架设，总体上就得铺天盖地形成了一个覆盖面积很广的巨型缆网。ETFE是先制成长带，再以一种滑动方式挂在缆网上。

请见图7.16，以图为例每平方千米有四个桥柱，桥柱间隔五百米。钢缆分主缆、副缆与滑缆。钢缆缆网分东西向与

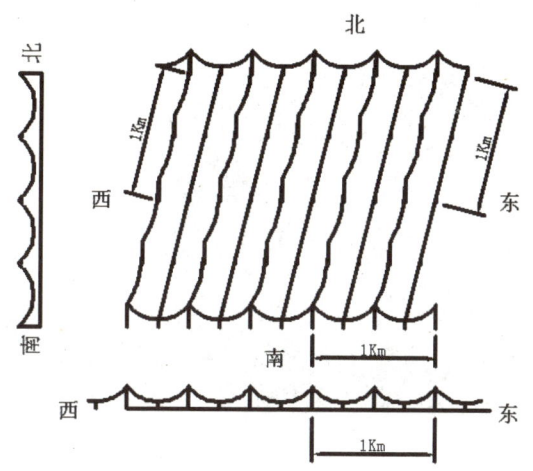

图7.16 吊桥式示意图。

南北向（请见图7.16）。ETFE制膜成带状，长300米、宽25米。东西向是ETFE膜带的纵向，南北向是横向。大棚是由南北向主缆承力，东西向主缆只是维持缆网的平衡稳定。副缆只有东西向，沿南北向主缆每隔25米，有一条副缆往下联结中站。中站是南北向位于桥柱中间的支架建筑。ETFE膜带附在滑缆上，滑缆从南北向主缆带着ETFE长带可以下滑到中站存储。所以，在天气好的白天时候，可以直接收集阳光，这是一种棚顶可回收的聚光大棚。

目前这吊桥式并没有实物，这里说的只是原始构想。如有所帮助的话，我们拿哈萨克斯坦的一个尖塔式ETFE大棚作为一个桥柱（请看图7.17）来帮助想象。图中所示只是一横排桥柱里的一个，桥柱之间以钢缆主缆相连，主缆每一间隔就有副缆，ETFE长带附在滑缆上沿着副缆银光闪闪一片下泻。一排排的横排桥柱就这样铺开，排前排后都在下泻。图中哈萨克斯坦的桥柱高达200m，虽说我们桥柱不高（50m上下），下泻有限，就其排排整齐，看起来应该煞是壮观。

哈萨克斯坦
Khan Ahatyry 娱乐中心
2009年建成于新都阿斯塔纳
占地100000m²

图7.17 Khan Ahatyry 娱乐中心。

吊桥式与气包式不同在于气包式是靠内外压差的浮力撑起棚顶,而吊桥式没有密封,没有压差,棚顶重力与所受外力全由缆网传给桥柱。吊桥式与薄壳式不同在于薄壳式是靠支架结构向上撑住棚顶,而吊桥式是靠缆绳下垂来承力,省去了不少建材,并且缆绳可以及远。吊桥式除了桥柱外,没有刚性固定的结构,ETFE反正延展性好,并不在乎固定不固定。并且大棚重量集中在几个桥柱上不仅简单省事,也方便大棚扩张。吊桥式与气包式相同,都有外围护栏承受风力。

如果我们留心目前一些大型建筑像机场、商场,就会发现有使用钢缆帮助建筑物承力的情形。显然如此设计有可能动机相同,都是要争取覆盖空间与减少建材需求。这是一个极有趣味的设计工作,只要列出想要的条件(包括棚顶可回收),可以邀请一些国际专业团队及机械与建筑学院参与带有悬赏的设计比赛,包括建造示范工程,与当年水立方情况相似,也算群策群力,应该会有一些有意思的设计出炉。

7.4 天之因素(三)——聚光装置

中国西部气候情况欠佳,直接影响到聚光发展。请参阅下图中国风力分布,需要注意像西藏阿里与那曲,及内蒙古许多日照良好地区风力也是十分强大。日照与风力分布重合是中国发展聚光的一大困难。聚光是希望使用大面积反射镜面,不过在风力强大地区,聚光器支架承力有限,镜面只得缩小,这就会增加装备成本。气候其他方面像严寒、昼夜温差大、冻土期长,有时会有冰雹与沙尘暴,这些因素自然也都会影响到聚光器的建造、运行与聚光要求的精准性。中国西部比世界其他日照地区要难以发展,气候情况是主要困难所在。就算困难可以克服,成本大幅增加应该不是意外。

中国风能与太阳直射辐射强度(DNI)资源分布对比

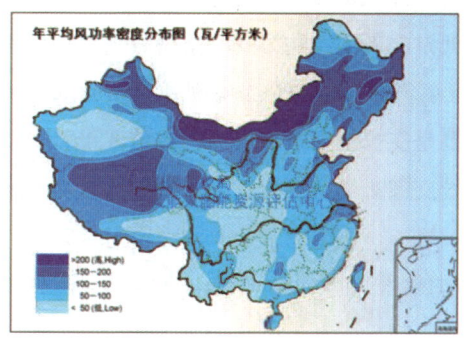
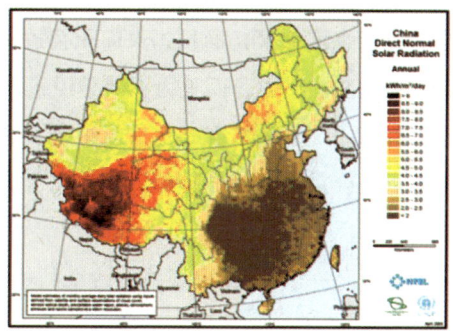

> 图7.18 中国风能与日照（DNI）资源分布对比。与北非及美国西南角的气候情况不一样，中国西部风力强大地区与日照良好地区有相当程度的重合。风力会严重影响到聚光器运作与限制反光镜面积，就算强风问题可以克服，成本增加恐怕难以避免。

西部发展聚光可以有两条不同路线。一条是以欧美聚光设计为基础，针对气候问题想办法一个一个来解决。另一条是我们先退一步，看看能否绕道而行，把整个气候问题给绕道绕过去。绕道就是我们说过的以聚光大棚来隔离恶劣气候。本来动物（包括昆虫）进化过程就分有两条路线：一条是骨架生长在身体内部有如脊椎动物，另外一条是骨架生长在外表有如昆虫。目前聚光器是有如脊椎动物，脊维骨架得承担反射镜上的风力与装备自身重量，同时还得有转动机械精确地跟踪太阳。如以聚光大棚来隔离气候，大棚就是昆虫外壳，聚光器不须担心风力、沙尘与严寒。就聚光发展上说，我们参照欧美，但不用跟随到底，而是改头换貌，做昆虫就得像昆虫，从做小昆虫开始。

所谓改头换貌，譬如说，原先聚光器设计是紧紧绕着风力转。这下大棚里没风了，有风也是微风。当然可以不管他有风没风，还是照老样做。这是说在大棚里还是照用以前聚光器，没风当有风。当然可以这样做，不过每天都在大棚里踮起脚来引颈望强风，有些怪模怪样。

没风或微风是个新的开始，我们可以改弦易辙以其来设计新聚光器。这样聚光器可能就会有新的模样，新的运转方式。也许有人会说老式聚光器都还没弄清楚，不够熟悉，怎么就开始发展新的呢？老式只是参考，不熟悉也好，胆子会更大，反正前面是没人走过，有待开辟的新途径。不放心就死咬住最基本的，就像那抛物反射面，怎样做大？怎样支撑？

对于大棚里的聚光器，我们可以作些推测。好比聚光器在受力大幅削减情况下，会尽可能来增加聚光面积，大面积会迫使支架走向新的结构方式。受力分为风力与重力。大棚减了风力，而重力下降是说，玻璃反射镜面会被ETFE镜膜所取代。这风力与重力都减是个新的情况，变成反射镜支架主要是支撑自己。在受力一减情况下，聚光器抓到机会就会要增大镜面，一直增大到传统支架难以支撑自己，不得不去寻找新的结构设计。

这又是一个ETFE出现迫使改变结构设计的故事。1. 先是大棚，ETFE薄膜取代了玻璃，减轻了棚顶重量，进而迫使大棚改换结构以增大覆盖面积与降低大棚建造成本。2. 接下来是ETFE大棚削减了风力，加上由ETFE膜所制作的镜膜来取代反射镜上的玻璃ETFE镜膜，减轻了聚光器反射面的重力。在受力大幅下降下，迫使聚光器改变支架结构设计。新结构应该可以增加聚光面积并降低聚光器成本。故事里ETFE出现两次，每次都发挥了增大面积与降低成本的作用，有助于聚光热能的生产。故事还没完，增加热能生产就更能带动ETFE生产，ETFE生产经由聚光器又再促进热能生产。从大量使用到大量生产，ETFE经由大棚与聚光形成了一个循环。一个循环如果带有正向反馈（Positive Feedback）就会不断成长。从ETFE的使用导致ETFE的增产，这是个正向成长的循环。西部开发与"聚光储热"需要这种凭借自己就能增长的循环来做开发动力。值得再三提醒的是，太阳能是持久性能源，所以开发动力也会是持久性的动力。

目前在所有单个聚光器中，以大型光碟的反射镜面积最大，在结构设计上承受风力也最大。譬如说，在以色列Ben-Gurion国家太阳能中心里，就有一座开口面积为500平方米的巨大型光碟，据称为澳洲国家大学所制作，平均直径在25米左右（图7.18）。玻璃反射镜十多吨，承力支架十多吨，聚光器总共重量在二十五吨上下，折算下来重量与反射镜面积之比大约为$50 kg/m^2$。在大棚减风力，ETFE镜膜减重力的情况下，有可能可以下降到$10 kg/m^2$。建材重量与成本有关，建材需求量减少自然成本就会下降。或者在维持原重下，反光镜面积至少可以增加三倍到1,500平方米，直径变成43米，相当于十多层楼高，这对传统支架设计会是一个挑战。

在美国Arizona州，有个Maricopa用作示范大型光碟（与Stirling引擎）发电巨碟的电站，电站功率为5MWe。Maricopa光碟开口直径近12米有如图7.19所示。直径43米又大上近三倍半，相片里人得缩小三倍半。在聚光面积增大同时，单位面积成本又能下降，简单说来这就是ETFE大棚与ETFE镜膜带来的好处。

图7.19 世界上最大的光碟之一（五百平方米），以色列在以色列Ben-Gurion国家太阳能中心里，就有一座开口面积为500平方米的巨型光碟，平均直径25米。

Tessera —— SES Maricopa Solar Plant (AZ, USA)

图7.20 相片所示是位于美国Arizona州的Maricopa光碟/Stirling发电的电站。Maricopa光碟开口直径近12米。在中国西部聚光大棚里，巨型光碟有可能可以发展到36米直径。图中有人有碟，人比碟小，相对来说人还得再缩三倍。

我们挑选光碟来做讨论，一部分是因其聚光特性，像聚光比可达2500，光热转换80%，热能温度1,700度摄氏；另一部分是光碟既可以用于集中式，也可以用于分布式或模块式（Modular）。在荒远地区，只要有两三个大型光碟的设置，就可以解决整个村落的能源问题（包括供热与供电），当然这得等到成本降下来再说。大棚的作用是隔离气候，不过在ETFE镜膜合力之下，可以想象对光碟结构设计会有极大影响，不仅成本下降，有可能对聚光器本身来说也会是一个新的开始。

7.5 地之因素——热网与气凝胶（Aerogel）材料

地之因素影响到西部开发许多方面，像交通就会因山地、沙漠、高原、冻土而不易建设。在这里我们挑选的题目是怎样在西部发展工业。前面谈到大棚农业，现在轮到了大棚工业。为了隔离气候与输热供热方便，所有工厂都安置在聚光大棚里。如欠缺土地，可以分层，聚光上层，工厂下层。大棚里有"聚光储热"装置承担了所有县区内的供能要求，包括供电、供热与供冷。整个地区禁止使用化石能源，并且以最严格方式管制化学工业污染。大棚发电所生产电能大部分用于外输。热能无法输远，所

第七章
西部开发：科技上的一些考虑

以就地使用，先以高、中温供工业使用，然后才以中、低温供热农业与住家。大棚里建立热网，从高温开始，须按温度适用范围供热工业。"聚光储热"也负责交通、垦荒、开矿等的能源需求。在几十千米之内，如有地方需要大量热能，可以建造专线输热，而热能难及之处就靠电能。总之，我们希望以"聚光储热"为主，风电与光伏为辅的清洁可再生能源组合在西部尽早全面取代化石能源。

对欧美来说以太阳能供热工业是个远不可及的梦想，只要天然气还有一口气在就很难做到。这里有三个原因，一是太阳能供热远没有化石能源供热容易，使用方便。像天然气只要输气管道所及之处，开关一扭就能供热。其次是太阳能供热目前成本过高，市场无利可图，没有发展机会自然也没机会降低成本。三是热能不能输远，需要搬迁到太阳热源附近。要想德国工业搬去北非，美国工业搬去西南角，这大概只有刀架脖子上才有可能。在靠清洁可再生能源供热工业上，中国要能通过这三关也不会容易，需要认识到此行或早或迟不能避免，当然有勇气决心摆脱化石能源是愈早愈好，另外则是在欧美一味拖延下发展供热得全靠自己，靠自己一面开路，一面前进。

STEP供热实验计划

美国三十多年前曾经做过一次实验，以光碟收集太阳能来供应一个小工厂全部能源需求，包括供热、供电与供冷。由于上世纪70年代油荒，美国在80年代十分热衷于发展太阳能，一个称为STEP（全太阳能计划Solar Total Energy Project）应运而生，

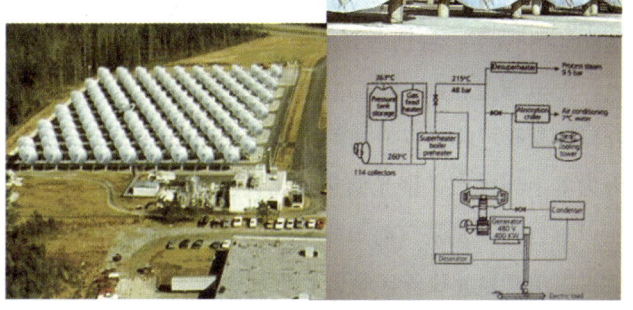

图7.21 简介STEP：太阳能全能实验计划（Solar Total Energy Project）。美国能源部（DOE）与乔加州电力公司在上世纪80年代联手主持了STEP实验。实验目的是以Shenandoah地方一家纺织工厂作对象，以太阳能碟式聚光来供应工厂的全部能源需求，包括供热、发电与制冷。STEP实验证明了碟式聚光可以供给工业全部能量所需，实验最终被取消可能是因为成本与方便上难敌化石能源（80年代后期化石能源供应又恢复到常态）。

计划主要目的就是实验要以太阳能供应工业全部的能源需求。美国能源部与乔加州（Georgia）电力公司联手，在Shenandoah地方以一家纺织工厂作为实验对象。在与其接邻的一块空地上，建造了114个直径7米的光碟（请见图7.21），将所得热能分别以水蒸气供热，经发电后供电，经吸热冷凝机供冷。实验进入运转，证明了观念可行，不过在各项效率上还没来得及调整达到设计指标之前，实验就下马了。可能是当时石油又已充斥世界市场，太阳能应用在成本上没办法也没有任何希望与其竞争。

在STEP之后，光碟认识到供热工业是条死路，改向以斯特灵引擎（Stirling Engine）直接发电。碟式Stirling从收集光能开始一直到Stirling发电得到电能，整个过程从光到电转能效率达到近32%，这在各种太阳能发电工业应用上是个世界纪录。不过Stirling引擎机件复杂，制作成本下降缓慢。加上光碟Stirling没有储能，没太阳就没电可发，与光伏发电特性一模一样。近几年来，光伏成本猛降，把光碟Stirling逼上死路。美国两家制作光碟Stirling的企业公司，SES（Stirling Energy System）与Infinia相继破产倒闭。

光碟聚光比高，可以生产高温热能。光碟正向太阳，没有所谓的余弦效应，光转热效率比其他聚光方式要高。光碟在各种聚光方式里是唯一可兼顾集中式与分布式应用，分布式又称模块式（Modular）。所以看起来光碟也真命苦，就这样前有狼（化石能源争热）、后有虎（光伏争电），两头一卡，活生生在路上给逼死了。光碟应该是死不了的，有这高温与模块两个特性就是死去也会复活。

西部开发需要大量钢材、水泥与玻璃。而这些建材的生产需要高过摄氏一千度的高温热能。这就令人想起那目前奄奄一息的光碟。澳洲国家大学（ANU, Australia National University）是巨形光碟的原产地之一，他们在介绍大碟SG-4模式特别提到了高温供热的工业应用，请见图7.22、7.23。SG-4开口面积500平方米，聚光比2,000，可达温度1,700度，光热转换效率75%（看来稍低了些，碟面精准度不够，一般光碟可达80%~85%），特别适合冶金、开矿坑口提炼金属、高温工业应用与偏远地区供热供电。上节有提到ETFE聚光大棚与ETFE镜膜之下，风力与重力大幅减低，巨型光碟的开口面积有可能可以增加到1,500平方米，这就成了兆瓦级的高温热源了。这样的光碟因为可用作生产"聚光储热"装置上所需的建材，不需要依赖化石能源或大量电力，所以对西部开发是空前重要。西部开发需要自力形成一个可以成长的循环，像高温热能可以生产聚光装备，而更多的装备就可以生产更多的高温热能。

第七章
西部开发：科技上的一些考虑

图7.22、7.23 简介澳洲国家大学（ANU，Australia National University）所研制的SG-4模式巨碟。开口面积500m²，平均直径在25m左右，聚光比2,000，可达温度摄氏1,700度。

太阳能工业供热潜力

IEA(International Energy Agency)有个编号为33#的工作小组，负责调查与分析太阳能热能作为工业用能的潜力（Potential of Solar Heatin Industrial Processes）。在他们

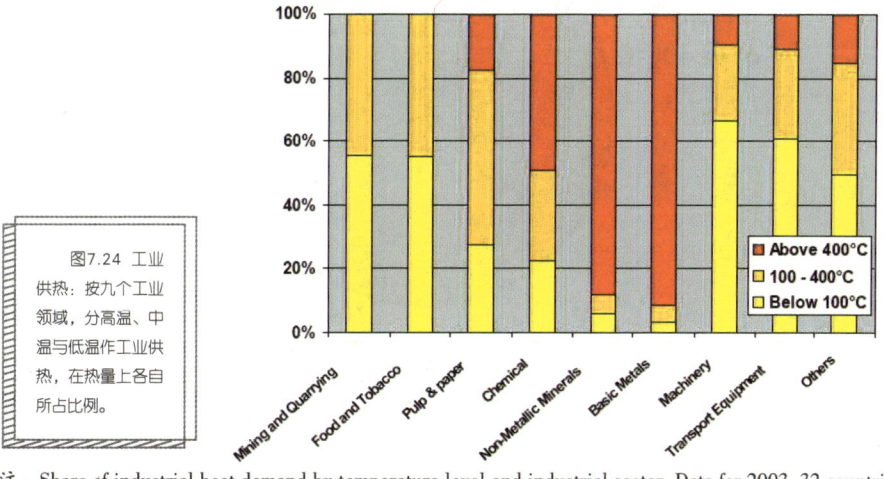

图7.24 工业供热：按九个工业领域，分高温、中温与低温作工业供热，在热量上各自所占比例。

注：Share of industrial heat demand by temperature level and industrial sector. Data for 2003, 32 countries: EU25+Bulgaria, Romania, Turkey, Croatia, Iceland, Norway and Switzerland. Source: ECOHEATCOOL (IEE ALTENER Project), The European Heat Market, Work Package 1, Final Report published by Euroheat & Power.
IEA-Task33/IV-Potential for Solar Heatin Industrial Processes

所引欧洲国家资料里有这样一图（图7.24），图里是以工业不同领域作分类，列出每个领域在三个温度范围里所用热量的比例。所订温度范围也正好配合太阳能热应用。温度小于100度算低温，一般太阳能热水器就能供给，不需要聚光。100—400度算中温，槽式受导热油所限，只能作中温应用。在这里大于400度就算高温，需要塔式与碟式来供热。可惜大于400度就没有再作区分，光碟可以上达1,500度，区区400度太低了些。图中可以看到高温热能用于冶金（炼钢之类），非金属矿产冶炼（像水泥、玻璃之类）与高温化学在比例上相当高。

将各温度范围里总和起来就可以知道工业所需热能在温度上的分配比例（请见图7.25）。图中有示工业对高温热能的需求占43%，比中温与低温都要大。在中国，基础建设活动比较多，高温比例应该会比43%要高。可以想象在西部大规模开发期间，那高温比例还会更高，并且长时间居高不下。这是说太阳能供热不能以中、低温热能就了事。低温做不了高温的事，而高温可以做低温的事。这是说高温热能占工业供热很大比例，对西部开发与工业建设十分重要，不容忽视。

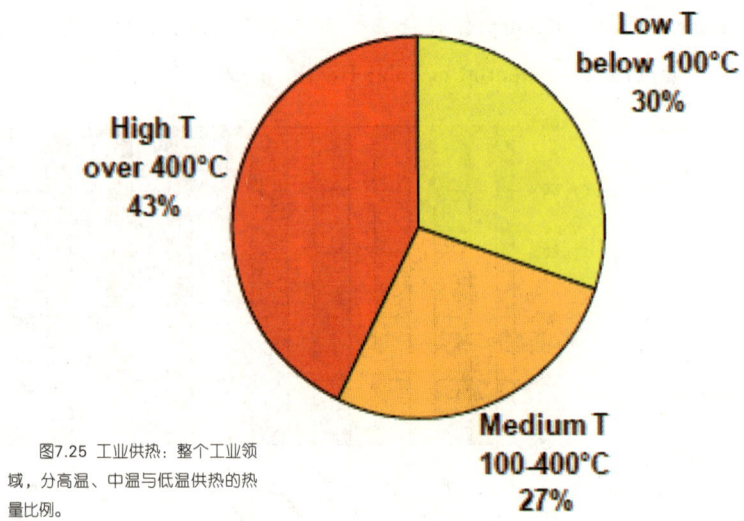

图7.25 工业供热：整个工业领域，分高温、中温与低温供热的热量比例。

注：Share of industrial heat demand by temperature level. Data for 2003, 32 countries: EU25+Bulgaria, Romania, Turkey, Croatia, Iceland, Norway and Switzerland.
(Source: ECOHEATCOOL〈IEE ALTENER Project〉, The European Heat Market, Work Package 1, Final Report published by Euro heat & Power.）

热网与温环

将聚光与工业共用聚光大棚，热能生产与应用都在一处会方便提升太阳能总体的应用效率。没有大棚，热能会随风而逝。大棚给了范围，棚内热能可以计算，不会随风消失。发电输出工业生产与供热农业大棚会消耗大部分能量，其余是消耗在棚内空调上，热能会经由棚顶、棚壁、地面与空气外排而离开大棚。大棚之内，热能在应用上得有热网与储热安排，应用不当就会降低效率，造成浪费降低效率。

化石能源天生就储能，运输又方便，把一些原先用作储热与输热的装备早已淘汰光了。太阳能天生没有这些本领，只得又再回头采用一些拙笨粗大、运用很不方便的装备。可再生能源在能量上能做到与目前化石能源同样量级已是万幸，必需要将就粗笨装备和应用上不方便。的确，时光倒流也是人们所希望，希望倒流回到蔚蓝天空，清澈湖水。在聚光大棚里，工业供热需要注意温度配合、输热、储热与换热。热能应用有三特性：

第一，热能一定会散热，只是散多散少不同。热能不得输远，需要就近使用。

第二，热能应用需要考虑温度与热量。温度应用顺序应以高温为先，中温其次，低温最后。热能温度一降下来变成低温，就算热量再多，也无法回头去作高温用途。低温可作预热，以节省高温热能。

第三，除非是暂存或不讲求储热效率，不然储热一般讲究规模。储热库规模不能过小，体积储热、面积散热，只有体积与面积之比大于一个数字，储热才可能有效率。

为了提升使用效率与方便输热，聚光大棚里聚光装置与工业应用可以分环安排（请见图7.26）。如果称最内环为温一环，环内给超高温度（>1,000℃）的生产与应用。向外数来会有温二环、温三环等，环数愈高，应用温度愈低。一直到最外环，温度降至低温（<100℃），再向外就是输热给农业大棚了。这样有系统以应用温度分环是为了方便温度配合与缩短输送距离。

温一环超高温度（>1,000℃）在工业上可以应用于冶金、高温化学、制作玻璃与水泥。这样的高温是怎样来的？碟式聚光达到高温不难，因其聚光比可以做到3,500。在如此高温下，输热可以使用压缩空气，不过还没有一种可供储热的装置。热能只能现产现用，这样无法储热现象会一直向外延伸到600℃温环，才有熔盐用作储热。

600℃是十分热闹的温环，可以看到大量的发电装置与许多储热库并排。应用温度降到小于200℃，这可能是最外一环了，温度虽低也有不少应用，比如农产品加工业与塑胶工业。最后余热（约100℃）是用于农业与聚光大棚的保温与制冷。

热工工程是一门很有历史的工程技术。近些年来，化石能源与电能的广泛应用，缩小了热工应用范围。的确，煤炭在中国作为热能的化身，在输煤与储煤上比直接输热与储热要方便容易了。这情况将会随着化石能源而逝，我们需要及时准备，将热工科技与新材料及新控制技术结合起来，发展大规模热工应用以适应新能源的需求。

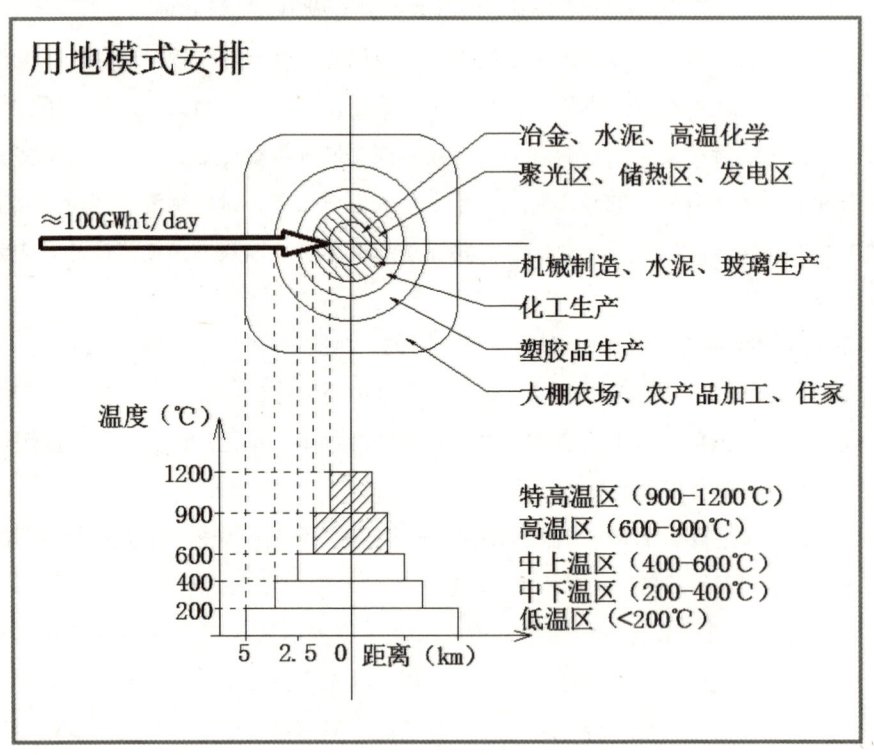

图7.26 大棚工业供热在大棚用地上的安排。以应用温度分环，环中心温度最高，向外逐环温度下降，最外环输热给农业大棚。如此安排是为了输热、供热方便与提高应用效率。

气凝胶材料

有关新材料中，气凝胶（Aerogel）就是一种能耐高温（>1,000℃）的上佳绝热材料。一图胜过千言万语，还真有这样一张惊人美丽的图片可作证明。图片里，下面有高温本生吹管往上吹，隔了一层气凝胶，上面置放了一花朵，花朵可以安然无恙，鲜艳依旧。Aerogel是一种多孔材料，可以做到里面99%是空气，算得上世界上最轻的固体了。静止的空气有良好的绝热性质，也就是Aerogel多孔使得导热有如空气并且空气无法对流，因而具有很好的绝热性质。在600℃高温下与一般石棉相比，其保温作用高出三倍，请见图7.29各种绝热材料的导热系数在温度上的变化。

绝热或绝冷之应用遍及生活每一个部分。使用同样热量原先房屋御寒可以维持一天，新绝热材料变为三天，电冰箱也是同样电量，原先冷藏一天现在可以三天。这差别是巨大的。在我们发展新能源的输热与储热上，也十分讲究节能。所以Aerogel是重要热工新材料，不仅得熟悉其生产过程，还要想法降低成本以便大量生产。

图7.27、7.28 Aerogel气凝胶里面99.9%是空气，可算世界上最轻的固体。静止的空气有良好的绝热性质。Aerogel多孔使得空气无法对流，因而导热有如静止空气，具有良好的绝热性质。图中本生吹管可以将气凝胶底面加热到变色，而另一面的鲜花在气凝胶保护下不失润泽。

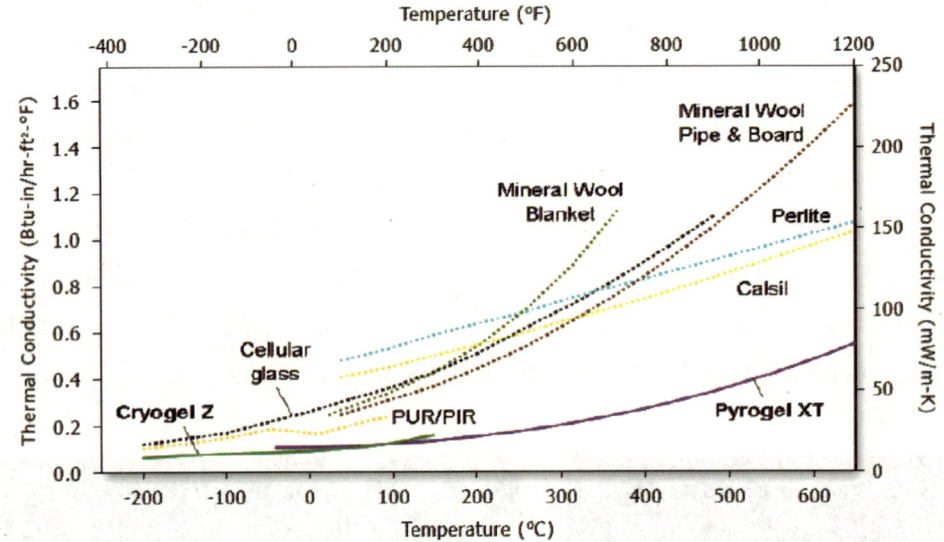

图7.29 在所有工业用绝热材料中,以气凝胶材料(PyrogelXT)热导系数最低,绝热性质好过其他材料数倍,并且也适合高温应用。

美国麻省一家叫Aspen Aerogels的公司将Silicate Aerogel与纤维材料织成毡状用于工业绝热,效果良好,只是价格不便宜(见图7.30)。Aerogel是从一种SiO_2为结构类似水果冻的原料,制作就是抽出水果冻中液体部分,抽出过程必须不让毛细管作用破坏其组织结构。一般是先将液体带到一种非液体非气体的超临界状态后抽出原先液体部分。生产成本过高是因为制作Aerogel的Supercritical Drying Process里调温调压过程复杂,只得少量多批制作,结果是耗费了大量能源。

所以,Aerogel制作成本下不来是因为能源开支。我们如果有意使用Aerogel,不仅是工业应用,以目前情况来说"节能"的重要性并不低于新能源发展。这在需求量上肯定会巨大到非目前工厂与市场所能承受,所以需要自己来生产。在我们手上握有大量太阳能热能情况下,不仅可以帮助生产Aerogel并且还能大幅降低生产成本。这情况就与ETFE十分相似了,一方面新能源帮助Aerogel生产,另一面Aerogel帮助新能源发展,两面一合形成一种成长的循环。

其实这就是发展太阳能新能源与大棚工业的好处,给予机会让新能源与许多产品挂钩,相互提携形成循环而成长不息。作为西部开发的动力,太阳可没有周末假日,热能每天生产,来不及使用也照样生产。这就成了所谓"天行健,西部开发不休不息"。

据我们所知,中国自己生产Aerogel的可能性好像比ETFE情况要好很多。起码有人注意到气凝胶,十二五有立项,好像国内有企业单位在作研发,不过离应用好像还很遥远,还没有厂家生产类似美国Aspen Aerogel绝热毯那样的工业用品。"节能"不能只是口号,需要付诸行动,全力发展与生产气凝胶对"节能"会有重大帮助。

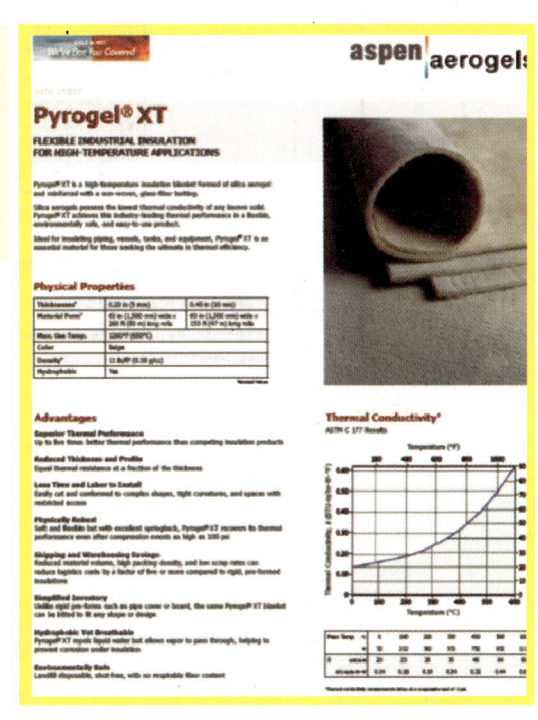

图7.30 Pyrogel是美国Aspen Aerogels公司将Silicate Aerogel与纤维材料织成毡状用于工业高温绝热,效果良好。价格不便宜是因为生产过程消耗大量热能,在这方面"聚光储热"太阳能可以协助生产。

光热→输热→液压→作垦荒与开矿之用

热能不能输远,只能就近使用。所谓输远,一百千米以上应该算远,而几十千米是有可能输送的。输热一定有热损失,主要是输热管道有预热与散热损失,管道一长,这就得看绝热材料的热导系数如何,损失过大就不划算了。如果说输热温度在600℃,输送热量够大,热损失不想超过可用热能的百分之十,绝热材料好一些,输送三四十千米距离是可行的。这是说邻近县镇有可能可以相互支持。并且这也使得一个聚光大棚像有了一个几十千米的手臂(请见图7.31),可以伸出棚外支持像垦荒、开矿与建立新县镇、新大棚之类工作。如需在棚外工作,可以看看能否设置活动性气包式小棚,可以在输热线的支持下抵御严寒,风大吃不消收棚就是了。棚内白天阳光照在地上,热能有累积作用,可以帮助土地解冻。

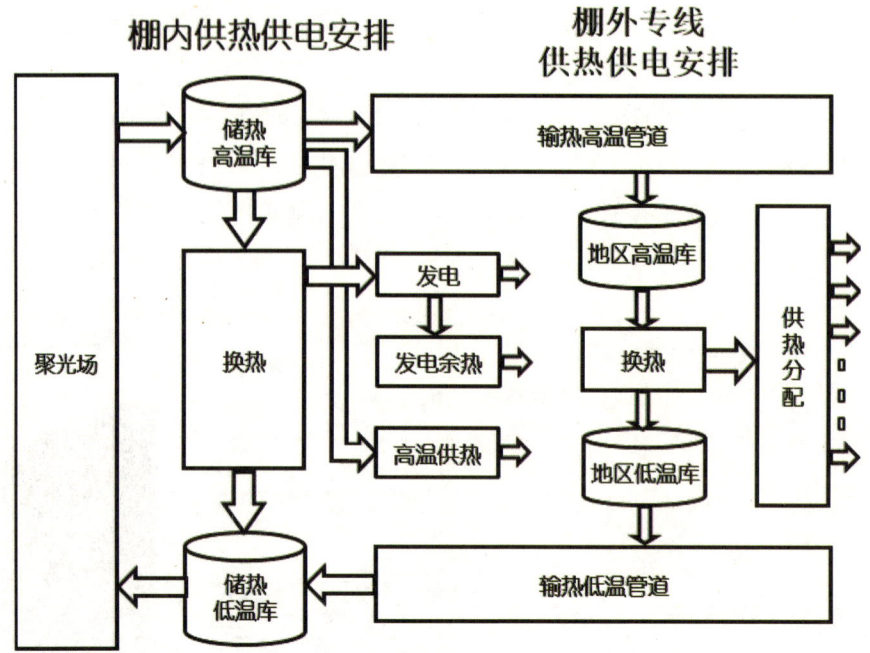

图7.31 "聚光储热"与热网之应用安排。储热可以经由换热发电，发电余热经由热网供热。储热可以经由高温热网直接供热工业，或经由热网专线输出棚外作供热应用。所有低温热能会汇集输往农业大棚供热。

前面提到整个地区，包括所有开发工作，都禁止使用化石能源。大棚内、所有交通运输必须电动，所有工厂动力直接取自热能或电力。棚外空气不得有污染，聚光需要直射阳光。看不见的微小粒子在污染空气里就会大幅削减DNI。等到看到有点雾霾的话，基本上已没有多少直射阳光了。目前开发工作里的大型机械大多是烧柴油作驱动，如果不让使用化石能源的话，这开发工作要怎样才能进行呢？譬如说，开矿需要动力，大型挖掘机不能使用的话，那怎样才能开矿呢？

好问题，我们就拿开矿作个例子来解释怎样利用太阳热能来作开矿的动力。在矿区选定后，先建一个大棚，棚内设置聚光储热，生产热能与电能供应矿区所需。另外一个大棚覆盖矿区，主要是改善工作环境，与方便控制开采所带来的灰尘与污染。至于怎样来带动大型机械动力作挖矿、碎矿、铲矿、输矿之用呢？我们注意这些具有万钧力量的机械（图7.32、7.33）都是利用液压运作。我们大多经验过液压的力量。一

第七章
西部开发：科技上的一些考虑

部重达二吨的汽车在一百千米的时速下，一踩刹车就能在十多秒钟内完全停住，这刹车力量完全就是来自汽车液压系统。在美国一些比较老式的工厂与实验室里，还能看到有气压线与出口设置分布四处。一插上气压接头，就有各式各样的机械工具可供使用，类似现在电力接头与电力机械。

气压与液压追根究底还是来自热能，热能可以是动力的源头。化石能源是经由燃烧产生热能后再生产液压。火电电力也是利用蒸气的热能推动了涡轮机组才有电可发。也许有人记得当初火车头就是以水蒸气气压作为推力。所以不使用柴油，大型机械经过改装，变成可以接受太阳热能所生产的气压与液压，也就应该可以工作。化石能源所含的能量密度很高，转能与转压的装备较小，这在使用太阳热能去生产液压时，需要习惯装备会相对粗大笨重，不方便使用。如果受到工作空间限制，我们也可以换用电力器械。

在准备开矿设置时，我们尽可能避免"矿尽人散"，留下一片污染严重废地。在有充足太阳能源支援下，正好可以利用开矿机会在矿区附近建立县镇。开矿的土建工程可以与县镇发展配合。矿产开采出来后，就在附近进行加工。这是说在太阳热能之下，加工与提炼工厂都是坑口工厂，就设置

图7.32 开矿机械动力来自液压。能源是燃油或电力，经由热能或电能以液压方式驱动机械作挖掘、钻洞与搬运。

图7.33 垦荒机械动力来自液压。能源是燃油，燃油转热能以液压方式驱动机械做功。

在矿区附近。现在情况是矿产需要运往老远、接近都会城市的工厂所在地，使得各处交通拥挤不堪，城市污染也愈发不可收拾。工厂西迁尽管又开矿又加工，整个地区无烟，环保条例包括废料处理必须严格执行。矿区是西部一个自然发展工业与建造县镇的机会，不要旧习不改，某一天"矿尽人散"就只剩下污染垃圾一片。

一个地方在大棚保护下有农业、有工业、非常环保干净、足衣足食、人人有机会工作，住家与工作都不受棚外恶劣气候的影响，能源与生活都有持久性。我们可以自问科技上有没有可能做到这一步？是自己走呢？还是跟随别人走？如有难以克服的科技困难的话，那会是什么样的困难？土地是荒原沙漠之地，能源是太阳热能，都是人弃我取，与世无争的不动资产。如果这不是值得一试的途径，哪里还有更好的途径？

7.6 人之因素——人选、科研、教育与组织

人选

开发西部需要各式各样的人，并且每个领域都需要大批人马。在这里，我们只谈少数作为先锋敢死队的开路人，要靠他们先把高地拿下来建立好桥头堡，然后大军才能前进。为什么需要开路人？因为开发西部是没路找路，没人走过，也没人知道要怎样走。以前也许有人觉得这不是一条可行的路，不错，就正是因为不可行所以要有开路人。中国得靠自己走出一条路，所以得有开路人，没有开路人的话，就得以"放"与"让"来培植开路人。

澳洲Sundrop Farm以海水为水源，以槽式聚光为能源，在沙漠边缘建造一个小型的大棚农场，获得了出人意料之外的成功。农场规模虽小，所作所为却有重大意义。意义是与能源及农业有关，不过应该不仅如此，天下从事能源及农业工作的人并不少，只是没有人有那疯劲，会疯狂到好日子不过，千里迢迢跑到炎热沙漠里去活受罪。这些人凭着对自己的信心、自己的胆识与毅力，一边做一边改，硬是摸石子过了河，也许这就是所谓的开发精神。令人好奇的是这疯劲是哪里来的？大概发疯的人也很难解释清楚。据称Sundrop择人有三个要求："年轻"、"动手"与"有志"。报道没有进一步说明，我们来望文生义，从自己观点来作解释、作延伸，看看这些要求有多少值得参考的地方。

第七章
西部开发：科技上的一些考虑

为什么要求"年轻"？有可能是"初生之犊，不怕虎"，开发工作得有大无畏的精神。年轻人不知天高地厚，当然摔下马来机会居多，不过有年轻人特别好奇，摔上几次还能摔出些学问出来。年轻人上马快，摔下马来，在地上翻几个筋斗，爬了起来，又再上马。年纪大有身价的，经不起摔，轻则鼻青嘴肿，没有人样不好看，重则会骨架散掉，需要提早退休。还好有年轻人不怕摔，经得起摔，也许这就是选择"年轻"的原因。

生命一代传一代，每一代都得从牙牙学语开始，看起来真是好大浪费。不过也许这就是大自然发展的方式，不停地从头开始来更新自己。年轻人都有反叛期，要自由可以，不买账也行，那就得上马证明自己，只凭嘴说哪算得好汉。"初生之犊"集中的一个地方就是在美国硅谷一带的资讯发展中心，小犊们谁也不买谁的账，每天日以继夜都在奋力证明自己。"精诚所至、金石为开"是说只要人能集中注意力，全神贯注，坚硬有如金石也难挡住。

辛弃疾有词一首《丑奴儿》把这情景描画得有声有色："少年不识愁滋味，爱上层楼，爱上层楼，为赋新词强说愁；而今识尽愁滋味，欲说还休，欲说还休，却道清凉好个秋。"我们可以把有心发展比作爱上层楼，而清凉好个秋是想下楼，去喝茶、去聊天。"欲语还休"带有丰富表情，一句话先说两个字、十分钟后再吐两个字，人急他不急，聊起来就像梁祝十八相送扯个没完。所以"好个秋"实在就是无意发展。还好有年轻人傻乎乎的，天天都是春天，忙上层楼。"发展"就是爱上层楼，就是上马。要让年轻发展，一是"放"，二是"让"。年纪老的既不放也不让，每天十分忙碌，尽在原地打转，一问就会"欲语还休"，这"发展"大概也就没多大指望了。

其次是"动手"。发展工作有个特性，那就是摸石子过河。"摸"是动手，不动手怎么摸？动口是"吻"。一路吻石子恐怕只有热情的法国人可以过河了。有些东西尽管学问不大，不动手还真难以学会。就像学骑自行车，学习不仅动手还得动脚。开发西部里像制作光碟、建造大棚、设置热网都不是所谓的尖端科技，里面有些基础学问，要靠动手才能确切掌握。学习西方会有帮助，重要的是接下来在自己面对困难时候，要有主意去作发展。不动手哪来感觉？摸石子就是找感觉。有人喜欢发展，喜欢上马，爱上层楼，不仅是在寻找感觉，里面还有一件令人向往的东西——为赋新词所需的创作自由。一是"放"，二是"让"才能给年轻人自由。

一般都说人要"有志"，可是真正有志有才的人不好使，一般领导难以看上不听话不说，自有主张、不肯将就、天生叛逆，小志小麻烦、大志大麻烦。所以，Sundrop还特别垂青有志之士，想是尝到过一些甜头，知道开发工作需要的是些什么。其实大家也都知道有志有才之士为了自己想法，肯吃苦、肯牺牲、肯负责、行事主动、公正无私、坚守岗位，不会见钱眼开，为了高薪而离职他就。Sundrop的开发工作在澳洲沙漠边缘，气候环境不好，加上工作又辛苦，恐怕也只有有志之士才会前去。

像胆子要大、爱上层楼、经得起摔、有志大事、习惯动手、力求主动、自由创新、勇于负责，这是我们对Sundrop择人条件所作的解释。Sundrop是开发工作。开发西部在桥头堡初期处处也都是开发工作，像大棚、大棚农业、巨形聚光器、热网、高温工业应用、县镇建设等。年轻、肯动手、有志向的年轻人需要有锻炼机会，西部开发是个天大机会，不炼不成钢。

科研与教育

西部开发可说千头万绪，真不知从何处着手？重点置放何处？需要先有个重点，才可能有头绪。在重点不一样情况下，头绪整理出来就有路线上之不同。我们重点是在西部发展除了"聚光储热"之外，还有大棚农业与大棚工业。意图十分清楚，要以清洁可再生能源来全面"替换化石能源"与建立一种可持久的生活方式。这与一般所谓的西部开发，以西部资源来协助东部工业发展，可以说重点不同，所以路线也不会相同。这是说，西部开发至少可分为两种：一种是"西部开发即聚光储热"，简称"西聚"；另一种是"西部开发即资源供给"，简称"西资"。二者简单区别在于"西聚"在发展上会以西部为主、东部为辅，而"西资"会以东部为主、西部为辅。

在"西聚"的构想里，以太阳能与风能作为能源的西部应该可以承担全国电能的大部分与工业所需的全部热能。在这种情况下，耗能工业与一部分人口将会迁往西部，西部自然需要在衣食住行与教育上有所布局。太阳能是分布性能源，占地极广，工业与人口也得作相应的分布，所以难以形成像东部长三角与珠三角那样的都会城市。东部在发展城市上有其成功的一面，不过以东部经验来建造西部就会是错误之举。

我们有建设西部作为避风港的打算。这是要求西部在联合邻近几个县区情况下，农业与工业可以供应基本生活所需，做到自给自足地步。不论灾难来自气候或经济，西部自身拥有庞大的清洁可再生能源，应该可以充作避风之处。

导引"西聚"的应该是科研，不是经济。"西聚"是以科研为引导，而"西资"

是以经济作引导。这是说像美国那样以既得经济利益与自由市场来阻挡"聚光储热"发展的现象不会发生,热网工程也不会因为天然气的关系而没有存活的空间。这不是"西聚"不讲经济与市场的效应,只是有关能源是由科研来决定政策上的优先。科研不会不讲经济原则,科研组织里有自己对经济与市场的研究,会以排放税与用水税来维持经济秩序。良好的科研是客观与有远见的,可以领导经济,免去其市场只重近利之弊。荷兰农业的OVO系统就是以科研作为引导,小小国家居然会是世界农产品进出口仅次于美国的国家,农业经济表现还特别优异。

科研与教育应该是一物之两面,两边应该有分不开的关系,所以科研不可能不重视教育,并且还会建立一个与科研俱进的教育系统。荷兰农业之成功之因就是其OVO系统重视科研与教育。"西聚"需要紧靠着科研与教育。中国教育作为封建时代传统科举制度的延续,严重欠缺应对将来社会需求的能力。"西聚"代表的将来就是对中国社会的一个挑战,尤其初期需要自己走出一条路,只怕传统教育不仅帮不上忙,还会是个无法摆脱的累赘。这是说,"西聚"在科研引导下需要一个健全教育,并且"西聚"本身在有学有用情况下就是一个发展有效教育的最好的机会。

"西稻"

"西聚"是何模样?我们扎了一个稻草人"西稻",希望给人一个比较具体点的感觉。"西稻"这一稻草人分有十二个部分,大致分成三类,请见图7.34。第一类里有聚光储热、大棚建造、大棚农业、大棚工业与材料开发。这关系到大棚隔离气候、聚光建立热源、热能应用于农业与工业等科技。第二类包括西部县镇的衣食住行与教育安排,也有关系到市镇建设与运输交通。第三类是"西聚"的行政组织。

第六章里提到荷兰农业在OVO组织下,进出口农产品总值前进到世界第二位,仅次于庞大的美国。由于"西聚"与荷兰农业同样看重科研,我们也借用了OVO三大要件"科研—沟通—教育"(Research-Extension-Education)标明对应关系。我们以"荷科"代表Research,以"荷通"代表Extension(沟通之意),以"荷教"代表Education,而以"荷农业部"代表统筹与管理机构。科研负责引导,所以"荷科"比重显而易见,分有荷科一、荷科二等,几乎无所不包。

项目第十一"沟通联络"是想与"荷通"发挥同样作用。画龙有所谓点睛这一步,睛一点有全盘皆活的作用,这就是"沟通联络"需要做到的事。每个成功的机构都有人任劳任怨，事无巨细都关心，对机构运作不停把脉，让有关部门知道清清楚楚任务的现状与困难。"沟通联络"有维持纪律、不让拖延、不能忽略的责任。有如荷兰农业，"西聚"负责自身的科研与教育。

在"西聚"里因为是科研作引导，所有部门有任何问题都可以问，并且保证在一定时间内会有回应，至少提供一组或多组参考意见，甚至可能表示可以插手协助。政治、经济与管理问题也在科研范围之内。换句话说，决定能源走向的是科研，引导能源一步一步向前发展的也是科研，不是市场。并且也不限于"西聚"，有关能源只要上网就能提问，不管问题来自何方，科研就会有人作答。企业对"西聚"有兴趣，很容易就能得到各种协助。"西聚"科研会尽量做到在各种过程上全程透明，并且有问有答。

	西部食衣住行教	相应荷兰OVO
聚光储热		荷科一
大棚建造		荷科二
大棚农业	西部——食，衣一	荷科三
大棚工业	西部——衣二	荷科四
材料开发	ETFE，Aerogel…	荷科五
环境保护	环境控制与维护	荷科六，荷教一
乡镇建设	西部——住	荷科七
交通运输	西部——行	荷科八
信息教育	西部——新教育方式	荷教二
政经策划		荷农业部，荷科九
沟通联络		荷通，荷科十
协调开发		荷农业部

图7.34 "西稻"里的十二部分。"西稻"是为"西聚"（西部开发即聚光储热）所扎的稻草人。荷兰农业OVO组织有三大要件即科研—沟通—教育（Research-Extension-Education）。以"荷科"代表Research，以"荷通"代表Extension（沟通之意），以"荷教"代表Education，而以"荷农业部"代表统筹与管理机构。"西稻"与OVO同以科研作导引，双边各部分有对应关系。

7.7 时程估计——五十年

德国DLR在前几年作过一个推测，估算了在未来数十年里，世界CSP装备成长与成本降低的情况，请见图7.35。我们注意在推测里，世界CSP装机量在2050年可以增长到1,000GWe。美国目前的发电功率就是1,000GWe，中国也是在1,000GWe附近。1,000GWe是庞大数字，CSP可以发展很快，几十年之内就能与化石能源同等量级。注意那图中那红线像飞机起飞一样，前几十年在跑道上滑行，一直到2025~2030才离地，一旦飞起就直线上升，后二十年每年增长50GW，上升速度惊人。

为什么"聚光储热"可以如此快速增长？快速到五十年内居然就能替换化石能源。原因一是"聚光储热"装置的建设周期相当短，按目前经验来说在两年左右。工程规模的大小并没有太大影响，两年是工程步骤上串联所需时间。原因二是建材都是通用的普通材料，像钢材、水泥与玻璃，不缺建材。原因三是工程近似普通工程，没有特别耗时的地方。建筑团队训练也很快，旧队带新队，每两年人力就能翻倍，翻倍七次就是原先团队的一百多倍了。

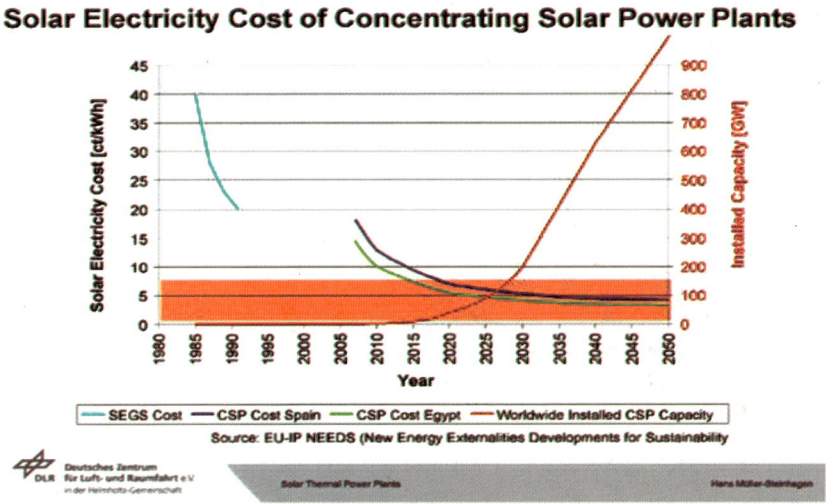

图7.35 德国DLR估计将来数十年CSP电力成本下降（区分：在西班牙与埃及建造），与全世界CSP发电装机量增加情况。发电功率在2050年达到1,000GW，相当于目前美国或中国装电装机功率。

记得"西聚"开发西部的计划是以日照良好的十万平方千米来建设聚光储热,每年生产的高温热能有100,000PJ,拿60%作发电可生产供电量20,000PJ(5,500TWhe),供热量65,000PJ,废能15,000PJ。本章前面有说,聚光储热在供电与供热上都是2007年的两倍。

我们也来推测,在50年内把西部开发出来,把聚光储热建造起来,达到预定能量产量。因为我们起步迟,那就多给5年作追赶期,接下来45年作发展与建设,总共50年。我们也依据一些情况与假设拟定了一个用作估算的程式。以达到设计值作100%,图7.36是按估算程式计算出来,在45年中,能量在百分比上的进展情况。能量包括总热量、供电量与供热量,增长上是同一个百分比。同德国DLR增长图近似,前十五、二十年增长慢,飞机在跑道上加速,升高是在二十、二十五年之后。

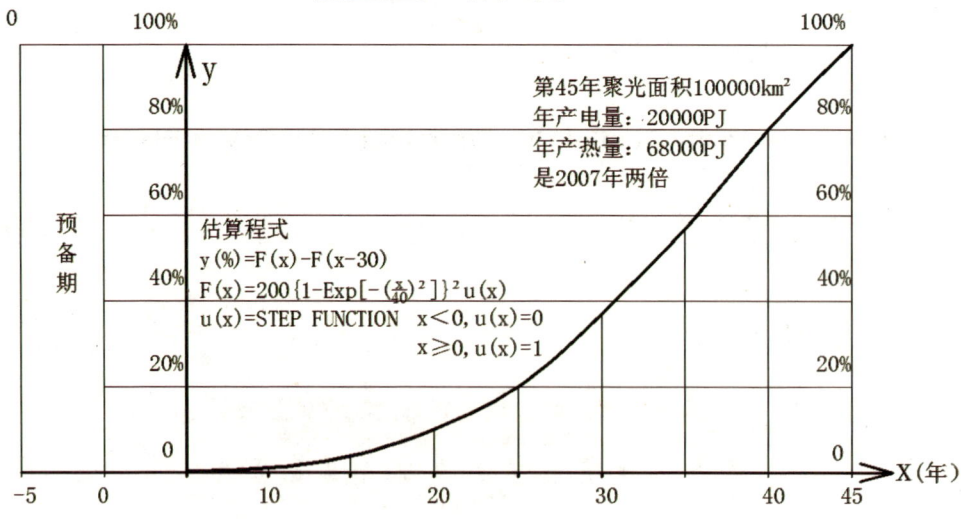

图7.36 "聚光储热"每年生产电能与热能比例图。第45年达到100%,相当于2007年中国电能与热能的两倍。电能与热能增长比例相同。

有人偏好发电,我们也以估算程式计算出电功率的增长情况列表于图7.37。因

第七章
西部开发：科技上的一些考虑

为聚光储热供电量是2007年的两倍，我们以2,000GW为准，在第45年发电功率达到2,000GW。先前给了5年追赶期，加上45年正好50年。

西部开发工程十分浩大，单说建成后维护工作就不得了。如果装备寿命都在三十年左右的话，一千个县区，每年就得重建三四十个县区。就算重建需时二年，这就代表会有近百建筑团队终年在从事维护工作。百余团队也被用作我们估算建筑团队成长的上限。参与整个工程包括建材制作生产与原材料供应可能超过千万人。

聚光储热发电量增长情况

西部聚光总面积	10 万平方公里
年生产总热能	100,000PJ 60% 用于发电
年产电量	20,000PJ (5,500TWhe)

年数	发电总功率(GW)
5	1
10	15
15	70
20	200
25	420
30	740
35	1145
40	1600
45	2060
50	2500

图7.37 "聚光储热"发电功率逐年增长情况。"聚光储热"发电上网最终可以承担全国用电的80%以上，清洁可再生，兼顾基本与巅峰负荷，并且还能照顾风电与光伏的不稳定与间歇性。50年电力可成长到2,500GW。

第八章 开发西部——政治与经济上的一些考虑

DIBAZHANG
KAIFAXIBU——ZHENGZHIYUJINGJI
SHANGDEYIXIEKAOLV

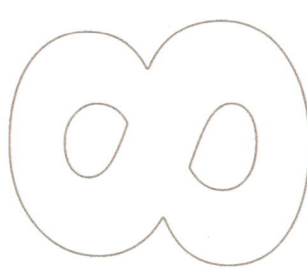

8.1 "聚光储热"是西部开发的天然动力

我们可以问为什么要开发西部？推进开发的动力是什么？这可能会有许多不同的答案，所以"西部开发"是个笼统的说法，可以有多种方式，不同动机，不同动力，开发范围上也不一样。譬如说一般所说的西部开发，也就是我们简称的"西资"，是以开发西部资源为重点，辅以建设交通与保护脆弱地区环境，像三江源头及一些牧区、林区。资源开发包括多种资源，其中主要是化石能源，不包括太阳能资源。开发动力主要来自经济与政治。有些地区开发化石能源很有成绩，GDP增长很快，希望能借以招商引资，往前更进一步来建立起西部自己的产业。目前在建立产业这方面，进展缓慢。

另外一种"西部开发"，我们简称其为"西聚"，是以开发与应用太阳能光热"聚光储热"为重点，目标是解决中国能源环保问题。"西聚"开发的范围比较深入，动作也比较剧烈。"聚光储热"主要是用来生产与储存高温热能。这种清洁可再生热能必须就地使用，用来发展西部农业与工业。同时一部分高温光热也用于发电，电能经由电网输往全国。开发会导致东部部分工业与人口西进，将会在西部建立一千个小县区。所以对西部而言会是一种改头换面的改变。"西聚"这种开发方式当然需要一种既强大又持久的动力。"聚光储热"就是西部开发的动力。下面我们来解释"聚光储热"之所以成为开发西部的"天然"动力，不仅在能源上、在政治与经济上也会有重大作用。

8.1.1 能源动力

我们可以问西部开发最想要的是什么样的能源动力？有人会说，那当然得是清洁可再生能源。还有别的要求吗？有！供应量要大，大到几乎取之不尽用之不竭的地步，并且是任何时候想用就有得用。还有吗？这使人想到这东西既然这么好，虽然是西部生产，但有可能在优先使用名单上被挤到后排去了，所以得保证西部开发的使用权与使用量，不允许巧取豪夺。

环顾四周，还真是踏破铁鞋无觅处，得来全不费工夫。想要的能源动力就在面前，面前就是"聚光储热"。"聚光储热"符合所有要求：清洁可再生；产量庞大；

储热可以移时，任何时间想用就用。还请注意热能本身有个巧妙之处，那就是不能输远，只能就近使用。别人他处无法前来抢夺，抢了也拿不走。自己人也不可能拿到区外市场换钱，卖了也搬不走。庞大能量大部分成了西部开发的专用能源。

当然并不是绝对专用。一部分高温光热可以用来发电，电能可以上网供应全国，所以能量一部分还是可以搬走。搬不走的是没用于发电的高温热能与发电所得余热。余热本身有发电量的两倍，比例上占大部分。"天然"就是强调"聚光储热"新能源产自西部地方，大部分就地使用，用于西部开发。这与"西资"有显著区别，西部开矿生产所得大部分化石能源是运往东部供应工业与人口在能源上的需求。化石能源也不是西部开发的理想能源，储量有限，难以持久，又有排放与污染问题。

8.1.2 政治动力

为什么"聚光储热"会扯上政治？竟然还说是西部开发"天然"的政治动力呢？这与热能财富有关。大量高温热能是笔奇怪财富，一种搬不走、卖不掉的财富。这对西部地方政府来说，就像一块烫手大山芋，想来想去，说不定连晚上做梦也会作姿欲咬，咬不上绝对难以甘心。烫手大山芋促使了地方政府寻求自我发展。而这促使地方自动自发、心甘情愿参与西部开发的，就是高温光热所产生的政治动力。

然则山芋烫嘴，地方吃不下来，只得寻求区外产业协助。在中央新能源政策的导引与支持下，西部新能源应该可以做到价格合理，供应充足、稳定，没有减排顾虑。工业能耗有75%是热能，并且工业没有能源就难以生产。在这种情况之下，中央一方面使用排放税提高能价，另一方面在西部给予优惠，许多产业，尤其是能耗较大的产业，为了生存就会愿意落户西部，与地方共唱主角，同床同梦，共同开发西部。

高温热能使得地方人马包括新迁而来的产业把开发西部认作自己的事，自己积极当家，主动负责策划与参与建造。这种"由地方，为地方"的自动方式就是"天然"的政治动力。请注意高温热能拿不走、搬不动，不可能送往东部工厂门口。西部也不需要什么招商引资，是东部产业自己上门，还趋之若鹜，唯恐落后。西部有了产业、人口，自然就会有自己的市场、自己的经济。前面坐柜台、做张罗的是地方。不过，中央并不是无事一身轻，运筹帷幄的得有萧何，萧何不是无事。

8.1.3 经济动力

"聚光储热"也是"天然"的经济动力。经济重视成长动力,而"天然"是说自身就有成长能力。西部太阳高温热能可以用作开矿与炼矿以取得原料,然后可经由自己的大棚工业从事生产与制造。前面提到,高温热能可以用于炼钢、生产水泥与玻璃这些耗能的建材,也可以用于生产ETFE与Aerogel等高端材料。基本上化石能源能做到的,高温热能都能做,只是装备较大,使用上要经过输热,换热,步骤多,比较不方便。

太阳天天升起,天天都有热能生产。太阳热能不用白不用。不过不用担心没有应用之处,"聚光储热"可以生产本身与西部开发所用的装备。这种自己生产自身装备,我们称之为内循环。譬如说高温光热可以生产聚光器,而聚光器增多后,可以生产更多的高温热能,所以内循环带有正向反馈,自己有能力成长。外循环是西部工业生产与供给区外市场销售所结合而成的循环,有累积资金的作用。外循环也包括电力与矿产外销所得。两个循环,内循环累积装备,外循环累积资金,内外循环相互提拔。西部经济在正向反馈之下,就这样滚起雪球来了。雪球需要些时间才会愈滚愈大。一旦变成巨形雪球,就没东西可以挡路了。"聚光储热"与化石能源不同,既清洁还可再生,也不用担心一天西部会失去成长的动力,"天行有常,不为尧存,不为桀亡",应该没有什么比太阳还天长地久了。

8.1.4 天作之合

回顾"工业革命",历史是说瓦特先生带了他那蒸汽机推动了革命。自然瓦特与蒸汽机都有贡献、有功劳,不过真正在蒸汽机里熏黑了脸,卖力做功的是燃煤。人们不要忘了燃煤。公平点说,革命真正的原始动力是燃煤,是化石能源。在燃煤推动了蒸汽机之后,接续下来才有种种现代化活动展开。换句话说,是化石能源打造了现代工业、经济、商业与社会生活,组成了现代文明。能源是文明的动力,一般我们所认识到的是经济、军备、政治的力量,其实能源的力量远远大于这些力量。能源是文明的底盘,底盘一动,整个文明就得跟着摇动。

基于经济上的需求,中央会以经济,甚至经济加政治的共同力量来开发西部。这也许能有一时之效,不过由于开发所需力度庞大,甚至国家财力也只得量入而出,不能保证一定得以持久。我们可以问除了政治与经济之外，是不是还有别的力量可以用来开发西部？答案令人不容易相信，有！并且不仅是有！力量上还远远大于经济与政治合伙之力。这力量就是来自西部自己拥有的清洁可再生（简称"洁生"）能源："聚光储热"。不过，不是一蹴而就就能用上，起先得滚一阵子雪球，等雪球变大后，西部开发才有可能依靠西部自己。

展望将来，化石能源一定会成为过去，并且最终作全面替换一定是洁生（清洁可再生）能源。一味只知延续化石能源所打造的现代文明，得过且过，只会拖延与加重生存危机。这是说，痛苦可以延伸，病情可能加重，最终不可避免必须走向洁生能源。中国的主要洁生能源，太阳能与风能，都在西部，所以"开发西部"也是必然。开发西部不容易，有躲不掉的困难。长痛不如短痛，需要坚持将洁生能源放进底盘，以洁生能源之力作为西部开发的自然动力。这是说"聚光储热"变作"西部开发"的主要动力也不是偶然的事。

西部日照良好，聚光所生产的高温热能除一部分发电之外，只能就地使用，应用于建立起西部自己的工业与农业。有了工业能力，"聚光储热"就可以生产自身装备，使得工业可以自生。西部开发需要不仅是力量强大并且还得有持久性的动力，应该没有比太阳热能还更为强大、更为可靠的能源了。"西部开发"与"聚光储热"两者之间的结合是如此天然，又如此完美，可以称为"天作之合"。

这不是徐志摩所说的"偶然"。不是东边一块云，西边一块云，在天空里偶然相遇，产生了电光闪闪。看起来像是"偶然"，有点诗意作些点缀也不反对。不过，这里面没有诗意，没有偶然。在这"天作之合"里，从出发点开始，是按紧密逻辑一步步走过来。走到后来满口袋、满背包里都是能源，能源漏了出来也是电光闪闪。

另外一个好问题是，为什么这样的"天作之合"会很难为人所识？也许这与目前年轻女娃挑选对象一样，看房不看人，紧盯了公寓的电表，完全忽略了青春的热能。难以想象在高原荒漠之中，还能用得上那人弃我取的洁生热能，组成循环，变成生生不息的"天作之合"。这可应了道家说"用"、说"能"的道理："以其无用，所以无所不用。""以其无能，所以无所不能。"真正有用的，也许就是西部那无人想用的热能，正是"无用者大用"！

8.1.5 "西聚"与"西资"之不同

前面说西部开发有两种不同的方式，各有各的动机与重点安排。第一种就是一般所说的西部开发，重点在资源，故称其为"西资"（西部开发/资源供给）。第二种就是为了发展太阳能光热的"西聚"（西部开发/聚光储热）。我们有三个原因需要将二者作区分：一是避免混淆，同为西部开发，动机与重点完全不同；二是就能源上说，两者代表前后两个时代，前者是现代（化石时代），后者是明天（洁生时代），中间一段路是能源需要转换的"能源革命"；三是在转换能源上，最好是想个办法做好安排，避免前者一心延续现代文明而与后者形成3E死结。

1. 着眼之处不同。

"西资"真正着眼之处是中国东部，开发西部资源以供东部工业经济所需。因为工商业与人口中心都在东部，现代经济社会自然会以东部作为考虑的重点。

"西聚"着眼之处就在中国西部。西部拥有充沛的洁生能源，可以用来解决中国能源环保问题。所以"西聚"在考虑上就是以西部为重点，东部退居次位。

2. 开发动机之不同。

"西资"的动机是开发化石能源，用来供应东部现代经济社会所需并帮助其成长。

"西聚"的动机是为了解决中国能源环保问题，以生产洁生能源来替代化石能源，并就地以热能建造西部农业与工业。

3. 开发动力之不同。

"西资"是以中央的经济与政治作开发动力。

"西聚"是以洁生能源"聚光储热"为开发动力。初期需要中央协助落脚与滚动雪球，等雪球成长够大之后，西部地方政府与地方产业就会接替开发工作。

4. 开发程度之不同。

"西资"工作重点包括开发资源（包括化石能源），建设运输交通与保护环保脆弱地方。

"西聚"需要开发一千个小县，以"聚光储热"作动力来解决中国能源环保问题，并以太阳能高温热能将西部建设成为中国工业中心与大棚农业中心。

5. 开发政治经济组织之不同（见下页图）。

"西资"是以中央作中心。虽说鼓励地方参与，地方也以东部发展模式尽力招商引资，无奈反应缓慢。目前中央在实质上还是开发主力。

"西聚"的组织比较复杂。最终地方政府与地方产业，在庞大能源与工农业的支持下，自己主持西部开发，中央退居第二线。

6. 开发持久性之不同。

"西资"的财力主要来自中央与东部市场，开发持久性得看中央财力与全球经济情况。

"西聚"在进入滚雪球后，动力来自太阳，天长地久，没有持久性问题。并且西部自成一个独立经济体，自己有洁生能源、有工厂、有市场，自己成长还来不及，全球经济变化的影响不大。

"西资"与"西聚"代表了两个能源时代的需求，两者都指出西部开发对中国的重要性。在安排"西资"的时候最好也想到"西聚"，尽可能协助"西聚"，因为只有"西聚"才能真正开发西部，而只有在西部发挥其潜力的时候，中国才有希望解决能源及环保问题，才能寻找可持久的生活方式，才有一个可以躲避风浪与灾难的避风港。"西聚"为什么可以持久地作为开发西部的动力？为什么可以发挥西部潜力？最简单的回答是"西聚"里有"聚光储热"。

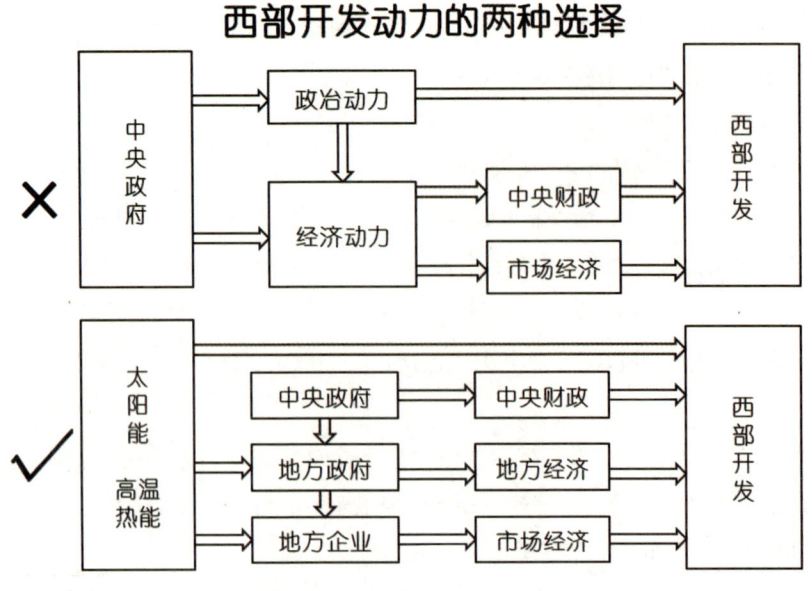

图8.1

第八章
开发西部——政治与经济上的一些考虑

8.2 经济上的考虑

8.2.1 以美国为例认识主要是什么

我们不知道当年艾森豪威尔总统是老糊涂呢，还是存心挑战美国的经济系统与社会生活方式？老头在其告别演说里谆谆告诫（见第二章）："我们必须避免只顾今天生活的冲动，为了今天的方便与舒适去抢夺明日资源。我们不可能典当了祖孙后辈的资源，而还能把政治与精神传统留传下去。我们要民主能代代相传，不要变成明天欠债累累的鬼魂。"当时许多人以为老头是真的老了，真会唠唠叨叨，尽说些不合时宜，没多大意义的话。还有人以为老头在说笑，很幽默，故意摆出蹚臂当车模样来挑战现代经济。当年大多数人都没把这告别演讲当回事，听见就像没听见一样。

在当时这些话的确实是不合时宜。上世纪五十年代艾森豪威尔在任期间正是美国盛世，盛况应该堪比中国康熙乾隆的红楼时代。日子真是黄金年华，听一听当时流行歌曲，瞧一瞧玛丽莲·梦露走路的模样，那永远无法直线前行的风姿，足以令人就地晕倒。当时气氛有多彩色浪漫，年老的一代回想起来现在还会缅怀不已。就是对着这强大富有的美国，在这盛世的峰顶，艾森豪威尔站了出来说教，告诫不要典当过日，真是够泄气，够扫兴的了。什么典当过日？财富堆积到处都是，生活又是空前舒适。经济成长就是为了生活上的方便，而生活上对舒适的希求更进一步刺激了经济的发展，就这样经济循环加速飞向了天空。

艾森豪威尔是美国共和党总统，共和党十分保守，平常都是站在工商企业家这边。资本主义就是要靠消费来刺激经济循环，帮助经济成长，艾森豪威尔应该没有可能会激进到想改造资本经济。他讲话不像有任何理论基础，所有根据都来自他的经验、观察、直觉与常识，完全是一付倚老卖老模样。是的，我们相信他是在卖老，卖他那走遍世界，对历史有直觉认识的经验。五十多年后今天，我们来咀嚼这几句话，好奇地想知道老头为什么在当时会讲这些不合时宜的话？是不是他看到了人家没看到的什么东西？我们猜老头并非不知道不合时宜，只是在总统位上这是最后一次讲话机会，他真的是有话要说，不说不行。行！那我们就跟他对上，硬要来猜老头这几句话背后的真正含意。我们注意到他话语里有两个可能是关键的字眼："资源"与"政治精神传统"。

艾森豪比任何人都知道资源的作用。作为第二次世界大战西线联军统帅，打仗就是打资源。德国被打到飞机没油可加，也没剩下几架飞机。飞行员没油没法训练，只有为了应战才上飞机，一上就一下被打下来，所剩飞机更少。而就是这样一个深知美国有多富有的老人告诫美国不要典当过日，不然会危及美国政治与精神传统。就是艾森豪威尔懂得资源，对资源有直觉，所以他的话比较重一些。

曾几何时，美国在政治上是个伟大的国家。美国那时之所以伟大，尤其在美国成立初期，并不是因为经济与军力缘故，主要是其立国有原则、有精神，凭着开国一伙人的理想与远见在政治上作了一个长远的布局。法国拿破仑是后来者，任凭他绝顶聪明、英雄一世，可怎样也没弄懂美国开国将军华盛顿，在美国独立战争胜利后大权在握，怎么就不肯称帝？法国也蛮可怜的，没有真正英雄，居然凑合凑合捧着拿破仑以为是宝。美国长时间与其他列强不一样，因为美国有做过英国殖民地的经验与凭着自己建立起来的民主共和政体，在对外关系上采取了所谓"非殖民原则"和"门户开放"政策。从中国近代史里我们也可以认识美国一些与众不同之处。像1900年，在八国联军《辛丑条约》谈判过程中，列强根本不与清朝代表李鸿章商谈，主要是列强自己对话作结局处理。这时是美国替中国说话、充当中国利益代言人和维护者，免去了中国像非洲（俾斯麦，柏林会议，1884年）那样被帝国列强瓜分的命运。其后，美国退还了庚子赔款并要求将其用于留美教育，于是在北京清华园有了游美学务处，这就是清华大学前身。当年庚子赔款留美学生前期有胡适、赵元任与竺可桢等人，后期有钱学森。这些是美国凭其政治精神在清末民初对中国所做的一些事情，其实所作所为颇有创意。虽说美国是重商的资本主义国家，不过从开国以来到第二次世界大战很长一段时间，是政治主宰了政策，美国政治因为有其立国原则与政治精神作依据与参政，政治是凌驾在经济之上的。

第二次世界大战之后，随着经济循环的加速成长，经济渐渐成为社会的主要势力，这有形无形改变了美国社会的权力结构。艾森豪威尔清楚地感觉到这势力的兴起，因为改变开始加速就发生在他任上。从他的离别演讲里，我们猜他在新结构的走向里看到了危险，于是借着离位之前最后一次演讲机会来告诫美国人民，没有去理会场合的不时宜。本书前后引述了他的四种告诫：

有关学术自由的告诫（请见本书自序）；

有关军工业集团的告诫（请见本书第二章）；

对资源耗费的告诫；

对经济侵蚀美国政治精神的告诫。

难道艾森豪威尔反对资本主义？当然不是的，应该说是他反对以经济为主宰的社会结构。我们说狗摇尾巴是自然如此，而不是尾巴应该来摇狗。艾森豪看到了在美国将来，现代经济这条尾巴有可能会得势到尾巴摇狗地步，只要尾巴一晃，美国上上下下所有东西都得跟着晃。他相信美国创国的政治原则与精神传统的重要性，觉得政治应该管住经济。不该让经济来尾巴摇狗，或像匹失缰野马，在经济成长的要求下，无限度地耗费资源。一种更糟的情况是让经济侵蚀了政治，使得政治变为经济的附庸。这情况不仅艾森豪威尔惧怕，我们洁生能源也很怕。所谓3E死结（请见第二章）就是洁生能源扛上了现代经济。我们猜艾森豪威尔主要就是告诫美国人民不要让尾巴摇狗。这点可以算是我们洁生能源三生有幸与第二次世界大战联军西线统帅在同一战线。

时隔五十年，我们现在才认识到艾森豪威尔当时不合时宜的离别演讲并不是老头的唠叨，也不是无的放矢。在现代经济的主宰下，美国立国原则与传统精神已成了供人游览观赏的古董遗迹。现在美国有两条失控的庞然怪兽，一条是军工业及国会集团，国会不作狗身，情愿加盟狗尾巴，什么办法；另外一条就是这早已成为社会主宰的现代经济。是的！姜是老的辣，这艾老头直觉真灵敏尖锐，这么早就认出这两条孬种。艾森豪威尔将军以为武力与经济只是尾巴，只是工具，尾巴不应该摇狗。他不相信经济与武力具有足够远见与能力可以解决人类的问题。作为一个久经沙场的政治家他还是相信政治的力量，尤其是那有智慧、比较公平、比较推己及人、可以表达人类文化精华的政治安排。

抱歉，离题太远。言归正传，回到能源考虑，我们以"工业革命"历程为本，把文明简化比作一座楼房，从底层往上走，顺序应该是能源、科研（科学与工程）、经济，与最上层政治。这文明是以能源作底层，不同能源就有不同楼房。以化石能源作底层的是现代文明，以明日能源作底层的会是代表明日文明的新楼房。

文明的楼房结构

能源—科学/工程—经济—政治

如果楼房的上层不顾下层而胡来的话，就像政治如不顾经济原则来硬搞经济，这不仅解决不了经济问题还会带来灾难，实例不胜枚举。然则，如果经济不顾科研与能源底层原则来引导能源发展，这是不是也没法解决能源问题并且还会带来灾难呢？从科研角度我们已经知道答案，答案就是艾森豪威尔总统所告诫的，现代经济无法解决人类能源问题，只会带来一连串灾难。下节我们会提出一些证明。

老楼的化石能源基层出了问题，老楼不能久住，这就得找新地方，筑新地基，然后就是一边搬家，一边持续建造新楼，这就是所谓的"能源革命"，需要搬家。搬家需要跳出老圈圈，在美国，科学/工程比较容易做到，而经济最难做到。前者本着科学原则可以四海为家，观点比较客观，走到哪里都能活下来；后者与老楼已结成同一生命体，表态清楚，谁想搬家就打断谁的腿。剩下就是政治顶层，艾森豪威尔的告诫没管用，政治在美国已是经济的附庸，只会帮着看门了。DOE（Department of Energy，美国能源部）的科研机构还有些远见，结果被经济与政治连手掩杀，出不了门。

如果有人问有关洁生能源，美国经验主要让我们认识到什么？认识了现代经济的主宰性。现代经济是恶霸！一般人以为能源发展是科技问题，美国例子清楚点明了发展洁生能源的最大困难是来自化石能源所打造的现代经济。艾森豪威尔总统最担心政治变成经济的附庸，不幸的是，在难以抵挡的情况下噩梦逐步成真。在现代经济成为美国社会主宰后，政治上丧失了可贵的精神传统，洁生能源陷进了3E死结。在尾巴摇狗的情况下，整个社会不讲远见，每天注意的就只有那左摆右晃的狗尾巴。

3E死结是美国能源问题的中心，我们在第二章与第五章对其复杂性作了些解释。如果说现代经济是主犯的话，美国社会本身就是从犯，在民主政治下是美国人民故意纵容经济如此。尽管艾森豪威尔告诫不要"为了今天的方便与舒适去抢夺明日资源"，人民有贪图逸乐的惰性，置告诫不顾。并且社会常情也是由俭入奢易，由奢入俭难。美国资源丰富，举手投足一副富家子模样，浪费惯了。美国不可学，是个反例，别的国家如果不自量力，硬是以没有远见能力的现代经济作为行政主轴，包括以同样方式来解决能源问题，这可就是东施效颦了。换句话说，不是富家子就最好不要以经济作为行政主轴，政治需要挺身承担起远见的责任。德国是穷小子，在废核一举上，政治确实是站了出来，没有将责任推给现代经济。应该可以看得很清楚吧，德国政治有种、有勇气、肯负责。艾森豪威尔会微笑，是狗摇尾巴，不是尾巴摇狗。

8.2.2 现代经济与"西聚"的冲突

我们所谓现代经济,主要是指市场经济(美式),不是传统经济,也不是计划经济(前苏联式)。首先,我们来表明自己是自由市场经济的拥护者。没有自由竞争,没有那看不见的手,市场就会遭到特别利益集团的把持。除非是在不得已情况下(像恶劣气候与生存环境很坏),我们并不赞同计划经济,尤其在一种政治的影响下,执行生硬,不让调整。为了达成计划指标而生产,不顾品质与需求,自然而然造成了过度浪费。在进度不顺时,不得不谎报成果,这些都不是陌生的事。

由于我们赞同自由市场经济,同时也希望洁生能源得以顺利发展,所以就会特别注意两边起冲突的地方。对于冲突我们十分好奇,怎么做哥哥的会关起门来打弟弟,就想知道冲突由来。下面简单说说我们追根究底所得到的认识。譬如说,我们认识到在美国现代经济对洁生能源的敌对性很强,所以有必要对冲突有所准备,尽可能作些安排以避免3E问题形成了死结。

"单独唯一"卡住市场机制

"聚光储热"是"单独唯一"有能力做主力能源的洁生能源,是"替换化石能源"所必需的洁生能源。"聚光储热"单单就其可再生特性已远远不是核电(非再生供电)或天然气(非洁生供热)所能相比。可是,就是这样好的一种能源,市场既不认识,也难以接受。是市场经济出了问题?是的,毛病出在市场经济,市场需要经过比较与竞争,才知道要比较什么与怎样作比较。市场机制需要竞争才得以知道市场价值。我们注意这"单独唯一"就是没得比较,市场既不知道要比较什么,也不知道如何作比较,也无竞争可作参考。没有竞争就像卡住了市场机制,整个机制等于报了废。可是,市场最初并不知道"聚光储热"的"单独唯一"性,于是拿了比较一般能源的样式硬作比较。在作了些硬比之后,发现"聚光储热"在发电成本上不及火电、核电低廉,在供热上不及天然气低廉,结果市场觉得"聚光储热"一无是处,没多少价值。就算市场知道其"单独唯一"性,没有对手竞争也会使得市场机制无用武之地,经济本身并没有能力作认识、作判断,只得说不认识。也许市场报告还是照出不误,里面当然全是胡扯,使得所有使用市场报告的机关组织也跟着胡扯。

还有一个更为严重的错误。许多经济专家以为凭借自由市场,或早或迟,总能找出解决能源问题的办法。他们之所以这样想是因为市场确实是有一些例子如此演变。不过,不管怎样说,眼前就有个看得到、摸得着的奇怪反例。这是说"聚光储热",一种有能力解决能源问题的洁生能源,出现在众人的面前,不仅面对面,还握了手,而市场偏偏说其一无是处,而市场机制坚持说不认识此人。这真不好意思,连要找的人亲自亲身出现在面前,市场经济自己乱了阵脚,居然不知所云,只会乱比一通,而市场机制不管握过几次手,每次只会说"不认识"。奇怪吧,居然有这种事情发生。看来真是"单独唯一"卡住了市场机制,市场经济是靠竞争作比价,没有能力作认识、作判断,不像能源科技那样以实验来取得真正知识。我们好像是在说笑,其实有许多人在能源上的认识对市场机制比对能源还熟悉,都是依照市场报告来作判断。自然在他们的意见书里,就可以看到对"聚光储热"欠缺认识,也不知道在洁生能源中,"聚光储热"是"单独唯一"的主力能源,有能力可以解决能源环保问题。

近利难有远见

工业供热在有些应用上需要一千度以上的高温热能,目前是依靠煤与天然气。在洁生能源中,聚光碟式因其聚光比最高是生产高温热能最有效的作法,所以会是明日工业高温供热的主要方式之一。发展大型光碟需要时间与投资,发展时间至少也得有一二十年,只有等技术发展到一定程度后才能投入应用。市场经济可作简单估算,很快就会知道没有人会有兴趣投资。这当中不仅有成本问题,时间一长,风险就大,难以合乎市场近利原则。

自由市场是以利益为重的地方,人人重利就会有一只看不见的手伸出来,作价值判断与帮助市场发展。大多数人只看重近利,所以这只手相当短,恨不得上午投资,下午就发达起来。如果要求市场有远见,手变长些,这就有违自由之理了。自由市场有自由只重近利,市场经济没有义务要有远见。那谁得负起远见责任?这种没有利润的事,当然是政府来负责。所以艾森豪威尔担心得对,当政治不尽自己责任,情愿去做经济的守门人的时候,上下只顾近利,社会就难以有远见了。

因小而难以顾大

人重利是天性,经济利用人的重利天性,以看不见的手来作引导以增加经济发展的成功机率,这是可以理解的。至于以这看不见的手来引导能源发展,让这看不见的手来构想看不见的能源计划,这就是百分之百胡搞了。能源其实也有天性,是合乎科学的天性,能源发展需要有个科学计划,遵循的是科学原则,而不是经济原则。这点我们跟艾老头是同一阵线,他坚持政治有政治的原则,不能遭现代经济侵蚀变成经济的看门人了。我们洁生能源也应该拒绝,一天到晚算盘不离手,站在门口作经济的看门人。

像美国的STEP(Solar Total Energy Project,请见第七章),以太阳光热来全面供热工业的一个实验计划,应该不理睬经济上的考虑,应该不计成本,坚决实验下去。科学工程应该可以自己衡量科学价值。在"西聚"里,像STEP之类实验帮助我们发展在聚光大棚里建立热网的技术,这关系到整个工业明日如何供热,哪能因为低廉的天然气价格而废止呢?发展能源得以科学作导引,不要去管经济,不能让经济不识科学,从而从近利观点,忽视科学计划在大方向上的考虑。

不跳圈圈

科学是跳绳专家,实验出来结果如果再三与预期不一样,这就得从开头怀疑起,有必要就得准备跳出老圈圈。现代经济社会是化石能源所打造出来的,共同建立了现代文明的老楼,已与老楼结为同一生命体,明意识没有意愿搬离老楼,就算离开老楼在潜意识里也很难摆脱老楼的思维框架与习惯。所以若是由现代经济来导引能源发展的话,所有的考虑都会以中国东部为重心,只会想到要怎样来填补老楼的化石能源底层,使得东部生活方式能够持续原来模样。这就与嗜酒老人一样了,要求医生去寻找让他可以持续喝酒的方子。

老人要求持续喝酒,而医生说治疗就得改变生活方式。老人不以为然,他相信市场在竞争压力下,科技不断进步,就算目前没有,迟早也会有持续喝酒的方子出来。嗜酒老人主宰社会,是医院董事长,这叫医生怎样说呢?不能说不去找,也不能说一定找不到,虽说心里嘀咕怎可能找到。能说的只是目前还没有解方,要找的话不知道哪一天才找得到,时间是个因素,治疗得及时。找是当然继续找下去,只是要作好最坏打算。第二章结尾"引稻"里面有引导原则五条,这一下可就摊上了三条,包括不等待(以现有科技为准),作最坏打算,与小心嗜酒老人作这样要求。

科研所引导的能源发展,没有什么持续喝酒的方子,所追求的是100%真实的洁生能源,除了受制于资源能量与其空间分布之外,没有任何约束与限制,"西聚"就是在这种滴酒未尝情况下找出来的。这当然不符合现代经济社会的要求,居然还敢要人西迁,这不是存心想拆我老楼。在现代经济所引导的能源发展里,目前找到的方子是以核电供电,以天然气供热。核电是靠电网,天然气靠气网作输送,基本上可以填补老楼底层,维持现代社会以东部作为中心的生活方式。核电与天然气可以减低排放与污染,如果核电与气网发展及时的话,应该可以用上三十年,所以有灭火一时之效,这就是在现代经济导引下所得到的能源解决方案。为什么说有灭火一时之效呢?我们可以看,核能不可再生,而天然气根本就是化石能源里的一种,所以几十年之后,老楼的能源基层又需拆除与替换。我们会发现坚持不跳圈圈,全力维持现代经济社会与东部生活方式,只能拖延问题,迟早老问题"要用什么能源来作填补"又会再度出现。现代经济并没有应对之策,不信可以问,所得答案又会是,自由市场会有办法。

美国坚决不跳圈圈,死守老楼是最恶劣的例子。美国在其西南角就有丰沛的太阳能,开发起来并不特别困难,结果反而像是没看见一样,无动于衷。为什么会这样呢?原因是,没有东西在美国可以控制得住现代经济,政治只是经济的看门人。美国现代经济的根基就是化石能源。经济循环使得美国生活方式是舒适而又方便。艾老头的告诫早已随风而逝,社会对化石能源有惰性、有惯性,坚持今朝有酒今朝醉。要学美国可以,得与美国同样富有,富家子可以胡作非为,出了事撒腿就逃,还会比别人跑得快。中国人口众多、资源缺乏,西部又不容易开发,有可能到那时候,仰头叹口气,两腿一软,就坐地上了。

忽略热能

欧美现代经济在能源问题上有一个重要特点,那就是忽略热能。欧美依靠天然气供热,现代经济力量再大,也不敢与天然气扛上。德国吃了豹子胆后就敢废核,可是不管吃什么,就是不敢跟天然气扛上。德国有三分之一天然气是从俄国进口,如果事涉美俄相争,德国不会愿意站边,美国逼紧了,德国会不客气告诉美国,生活得吃饭,不站就是不站。所以现代经济惹不起天然气,只好忽略热能,尽量拖延与绕道避开问题。中国工业供热靠的是煤,烧煤为害甚大,一个可能是全力发展与输入天然气,然后仿效西方作拖延与绕道躲避最终的供热问题。这就是兴高采烈,自愿地走进西方同一陷阱,并且会与西方一样沉溺其间,难以自拔。

天然气是化石能源,有储量与排放问题,就算拖延一时,最后还得走出化石能源。所以供热问题可以暂时忽略与拖延，不过拖到最后在没有天然气可用的时候，现代经济为了延续现代文明会怎样办呢？原先在美国现代经济不断以3E死结来阻挡洁生能源发展，不停指望市场会找到嗜酒方子，这也就会是现代经济最后所面临的处境。中国若以天然气供热也会有相同的处境。

"西聚"是一种以西部为重与生活方式不爽的新文明，而现代文明（经济社会）是以东部与东部生活方式为重心。现代文明为了老楼自身延续当然会阻挡"西聚"，然则东部工业与城市所需求的供热量庞大到只有西部太阳能才能撑起。这就进入了3E死结，"西聚"不得发展，而现代经济又没有对策。我们可以问现代经济社会，一向是以近利与舒适为重，有可能会有远见作适当选择吗？最后到那难以保命处境下，"西聚"已太迟也太远了，大半人也许要爽就干脆爽到最后算了，还是今朝有酒今朝醉。

我们需要确切认识忽略热能是现代经济致命的缺点。现代经济根本没有可能带领人类走出能源困境。在一连串拖延与不停灭火之后，现代经济在现代文明的思维框架下，并没有对策可以解决供热问题，而供热是能源问题里的主要部分。换句话说，在没有化石能源的情况下，现代文明（包括现代经济、社会、生活方式）不可能存活下来。现代经济看重电能，忽略热能，甚至误认电源政策为能源政策，这与"西聚"看重热能极为不同。"西聚"不仅从开头就没有忽略热能，并且还以热能作开发西部的主要动力，在热能的支持下发展农业与工业。

"西聚"与现代经济之间关系

上面有关经济的讨论，杂七杂八牵涉颇广，不过我们觉得有迫切需要与一般现代文明的思维认识作区分，将我们所认为重要的观点说出来。所说有两个重点：一是在现代经济的导引下没有可能可以解决能源及环保问题；二是"西聚"有能力解决能源问题，不过最大困难是现代经济站在路当中，手上拿着棍子，准备断人之腿。美国就属这样野蛮情况，尤其当家的就是现代经济。断腿还只是警告，后面还有花样。这是说更换能源不是上下几个螺丝钉的事，而真是改朝换代，中间夹了"能源革命"，新旧势力在里面冲突不停。新时代当然会有权力结构，现代经济里的既得利益集团当然不可能会让位。书里前面曾提过一例，美国军工业-国会集团不可能容忍没有化石能源的情况，没有石油就没有保护石油输送线的任务，这岂不是要军工业去喝西北风。所以为了维护既得利益，断人之腿只是个人化的温和比喻，所有家伙明的暗的都得亮出来，重要的就是要在政策上让3E形成死结。在美国形成死结还特别容易，因为当家的就是那狗尾巴现代经济。

中国情况会好些吗？四组名词——既得利益、权力重组、现代经济、"西聚"小苗——应该可以激起无穷想象，不过千变万化，结论恐怕只会大家一样。有人会问，小苗是不是那种苗儿菜？够不够一盘？所以应该是所有人都会同意，得有一种安排来保护小苗，好比设置一个专门的护苗园，将"西聚"全面隔离，成长到愈大愈好。谁来设置与经营这样安排？如果艾老所说没错，这需要有远见的政治与有骨气的科研。有远见是说没被现代经济所侵蚀，不是经济的守门人。有骨气是说不会在金钱名位引诱下出卖自己的科学灵魂。政治上有远见的安排很难做到，国家强大没用，束缚来自内部，美国国会就已失守被侵蚀了。政治安排的困难可真不容小视，可以想象要在现代文明里逆水行舟，要突破现代社会在惰性上的锁链。美国其实有一些有远见的政治家与有骨气的科学家，要想扭转局面的希望很小，不是零，大概不比零要高多少。

中国情况与美国不一样，现代经济成为主宰是因为要促进工业化的关系。现代经济在工业化上表现很好，现在一般以为现代经济也有能力作引导走出能源困境。换句话说，对现代经济没有能力解决能源问题还有欠认识，甚至误认电源政策为能源政策。在以市场机制为行政重点的情况下，不认识"聚光储热"的特性，更不知道"西聚"可以解决中国能源及环保问题。对现代经济与洁生能源的基本敌对性也有欠认识。希望政治会有远见与科学会有骨气，答案希望很快就见分晓。

8.2.3 老楼新楼在经济上之安排——"经稻"

若是以老楼与新楼作区分，老是现代经济，是以东部作重心；新是"西聚"，以西部作重心，是"西部开发/聚光储热"的简称。中国情况与美国不一样，纹理上有些复杂，没有美国清楚，所以先以美国为例可以帮助疏理，看清楚来龙去脉，再下手安排。中国目前情况较为复杂是因为工业开始很迟，需要一段时间一面增长经济实力，一面提升工业与科技水准。只有等到工业与经济具有一定力量之后才有能力来进行"能源革命"。这是说老楼与新楼必须兼顾并存几十年，这就比美国更容易导致3E死结。这不仅是地盘缘故，也不止是哥哥想要关门揍弟弟，两方基本上在想法框框与行事原则上不是相反也是大不相同。譬如说，要改进老楼就得讲求市场机制，免得特权机构胡作非为；而要想帮助新楼创建，市场机制只会碍事，而想象、远见与实验才是正规原则，起码在草创阶段特别需要如此。这意味着到底是要力行市场机制？还是扔掉市场机制？很容易就会惹出一团混乱。

我们来扎一个稻草人"经稻"，以一个靶案说说我们自己想法。重点是老新得有空间与时间上的安排。空间是说老新隔离，不直接接触。时间是先后有序，先讲明了，新楼会逐步取代老楼作为中国经济主力，不要为了既得利益该下马不肯下马，该上马上不成马。

经稻一：中国目前在发展上需要老新兼顾，不过首先就得认识清楚，新需要保护，老新最好一直保持隔离，是护苗园式的安排。不混杂一处，也互不干涉，各有任务。

经稻二：先以老提升工业实力，不过在成长中不能失控。政治为了经济考虑，投鼠忌器，给了经济坐大机会。当然老楼对工业化贡献很大，容易喧宾夺主，或功高震主，变成老楼主宰了整个政治经济系统，侵蚀了政治与科研。美国老楼对美国生活舒适与方便贡献很大，基于社会的惰性与对失业的恐惧，经济经由政治选举过程控制了国会。

经稻三：新楼是要取代老楼，有自己新的使命。所以老新必须对等平行，新不从属于老，也不牵涉进入老的运作。不可变成用于辅助与维护老的工具。

经稻四：因为老新天生特性不同，安排上有地方相冲，所以得有政治机制不让老新之间有形成死结的机会。老新分职分工要清楚，不让冲突弄瘫痪了整个能源政策的拟定与执行。

经稻五：老新原则与重点不同，需要的工作安排自然很不一样。譬如，老楼希望做事多快好省，为了省事、可靠与经济，自然鼓励效法西方已有科技。并且人人也知道如果事事靠自己发展，在追赶工业上，是既费时、又费力，显然不合经济原则。在重视经济效应与养成跟随西方习惯后，自主创新就名存实亡，人人喊、没人做，无法落实。一遇问题只知调研，看看别人的作法与想法，变成自己不知怎样面对与解决问题。新楼目标不是要追赶工业，而是要建立新类工业，要解决西部自己许多独特的问题，所以自己要知道怎样去面对与解决问题。这是说新楼会需要自由、实验、真实鼓励去自主创新。这将会是一种新的安排，不讲经济效应很有意思，资历与关系变得没用，不能解决问题就下马换人。

经稻六：转换过程需要策划安排，让新能源成长够大之后逐步取代老楼。老楼到时候为了维护其既得利益肯定不肯下马，还会想尽办法来影响政治决策过程。注意取代庞大的利益集团是会有经济损失的，人员需要转业与在职训练。

经稻七：新的经济循环起码在基层还是得以自由市场运作。希望通过奖励与税法，像资源使用税与其他一些机制，将经济循环控制在一种稳态。最好使得市场成长与衰退都有反馈控制，目前整个与洁生能源配合的新经济还有待实验与创造。

看得出来，美国的毛病就在让现代经济变成一党独大，把持了整个政治经济系统，动不动就以GDP与就业率作威胁。德国没有资源，知道不能纵容自己。从废核一举上看得出，政治决策就敢对经济踩刹车，刹得乘客前俯后仰。至于德国政治是否真有力量控制住德国经济，要看能否吸收废核下来的经济损失了。废核是有些吓人，德国政治不只吞了豹子胆，还硬是半打豹子胆下了肚。

中国国企也是势力庞大，应该是还没到把持整个政治经济系统的地步。新老替换安排很重要，要起导引作用。老楼工业在实质鼓励下为了生存是会迁来西部参与"西聚"工作，看起来可以很自然，并且西部很大，有足够可供开发的空间。就经济上说，在起伏多变的今天，西部会是个上好的避风港。就业率高，"西聚"本身就有填不满的就业机会。市场大、发展空间更大，规模可伸可缩可调节。供能又是持久的洁生能源，不需依靠区外或国外。有自己农业与制造业，一应俱全。国际经济风暴再大，西部把门一关，自给自足，不可能会受到太大影响。就是在这样既安全又有调节性的环境，我们可以实验发展明天的新经济系统。

8.3 政治上的考虑

8.3.1 中国"工业革命"的真正使命

我们可以问，中国"工业革命"的使命是什么？回答可以是，将中国建设成为一个富强安康的国家。我们可以接着问，富强安康多久？五年？还是十年？现在许多现象给人繁荣安康的感觉，社会看起来有小康模样。自然所有人都非常欢迎小康的到来，应该不会说来了马上就走，不过大多数人也都知道繁荣可能十分短暂。目前许多关系都在紧绷中，像能源、气候、污染、粮食、水源与其他连带问题。所以，中国

第八章
开发西部——政治与经济上的一些考虑

"工业革命"的使命不能说就这样完工了，让辛苦建立起来的经济与工业加速社会的下滑，甚至覆灭。所以"工业革命"不能无视自己所带来的病害，趁着还有点繁华就拍拍屁股走人。这是说"工业革命"使命未了，休得离开，至少得负责把所带来的病害清除干净。

我们可以再来问，中国"工业革命"的使命是什么？这次学乖了些，回答可以是，将中国建设成为一个讲求"生存"与"持久"的国家。所以"工业革命"得分为前半段与后半段两部分，前半段是以化石能源建立工业，后半段是以工业力量剪除化石能源。换句话说以洁生能源"替换化石能源"的"能源革命"就是中国"工业革命"的后半段。并且洁生能源有助于建设一个讲求"生存"与"持久"的国家，这就是"工业革命"的使命。

中国"工业革命"从清朝末年到"文化大革命"结束只能算是预备期，里面除了战争，就是来回跌跌撞撞，没有真正上路。真正行动分两段，从邓小平先生主政开始到现在算是前半段，从现在到2065年是后半段。没有前半段就没有足够的工业力量，没有后半期就不能建立洁生能源，无法解决能源环保问题，没有"生存"与"持久"的力量。前半期是赶上时代的进展，后半期是领先进入世界的明天。

现在许多现象给人繁荣安康的感觉，社会看起来有小康模样，其实许多人知道，这些也都是些来去不定的浮象，耐不了多久，经不起考验。目前看起来还算风平浪静，也许得趁还有些时间的时候，把握住手上的机会与力量，来全力从事"西聚"解决能源环保问题，开辟有效的避风港，让经济与社会生活进入一个比较安全与可持久的方式。如果还有闲情逸致的话，也可以好好观看观看，在暴风雨来袭的前夕，四周总会十分宁静，日落也会特别的美。

这就是我们对现状的认识。我们不敢奢望"富强安康"，更无意于"乌托邦"。在美国强盛顶峰，艾森豪威尔提到了民主的鬼魂。在此接近小康之际，很抱歉，我们与艾老头同样不识时宜，同样泄气与扫兴。中国资源远不及美国，可是在消耗上已堪比美国，所以若不认真讲求"生存"，自己就会成了鬼魂。中国"工业革命"的真正使命就是要能"生存"与能"持久"。

有人会问国家不是已经很重视能源及环保问题了吗？是吗？重视程度得有比较，与经济问题相比，重视程度远远不够，力度也有量级上差别。还有就是，目前是在现代经济导引下认识与选择能源，没有远见，解决问题主要就是为了治标、灭火，得过且过。若是以科研眼光来作选择，就会坚持大力发展洁生能源。现代经济就是我们说的那嗜酒老人，没有资格也没有能力导引能源发展。

下面在转向政治安排之前，我们再重复问：

能源发展上有途径吗？——有！就是以西部为重，拿洁生能源作动力的"西聚"。洁生能源是清洁可再生能源简称。"西聚"是"西部开发/聚光储热"简称。

可行性怎样？——可行，其实不行也得行，没看见有别的途径，也没看见有绝对不能克服的困难。做起来当然不容易，所以政治上得有妥善安排。

什么安排？——我们扎了个稻草人作射靶练箭。下节就是稻草人"政稻"的轮廓，大致传神而已。

8.3.2 推行"西聚"的政治安排——"政稻"

目前在政治讲话里很难不带"市场"、"经济"这两个字眼，所以我们有个小小请求，在作"西聚"考虑时，也就是现在，请忘掉"经济"与"市场"一般的用意。我们最好能站高一层，不要陷入现代文明的思维框架而不自知。"西聚"与现代经济基本上属于新旧两个不同时代，观点未必相同，立场有可能相反。现代经济主宰了老楼，明意识与潜意识上渗透了整个现代文明，不是说跳不出圈圈，而是现代经济本身就是圈圈。

当前有个误会，以为"核电为主，风电与水电为辅"会是一个有效的能源政策。不是的，这只是电源政策。电源当然重要，不过热源更重要，能源需要兼顾供热与供电。以天然气作为热源只是为了过渡，收一时之效而已。上节的经济考虑里解释了，现代经济因为核电不可再生与天然气本身化石能源无法引导人类走出能源困境。我们需要确切认识"西聚"是既供热也供电的洁生能源，可以持久解决能源及环保问题，所以"西聚"是中国明天求生存的唯一道路。

"西聚"是新楼的能源底盘，建设新楼需要有远见的政治与有骨气的科研联手，要与现代经济作隔离。建设新楼是条没人有经验、没人走过的一条路，所以需要更多的人对"西聚"建立起认识与信念。必须认识中国西部太阳能资源不能放弃，相信"聚光储热"是开发西部的最好的动力并有足够能力可以彻底解决中国能源环保问题。只有这条路，非得走这条路，所以应该专注的是怎样开步来走这条路。下面我们扎了个稻草人"政稻"就政治与科研要如何联手来推进"西聚"作些讨论。稻草人的构建参考了邓小平先生的经济开发特区，荷兰OVO，与美国一些科学发展原则。

政稻一：独立机构

"政稻"建议成立"西聚能委"，主管所有与"西聚"有关事务。"西聚能委"与主管政务的"国务院"及主管军事的"中央军委"平行，结构和作用与"中央军委"比较接近。成立"西聚能委"需要人大修订通过。"中央军委"在国务院有"国防部"作联络协调，"政稻"建议也在国务院设置"西聚部"有相似功用。"国务院"代表现代经济是老楼，"西聚能委"代表"西聚"是新楼，成立"西聚能委"代表了中国决心以"一国两楼"安排，向洁生能源与可持久生活方式推进。让三者，洁生能源、现代经济与"中央军委"鼎足而立，这才是真正重视明天能源的安排。"政稻"为了护苗，清楚地分离新楼里的洁生能源，使与老楼现代经济相距八丈远。在这安排里，"西聚能委"代表的是中国的明天，"西聚"一旦发挥作用，目前中国一系列难解问题都会迎刃而解，并且也会对中国未来生存提供了一定的保障。

"西聚能委"不单在西部发展洁生能源，也实验与发展自己所需的种种西部系统制度，包括农业、工业、经济、资讯、环境保护、城镇建设、司法与教育等系统。现代经济肩有完成中国"工业革命"前半段的责任，所以"西聚能委"活动限于西部，应该不会影响到东部的稳定。目前现代经济所有的活动一切照常，"西聚能委"不会干涉东部任何行政事务。同样现代经济也无权管辖，不得干涉"西聚能委"里任何项目。"西聚能委"是"西聚"小苗的护苗园。护苗不容易，从美国经验里知道有既得利益势力无孔不入，打着红旗反红旗，防不胜防。

发改委里旧有的西部开发司与能源局里包括所有化石能源、水电、核电都没有任何变动，一切照常。只有风电，因为中国西部日照与风电资源分布重合，又都是洁生能源，为了统筹规划还请"西聚能委"负责风电。责任十分清楚，"西聚能委"在下五十年内，以清洁可再生能源（太阳能与风能）解决了中国能源环保问题，不能及时完工就得提头前来，面对社会大众就是。

中国是将能源（能源局）纳入进行政系统里的经济结构中（发改委），以方便支持经济上的需要。这样将能源附属于经济下，自然使得能源发展听命于现代经济。美国行政部门分有经济部、商业部与能源部，能源与经济平行。能源部在准备能源发展计划时还有一点自己空间，不过没用，问题是出在行政上层（小布什任期）与美国国会倒向了现代经济，才变得无可救药。中国"西聚能委"将明日能源与现代经济彻底分开，会是世界上一创新之举，不干涉现有政治与经济系统，也不接受干扰，自己全神贯注加速推进"西聚"。"西聚能委"在开头设置有些费事，一开始运作后，真不知道会省去多少麻烦。等新楼已有规模，到时候替换老楼在过程上也会比较自然，并有调节。

政稻二：独立预算

"西聚"成长有如滚雪球，初期雪球小，所有力量得出自中央政府，等雪球变大，西部地方政府与西部产业开始参与西部开发的经营与投资，后期西部自己经济力量就逐渐能够支持"西聚"成长，自然最后西部会占全国GDP的大部分。"西聚能委"初期每年预算在形式上与"中央军委"相似，预算总额会占GDP数个百分点，应该会略低于国防预算。这预算投资与西部后期生产总值相比，利润可说相当可观，并且这种利润还带持久性，有太阳就有进账，年年如此。基本上，就业与市场已不再存有任何问题了。这意味着眼光确实需要远大，不好拘泥于小鼻子小眼，贪图近利的市场机制，以为精打细算省钱，其实时间上拖延所造成的损失会很大。没有远见一走错路，那损失还会更大，大到天下数钞机全部烧坏。

政稻三：创新精神

Steve Jobs（史蒂夫·乔布斯，苹果公司的联合创始人之一）是美国科技领域里的创新天才，他会说有人比他聪明能干，可是他凭着自己爱好，胆敢不认权威，一往直前，他从来也没认过自己是什么权威。科学不是神学，对同一事物，甚至同样一组实验结果，可以观点不同而有不同解释。这正是科学特别之处，而在神学里，就得听命于神父或教宗作解释。美国学术界、科技界许多人都不认权威，所以敢做异论，敢于创新。其实，不认权威就是欧美科学创新的原动力，是欧美科学基本精神的一部分。从张之洞、曾国藩与李鸿章以来，中国兴办洋务，吸收了各种科学技术，可就是不懂什么是科学精神。没有科学精神，依样画葫芦容易，可就是欠缺创新能力。

中国怎样不懂科学精神呢？譬如说，在科学领域里设置一个权威制度，这就严重违背了科学精神。这在欧美是行不通的，第一个出来反对的就会是科学与学术界的人士。连爱因斯坦也曾被人疑问过："上帝是你叔叔吗？你凭什么知道上帝的意思？"科学不仅不认权威，还特意要打倒不合科学的传统想法与作法，这就是创新。"政稻"相信原先设置权威制度是好意，也方便政策上作咨询，事实证明它是严重腐蚀了科学，阻碍了科学精神的建立。有了权威，就会逐渐与经济上既得利益集团愈来愈相似，这就是腐蚀科学。在这种制度下，如果与所谓权威人士谈论科学精神与科技创新，这就是缘木求鱼了。"西聚"要求中国在西部艰难的环境下，自己来开辟一条通往洁生能源的道路，没人做过，也没人敢做，所以急需创新的精神，一种带有远见与勇气，能够开辟荒野的创新精神，所以不可能接受这种科学权威制度或与其搭边；当然也不能一竿子打翻一船人，个人情况或有一些例外。

"政稻"认为政治有安排可以促进创新。青年人是可以训练的，所以不愁没有胆大、能干的人才。政治安排在科技上要给出三样东西，创新需要"自由"、需要"机会"、需要"资源"。中国西部海阔天空是个新的开始。"西聚能委"是个新机构，没有传统包袱里的多种与多层压制，并且也会注意培植科学精神，反抗传统压制。不过，年轻人也需要知道自由是有代价的，有自由就有责任。开发西部百业待兴，只怕人懒，有千百种机会等在那边。机会需要透明，没有黑暗操作。"资源"也不单是资源本身，如果一个项目经过申请表格、可行性报告、成本分析、工程许可、项目审批、材料购买等程序，实验还没开始三年就已经过去了，这创新力恐怕早已消失了。"西聚能委"应该可以步步计时与提供保证，拖延部分的负责人会有军法处置。说"西聚能委"与"中央军委"极为相似可不是白说的，这是包括纪律在内。自然"资源"不可睁着眼浪费。

政稻四：科研引导

现代经济引导老楼，而在"西聚"新楼里，科研会承担引导责任。现代经济以市场机制为准，而科研会先有个科学/工程计划，然后是以计划里的科学价值为准。具体例子像聚光大棚计划里有大棚、光碟与热网，这些项目的科学价值高，所以"西聚能委"会全力支持，根本不理睬其市场价值。科研不是不顾经济效应，科研里有经济科研，只是在作衡量时偏重远见，不考虑近利。荷兰农业OVO系统就是以科研作引导，商业市场也是科研一部分，结果小小国家不仅农业技术世界一流，农产品进出口总值也升至世界第二，这就是一个很好地以科研作引导的范例。

科研覆盖面大，任何问题不仅科技，包括经济、行政、人事都可以丢给科研，科研在定期内作答，科研如有需要就会想法作实验。科研不在意失败，有时可能故意冒险，主要是取得经验，最后是希望在众多失败的基础上，能够建造一个更大更稳的成功。"西聚"须要开路，走没人走过的路，科研作先锋，作引导最为合适。

荷兰OVO是由科研—沟通—教育所组成，以科研作为引导的一种新的工作平台

"政稻"建议"西聚能委"以OVO精神作为方向，在科研实验配合下，针对"西聚"工作任务，尝试建立起一个适合自己开发的新工作方式。

政稻五：新工作方式——沟通

新工作方式与一般政府运作方式有很大差别。应尽可能放手，让项目自动自发。原先政府的各种程序与有关规定全部转为参考，项目自己决定，完全不采用也行，或采用部分。项目把决定告诉沟通，沟通开始计时与联络，上下左右前后联络。项目需要科研协助，只需将要求告知沟通，沟通负责科研在一定时间内回话。项目可以自行免去各种报告、各种批审，也没有必要向上级报告，沟通会自动代劳。沟通任劳任怨，就是项目的灵魂，承担起项目工作里最辛苦的部分，具有就地监察、总体配合、紧急停工等权利。

这是说，在项目一经科研计划与"西聚能委"认可，甚至在资源还没全部到位的情况下，就可以上马出发。不是绝对必要就不等，甚至连工程计划细节还没完成也可不等，能平行尽量平行。换句话说，现在就有项目可以立即出发。在西部找个环境气候可以接受的地方，就开始建造荷式玻璃大棚，开始农业大棚、聚光大棚与工业大棚的各项实验。把实权交出去给能干人，一般会有超水准表现，表现平庸就立即下马换人。

政稻六：教育

荷兰OVO最后字母O就是教育。荷兰农业与农业教育之所以成功可以说实践导引了学习，学习又增强了实践，在相互提携之下，二者都上升到领先世界的地步。荷兰农业之成功与其联合教育结为整体有直接关系。所以"西聚"与西部教育最好也得结为一体。"西聚"事业之庞大与艰难，特别需要教育供给合适人选，而教育有了一个具体应用的目标也会知道改进方向与审视效果。中国教育系统在文化传统与庞大人口的压力下，牵一发而动全身，不容轻举妄动。那怎么让"西聚"与教育结为一体呢？这就得借用邓小平先生当年经济开发特区的观念与应用。西部远离东部，人口又少，可以作为"西聚"特区，依"西聚"需要独立发展。国务院会欢迎这种设置，不然政令就会混乱。就像为了纠正经济系统里毛病，有必要强调市场机制，而为了发展洁生能源，又需要搁置那以近利为原则的市场机制。现在在名义上并不需要特区设置，因为"西聚能委"就是特区，有权按照"西聚"需要，设置与东部不一样的系统。这是"一国两楼"的精神所在，要不然走不出老楼，还不如大伙加入嗜酒老人，今朝有酒今朝醉。有关教育，下节在"教稻"里还会作更多的讨论。

政稻七：给年轻人起步与发挥机会

"西聚"要生机勃勃，不要死气沉沉。美国社会为什么会生机勃勃，就是年轻人压制少，机会多。时下有所谓的"婚姻介绍所"，办得好的除了仪表容貌之外，还会弄清楚两方性向、喜好、吵架方式，这比闪婚择偶要客观许多。"西聚能委"也会大力经营"介绍所"，免费调查性向、喜好与吵架方式，不过不是为了组织小家庭，而是为了组织工作团队。一方面借助于实际工作，工作团队会经历选拔、训练、淘汰、重组，另一方面会在实习机会上逐步提升，表现优良的团队就会得到资助成立小型民营企业，最后让他们成为"西聚"民营企业的基础，逐步取代国企。为什么需要这样做？这是为了释放有志年轻人的能量，"西聚"是最好的一个机会，有志年轻人会踊跃前来西部。中国社会对年轻人压制实在太大，年轻人出头机会太少，目前虽有些协助，但那是杯水车薪。

政稻八：地方主动

以地方作为主力是西部开发的基本原则之一。地方是说以当地利益为利益，热能就地使用就是当地的利益，西部开发的主要动力就是"聚光储热"的热能。所以，"西聚能委"就是要帮地方得到利益，地方有了利益就会来劲。西部有的地方过于荒芜，原先人口就不多，没有有效的地方政府。在这种情况下，"西聚能委"就得先培植地方政府。可以开放让东部城市托管，或成立开发兵团，有种种措施可以建立有效的地方政府。中央要认识避免唱独角戏，避免走向计划经济。

政稻九：中央看不见的手

"西聚能委"要能放手，放手就是"西聚"主要政策之一。特别在开头，"西聚"要什么，就给什么，让"西聚"有机会杀出一条血路。不要放不开手。"西聚"影响到中国明天，关系太大，不要控制不住那现代文明的潜意识，情不自禁又讲起市场机制。"西聚能委"主要任务前半部分是建造新楼，不要跳不出圈圈，离不开老楼；任务后半部分是以新楼替换老楼。"西聚能委"说放手，也许比较正确的是说转为一只看不见的手，与"自由市场经济"看不见的手一样，只是前者带有远见，以防后者近视摸错了地方。

8.4 教育上的考虑

教育题目不仅很大，还十分招眼，随便在网博上提一下教育改革，一下就会有上千条回应。我们的主题是能源环保，不是教育，本不该去提及教育。可是不提还不行，因为目前教育系统能作的改进十分有限，有困难也要担负起明天的挑战。"西聚"需要年轻人敢作敢为，能够面对问题自己思考与自己动手。荷兰农业OVO就是重视与善用教育才得有今天的成绩。"西聚"不重教育就不可能成功。我们可以问"西聚"所中意的将会是什么样的一种教育呢？我们扎了个稻草人"教稻"对这种新的教育制度作了个简单介绍。在"教稻"之前，也许得简短说一下用于扎建的两个原则："学问"与"因材施教"。

什么是"学问"？这是很难回答的一个问题。一般认识以为学问大就是知道多，所以鼓励学生去博学强记。这应该不是中国古人创始"学问"二字的用意，我们以为"学问"古义就是学习怎样发问。有学问的人，不需要博学强记，不需要知道多与记性强，而是很会发问。发问也不是张嘴就问、漫天发问，没学问的人可以问上好几天而一无所得，而有学问的人一定是心里有个感觉，有个顺序，愈问心里成像愈清楚。所以如何发问里面大有学问，需要经过教育，让学生学习怎样发问。发问不一定得向人发问，其实大部分是自问，自己摸索，或问大自然，以作实验看大自然怎样回话。虽说中西方文化不同，对"学问"的解释一模一样。英文Philosophy就是Making Inquiry以疑问作出发点。欧美所谓Ph.D.(Doctor of Philosophy)，应该就是善于发问的人，就是中文"学问"古义。而今人翻译其为博士——知识渊博、长于博学强记之人。看来中国今人真是不及古人，不知学问之义与教学之道。

一般人求知，以为最快最容易办法是多读几本书就是了，等到要做事时，发现茫然不知如何下手，这是"知易行难"。知与行分为两块，知归知、行归行。很容易知道很多，一实行就不行。王阳明先生认识到知与行得并在一处，所以说"知行合一"，知不能行，等于不知。不过，阳明先生有说"知是行之始，行是知之终"。这是知在行前，还是重知，自己行前已知，已有主意和看法了。第三种是行在知前，陶行知先生说"行是知之始，知是行之成"，行在知前，必须重行与先行，才能学问。所以教育有三种方法教人"学问"："知易法"、"知先法"与"行先法"。如果博学强记是"学问"的话，第一种"知易法"合格，所知很多。第二种"知先法"也合格，知在行前、重知。第三种"行先法"就不会合格，重行，所知就不可能多，又没强调强记，记忆不好的人更是不知。

"西聚"认可的教育是第三种"行先法"。长话短说，第一种不屑一提，第二种"知先法"强调知先，不知就先调研，从别人之处得知，成了调研能手。如果没人作过，无处调研，这就傻了眼，无处得知何以为行？第三种"行先法"先行，不知不重要，自己靠行得些感觉来面对问题与解决问题。我们说"西聚"没人走过，要靠自己。在近代中国人里，"西聚"认为最懂教育与知行关系的是陶行知先生。"西聚"完全同意他所说："行是知之始，知是行之成。"行在知前，必须重行与行先，才能学问。

陶行知先生，生于1891年，原名陶文濬，大学期间推崇王阳明的"知行合一"，改名陶知行。毕业后赴美留学。师从杜威研究教育，与研究哲学的胡适是前后期同学。1934年，在《生活教育》上发表《行知行》一文，认为"行是知之始，知是行之成"。这时他已确认"行在知前"，遂再度改名为陶行知。先生的"社会即学校，生活即教育"也是道理至深。好学基于对事物与生活的好奇，活到老，学到老。可惜一代教育伟人一生处于战乱，不得充分机会应用，卒年55岁。

每个人有自己的性向、喜好与不同才能，所以人人皆知"因材施教"在教育上的价值。虽说中国进入了现代，中国教育还持续停留在古老封建时代。封建王朝科举取士制度一直都是以试取人，到今天还是以试取人。考试像一竿子，一直都是"一竿子打翻一船人"。一直到今天，"应试教育"还是躲不开的一个现实，而"因材施教"也还是一个做不到的梦想。"应试教育"对青少年造成无以补偿的损害，严重扭曲了教育的本意。我们有理由相信，由于信息科技的进步与普及，"因材施教"应该可以做得，并且"应试教育"有可能可以废止。"西聚"代表中国明天，觉得西部教育得作这个尝试。

随便说说可能的一种安排。从小学五年级起一直到研究院二年级，所有课程教材都可以先由教学专家制作好后上网待用，有点像《百家讲坛》格式模样。学生每人都有电脑笔记本，教室里信息装备齐全。互联网需要有互动能力。甚至笔记本的摄影相机会盯住学生的眼睛，提醒打瞌睡学生注意讲课。教师免去授课责任，转为专注于认识学生性向、学习习惯与表现，进而采取各种应对之策。每堂课在开始时与结束前都有小考记录学习情况。每个学生上课课程与进度都由教师安排。总之，在信息科技的协助下，教师根据观察，接触与小考资料应该十分清楚每个学生，应该可以推荐给学生最好的教育选择。因材施教是因材，不是"一竿子打翻一船人"。进入大学是由教师推荐，根本没有入学考试，自然也没有"应试施教"的需要。

目前我们说的只是构想，里面工作会繁重到难以想象，参与教改的人也会不计其数。教师需要再训练，要有准备担负起新的责任。对于这种教改，我们并不是一点信心都没有。在没有科技信息协助下，德国与荷兰在入学上一直采用的都是教师推荐制。教师是德国社会的中心，一直都为人所尊敬、所信任，任劳任怨地为社会承担起教育的责任。

教稻一：取消普通中学，所有中学都改为职业中学。学生必须完成多种工艺训练，养成动手习惯。西部地区，从小就得养成动手习惯，在艰苦情况下知道如何求生。学校工厂装备齐全。

教稻二：教学重点是养成学生"行先学问"习惯。其次才是知识传授。

教稻三：西部得优先配备先进信息技术。必须让西部最偏远角落也都能上互联网与具有互动能力（电源可以是光伏与电池，规模大些可使用光碟）。学生只要有问题，可直接向网站发问，有值班教师作答。

教稻四：准备各级、各种进度深浅有别教材，经由互联网分别授课。每节课尾都有小考，使用互动，作成纪录自动储存。互动包括接受学生发问，与询问学生。

教稻五：教师决定学生教育发展，大学入学采取教师推荐制，没有入学考试。教师的表现也有统计方法可以作审核。

教稻六：如有不服推荐，可申请复查。复查没有发现错误，负担复查费用。

教稻七：教师必须报告家长有说情与贿赂举动。

教稻八：给予学生动手建造公寓与主办社会活动机会。譬如，由学生设计与拆建学校各种设置。学校主持社会环保、健康等的宣传活动。想办法将学校、生活与社会打成一片，有如行知先生所说。

教稻九：加强学生团体活动，训练学生组织能力，养成团队精神。学校与学生联合主办社交、文艺、专题讨论活动。

教稻十：加强学生体育活动，养成每天运动习惯。

总之，西部教育会强调两个原则：如何"学问"与"因材施教"。"学问"之道就是陶行知先生所说"行先"与"重行"。"因材施教"是教育必须依照个人喜好与能力来发展学生潜力，照顾到各个学生。西部教育要让年轻人有活力，有好奇心，知道怎样动手，怎样发问，使得青少年生活不再是单单为了考试，而另有生活的意义。教育希望有天做到陶行知先生所说"社会即学校，生活即教育"，这些其实已经是西欧一些社会的标准。

教育改革不是说改换杆子的事，东换西换还是打翻一船人。如果不遵从这两个原则就会是皮毛，就会是胡搞。有一种异想天开、免去考试的作法是：多建大学，放宽入学尺度，不要求学生举一反三，甚至有学生连举一反一都做不到。不管怎样，人人都有学位，新设学校附近地产还可以大幅升值。社会家长与地方财政都很喜欢。牺牲的自然是年轻人，浪费掉的青春无可挽回。这样不得罪人，连被害年轻人都觉得开心，日子好混。这就是孔子所说的乡愿做法，看起来面面俱到，人人称善，问题是并没有作到真正教育。我们需要强调教育得有人负责，教师承担起教育的责任应该最自然不过的事。中国教育在人口与体制的压力下可能已经陷入泥沼，很难自拔。在"西聚能委"下的西部教育，希望能与"西聚"结为一体，成为光明一线。

8.5 一个讲求"生存"与"持久"的社会

我们把中国"工业革命"分成前、后两期，两期有不同的使命与工作重点。前期主要是利用化合能源与环球自由市场来培植中国工业及经济力量，并提升国内生活水平。后期应该致力于中国明天的打算，可以想到的至少有三个目标：像解决能源环保问题，建立一个可持久的生活方式，以最好希望与最坏打算来作避风挡灾的准备。"西聚"三个目标都可能做到，应该就是中国明天，只是避风港需要段时间建造，不要船先沉了，或者船被损伤到无法入港。三个目标在前面章节陆续都有些讨论，现在让我们再来强调有关资源—环境—经济可能带来的危机与灾难。

过去三十多年中国的经济与工业以人类历史上前所未有的速度成长，使得中国成为了世界的工厂，世界第二大经济体，这真是可喜可贺的成就，尤其对熟知中国近代史的人来说，在忍受了列强多少欺凌羞辱，经历了多少自己胡作非为之后，总算盼到了能够自己站立起来的这一天。不过，我们也不要让成就冲昏了脑袋，在如此快速成长的背后有多少权宜之计，比如对环境污染视若未见，为了供应环球市场耗费了多少自己的宝贵资源。举一例来说，像光伏板在制作中就有耗能与污染问题。光伏制作所需的电量约为光伏终其一生所能发电电量的1/7到1/5,并且在制作中经过一系列化学过程,有可能造成化学污染。自然,中国希望能建立光伏产业,不过若依靠大量的火电电能与松弛的环保管制,来以最低价格供应大量光伏产品给环球市场,置能耗与污染于不顾,在光伏工业已有进展的今天,这就得仔细衡量这样市场是否值得争取了。其实,这也正是强国将耗能与污染性工业推向发展中国家的原因。

我们顺便谈论一下我们对环球自由市场在资源供应与基准货币上的认识。再以美国为例。今天的美国与艾森豪威尔那时的美国有很大的不同。艾森豪威尔那时心痛是因为美国经济与社会所消耗的资源是美国自己的资源,而今天美国消耗的是经由环球自由市场而来的世界资源。艾森豪威尔那时担心负债累累,美国今天已经是负债累累,可是一点都不担心,目前负债再多经济也不容易垮台。这与美元是环球市场的基准货币有关。只要美元是世界基准货币,美国在任何时间需要美元,就由印钞机多印一些出来就是(Fiat Currency System)。美国也不怕美元贬值,贬值有减低债务之效。艾森豪威尔那时担心军工业集团势力成长过大,而今天就是美国的军力,除了保护输油线之外,更为重要的任务就是以强大的军力作美元的后盾,把守住美元作为国际的基准货币。这是艾森豪威尔做梦也没想到的,军工业势力与现代经济势力,两大魔种怪兽,居然在相互拥抱下活得还十分惬意。

可以问这种抱住印钞机与枪杆子过活的日子是不是很难持久?是无法持久,不过能持多久就多久,得过且过。十年?二十年?没人知道。知道的是情况基本上已经失控,在各种利益势力控制下,别说掉头不可能,踩下刹车也不容许。换句话说,美国已经陷入泥沼之中,愈陷愈深,能做的只有紧抓住许多别人的手,延缓下沉,要沉一块沉。美国经济一旦没顶,还不知道会有多少国家被拖进去跟着一起没顶。这是说除了能源、环球升温等之外,经济也可能带来巨大灾难。

对中国来说,环球自由市场在前期帮助了工业与经济成长,至于后期怎样来参与环球市场,这里面显然得重新作考量与计划。我们虽认识肤浅,也可以感觉到环球市场里存在有许多蹊跷,不知道市场能否就这样在一波又一波的经济危机里支撑下去?能够支撑多久?有无需要作破产防备?不过,不论天灾人祸,人口众多与资源欠缺的国家总是比较容易受到重创,孟加拉、印度与中国就是在东亚与南亚特别脆弱的三个地方。

除了怀有最好希望,"西聚"可以作为最坏打算的一部分。希望能借太阳能光热在解决能源环保危机的同时来建造一个避风港。准备在那狂风暴雨中作救命之用，所以"西聚"的主题核心是"生存"与"持久"，不要妄想"富强安康"，"乌托邦"更是远在天边。

"西聚"有自己的路要走，一切都得从头开始，东部发展所得经验只能作为参考，没有仿照的可能。其实，中国在东部建设上很成功，工商业发达，打造了一群都会城市，一下就提升了人民生活水准。不过，东部城市大，生活所需必须都靠外面供应，城里人除了自己专业之外大部分什么事都不会做，缺乏防灾与应变能力。加上生活机制复杂，环环相扣，一环出问题就会影响整条供应线或交通线的运作。不要看东部有多繁华，整个结构相当脆弱，灾难一来有可能变成了动乱的根源。相比之下，西部县镇太阳能分布十分分散，每个县镇都有自己的农业与工业区，每个人都是动手的通材。建设西部会要求每个或几个县镇联合起来生产所有生活必需品，做到自给自足。

西部不仅是自然灾难的避风港，也是经济灾难的避风港。在这诡异多变世界市场里，要能自保，环球经济一出问题，西部把门一关，自己过自己的日子。西部不须要进口石油，不须要进口天然气，有自己的洁生能源，有自己的工业、农业、矿产资源。西部又大，有无穷的发展机会，一个人只要愿意工作，就会有就业机会，GDP与就业率没有那样重要。

有些地方西部不仅不能仿照东部，还得特别打预防针，免得受到东部不当影响。教育改革前面提到过，其他像环保与回收，养成爱护环境与遵守法律的习惯。说来惭愧，日本做得这样好，连新加坡与香港，同是华人社会情况也好很多。主要是在教育？法律？习惯？社会风气？西方国家工商业发达，人人重利，也没有这种情况。西部发展重点之一就是讲求"持久"，不可能容忍这些不重环保的恶劣习惯。社会学家必须站出来，指导怎样避免这恶劣情况。

开发西部是以政治与科研作引导，现代经济（嗜酒老人）不可以作引导。这是"西聚"要求一国两楼的主要原因。这并不代表"西聚"不重经济。在西部经济结构上，"西聚"会很小心，当然不会让国企把民营挤出圈外，或者地方势力与大型企业集团有所勾结，造成没有竞争、没有活力。这些结构上的考虑是经济学家需要从开头就帮助拟定的事，就怕一旦成形，又是东部那模样，这就难以改变了。

西部缺水，生态环境又特别脆弱。为了"持久"，环保会严格执行，化石能源使用会尽量避免。对土地的依赖性，加上土地如此分散，使得西部社会有可能兼具工业与农业社会的一些特性。资源方面一定得以节俭回收取代挥霍，这是新经济体系必须做到的事。农业社会长处是节俭度日，有持久力。也许还有人记得古代农业社会讲求节俭的一句话："一粥一饭当思来处不易；半丝半缕恒念物力维艰。"

我们希望"西聚"会是中国明天，也相信这条途径可以通往明天。人说蜀道难，难于上青天，这条路就是"蜀道上青天"。沿着这样一条路走，使得人们对"生存"与"持久"有了新的认识。这里面没有政治口号，没有承诺日子会更安适、更美丽（promise no rose garden）。两腿踏地应该是十分结实，一步一步往前走。每走一步都会增强对自己与将来的信心。这个社会需要的就是信心，没有近利，没有捷径，对自己的信心得以自己的血汗来换取，不是任何人说给就能给得了的。

第九章 结语

DIJIUZHANG JIEYU

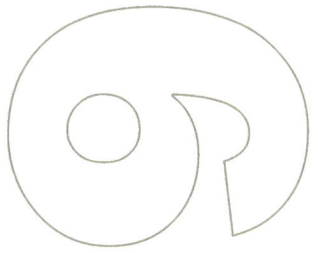

第九章 结 语

9.1 "日稻"

想要温习所得,最好的方法是找一个新对象来做应用练习。在世界国家生产总值GDP上,美中日德法是前五名。有关美国我们谈得够多了,日本没怎么谈。好,就拿日本来做应用练习,以本书前面所说的观点来认识日本能源处境。我们扎了个名为"日稻"的稻草人,用以考虑日本能源可能的出路。

日本土地小、人口多,种种资源不是欠缺,就是根本没有。一个国家如果觉得命不如人,想怨天尤人,应该去与日本比一比,就知道自己比上不足、比下有余。日本生活不容易,非得依靠经济贸易来维持不可,花大钱来进口粮食、大量化石能源与生产原料,经由工业制作后,再以成品对外销售赚大钱,一进一出形成了经济循环。在日本政府机构里,经济产业省(或经产省,原先的通商产业省)主管经济。由于经济贸易的重要性,经产省是一个位高权大、日本精英所在的地方,架势上不是寻常部门所能相比。有人将中国的"发改委"比作经产省,两者有相似作用。中国为了及早实现"现代化",也与日本一样,将提升经济作为行政重点。

日本经济从第二次世界大战中恢复过来,成长成为世界GDP第二位(最近为中国超出,降为第三位),当然这与日本企业自己努力有关,不过政府的导引也功不可没。就拿美国今天来说,在汽车与高端电子产品的市场里,至少一半以上已是日本天下。由于经济需要能源支持,日本政府以经济统领能源。能源主要任务是全力配合经济的运作与发展。这种安排表明了日本一向原则是以经济为主。欧美一般是能源与经济平行,没有这样的从属关系。中国与日本方式接近,甚至还有过之。中国经济成长之如此快速,当然不会是凭空而来,显然也是以行政为中心,拥有有关部门的全力支持。

日本能源从早期开始就被安置在通产省(经产省前身),省下辖有资源能源厅、原子能安全保安院、新能源产业技术研究所等机构,主要是辖管所有与化石能源、核电与新能源有关事项。在通产省管理下,日本能源的强处在于工业生产效率高,每单位能量所生产的GDP名列世界前茅。虽说中国耗能产业较多,日本生产效率比中国要高出两倍。生产效率高等于降低了生产成本,加上日本十分重视品质,使得日货在美国高端产品市场上享有价格公道、品质可靠的名声。

日本经济虽说十分注意节能与能源应用效率,可是居然会与美国一样,完全忽略了热网输热与热电联用，影响到能源应用效率无法更进一步提升。日本对经济成本如此重视，而这又是影响很大的效应，照说不该这样容易就被忽略过去的。美国还有地广人稀理由，不方便热电联用。日本情况与美国大不相同，工业与人口十分集中，正是发展热电联用最好的机会。不知道这里面是怎么回事？

也许经济本身杂事就多，就像马戏班里耍把戏的人一样，五六个球都抛在空中，精神需要集中，并且不能随便更改把戏。一分神，所有的球都会落在地上。有可能经产省是真没注意到热电联用。也有可能是热电联用需要不小的投资，回本时间又嫌过长了些，不合经济讲求近利的原则。能源部门自己应该想过热电联用，可能知其不合近利原则，无需多事，吃力不讨好。这是说，能源在从属经济的安排下，没有自动自发的需要，也没有就能源本身而论的自由，主要任务只在配合经济运作。能源基本上不愿也不适宜比经济还有远见。

我们再从另一角度来作观察，以法国当年发展核电为例。上世纪1973年，世界石油供应产生危机，法国深受其害。紧接着，法国国家电力公司（EDF）的科技团队就上呈了一个核电发展计划。EDF科技团队是由法国科技领域精华所组成，曾负责建设法国水电，团队运作一向十分独立自主，很有声誉。EDF计划很快被当时首相Messmer批准。整个计划从开始起，政府一直以内部事务处理，跳过了法国国会与社会大众。这就是法国在1974年所发布的Messmer Plan。接下来法国就全力发展核电，在接下来十五年内（1974—1989），EDF建成了五十六个核电站，就是这计划将法国建设成为核电王国。今天法国核电占有总发电量的78%。法国转核时间太快，大部分人都不知道发生了什么事，就像变戏法一样，一瞬眼法国就成了核电王国。又有一些人虽说知道一些，但觉得有些在做梦，难以置信。EDF团队之主动，胆子之大，Messmer决断之快与时机之恰得其时，令人吃惊。政治与科技都清楚认识到机不可失，联手合作到紧密无间，也许就是这样，真像是在变戏法一样，创造了一些奇迹。

日本缺乏资源，基本上只有进口化石能源，在1970年当时对核电也有些认识，有两个实验核电站。就经济上说，核电当时应当是没有犹豫的第一选择。核电是掌握在自己手里的能源，有能源安全（Energy Security）与供应稳定两个至关重要的长处。上世纪70年代里有两次石油危机，日本应该十分熟悉在能源供应不稳情况下，很容易就可以危及经济。日本通产省应该十分清楚自己的能源处境与核电对经济的好处。所以我们可以问，日本如此欠缺自然资源，又如此偏重经济，为什么在法国全力发展核电

第九章
结 语

时没有大力跟进？如果偏重经济，怎会对核电连这点认识都没有？我们知道这里面原因可能不简单，不能说是通产省或文教科学省或环境省的责任，通常日本内阁也是一个关口，有可能会是真正捉刀人，不过日本能源在当时是通产省的事。

日本在核电上没有在法国之后大力跟进。到2011年福岛核事故为止，在近四十年期间里，时断时续建造了54座核电站，发电量占总电量30%。由于福岛核事故，从2011年三月到2013年底日本贸易累积了两千亿美元的逆差（$204billion），主要用于购买化石能源以填补核电。事隔3年后，除了逆差，风浪大致平息。日本政府最近新出了一个能源基本计划，据称内容模糊，给人印象是一切照旧。其实日本并没有选择，太阳能资源不足，风电也没有开发多少，洁生能源根本连根小苗还算不上。原先在2010年所发布的能源计划里，在2030年之前核电要提升到总电量的50%，从目前54座扩建到90座核电站，这还是很有可能做到的事。很有意思，2011的日本海啸看来是在隔山打牛，力量以神秘方式穿过地球后，震垮了德国的核工业。

不过，需要注意，不要错认为解决日本能源问题就在核电，核电充其量只是能源问题里的小部分。在工业能耗上，热能是电能的三倍。法国虽说供电靠核电，供热还是靠化石能源，主要是天然气。我们可以问核电为什么不能用作供热？当然可以，核电如果以电力转热来供热与供交通使用，日本核电站数字从目前54座得提升至少十六倍，大概要到1,000座上下。在一个地震频繁的地带，建这么多核电站，正常人应该不会做。还有因为核电站运作温度过低（在三百多度）需要水冷以提高效率，这么多核电站都在海边，足以使得海岸线升温，并且大量核原料与核废料在处理上也都会产生问题。可不可让核电站不发电，只作供热？当然可以，只是工厂得迁往核站附近将就热源所在，并且目前核电站三百多度，温度过低，最好是有所提升。不过由于材料问题，提高核站运作温度就会影响到核能安全，需要在下一代（第四代）核站里实验发展，意味至少需要二三十年发展时间。这是说日本，核电可以供电，供热有困难，要靠核能全面解决能源问题可能性很低。核能不可再生，世界储量与化石能源同样有限。这是说，核电没有可能与"聚光储热"——热电兼供的洁生能源相比。不过与中国不同，日本没有足够太阳能资源，而风能还不错，主要得靠风能。

这就是目前日本能源情况，可以说不容乐观。因为日本是在穷小子里最穷，所以对能源要有认识，容不得半点差错。尤其是本书前面所说的观念与办法，对日本情况应该会有很大帮助。譬如说，最重要的是对能源要有深度认识。沿用我们前面话语，是要能跳出现代经济的束缚，跳出老楼的圈圈。政治必须能跳出圈圈才会有远见，才能与科技联手建造以洁生能源为底层的新楼。科技要跳出圈圈才能够恢复自信与主动，才会有胆量去建造新楼。

若依上章老楼新楼分类方式，日本能源可分为三类：老楼能源、过渡能源与新楼能源。老楼是化石能源；过渡能源是核电；新楼能源因为日本太阳能资源不足，主要得靠风电。现代经济需要能源支持，在从属安排下，可以有老楼能源与过渡能源。新楼能源千万不得从属于老楼，是要有自己独立机构来建造新楼底层。不讲这认识就会一团混乱，身陷泥沼而难以自拔。基于对日本能源问题的一些认识，也借这机会温习本书前面所说的一些重点，我们来扎一个稻草人"日稻"，对日本能源出路作些考虑。

日稻一：日本是以经济为重的国家，在政治安排下经济统领了能源。经济以近利原则只想到本身运作，没有能力从事需要远见的作为。像没有热电联用是一失策，而当时没有紧跟法国全力发展核电，没有重视与经济息息相关的能源安全（Energy Security）与供能稳定，也是难以原谅的一个失策。这种偏重于经济的安排对经济增长有帮助，但由于被经济自身特性所限，在能源发展上就会误入歧途而不自知。换句话说，自由市场经济与市场机制有其适用范围，不能像万灵丹一般到处使用。

日稻二：日本需要清楚认识核电的使命。核电只是过渡性电源，现在可以上马，不过先得讲好，不要上马容易，下马难，或赖在马上不肯下。核电的应用是拖延时间与争取财力，主要目的就是要发展与建设洁生能源，不要请神容易送神难。法国没有足够准备，上世纪七八十年代所建核电站已到或接近年限，年限已经后延了十年，目前变成换马不得、下马不能情况。所以不要喊完洁生能源的口号后，转身就忘得干干净净。在经济贸易上有了顺差的时候，必须有立法、有条例将部分顺差或GDP的一部分无条件用于发展洁生能源，使其得以成长与发展，只有这样化石与过渡能源才能下马。德国是拒绝上马，上马有如吸食鸦片一样不能下马，那还不如不上马好些。日本政治势力对核电的使命认识不清，没有及时借核电之力以经济顺差全力发展可再生能源，这是对能源认识不够，是一大失误。日本没有石油，没有石油集团，不过如果核电变成类似于美国的石油集团，该下马时候拒绝下马，那就会是一个更大的失误。

日稻三：为了不干扰目前经济状况，经济产业省继续统领化石能源与核电，继续

第九章
结语

推进节能，与改进输能结构，促进热电联用。譬如说，在输能上改换设置，尽量以煤发电、以天然气供热。在新安排里，经济产业省不再负责明天能源的政策拟定与发展建设等。

日稻四：经济产业省从来就不该负责原子能安全监管事务。原先是经济产业省属下的原子能安全保安院监管核电。福岛核事故后，日本内阁才认识到主管与监管核电同属一个部门，这像作案与办案的都是一家人，不是妥善安排。因而将保安院迁往环境省，并入新成立的"原子能规制厅"。这会是一种官僚作法？好看而不管用。尤其在日本，原先部会之间沟通就不一定顺畅，而经济产业省又是一个十分强势的部门。并且，一出事就由规制厅上报环境省，环境省上报内阁，内阁再与首相商议，最后是由内阁官房长官代表政府说话。真是何其曲折复杂。

也许美国作法可以作为一个参考。美国主管核能安全的NRC(Nuclear Regulatory Commission)是完全独立的政府机构。完全独立就是完全独立，不归属能源部、经济部，或政府任何部门，上层直接就是总统与国会。如有核事故，是NRC直接向上层与社会报告，没有隔层，并且在其业务之内有权调动各个有关部门资源的权利。这应该看得出来，美国对核电工业的安全性有多重视。NRC委员团有五位委员，所有委员由总统提名，国会行使同意权，五年一任，任期梯次错开。机构本身有四千多人，不是个小机构。NRC事涉安全，所以要求所作所为全程透明，曾多次被指责在国际市场上帮助推销美国西屋（Westing house）核电站。职权如果是监管核工业，哪能又兼职推销。是的，再好的借口也不能帮忙推销，东帮西帮就会有扯不清的关系。

日稻五：我们再三强调发展日本洁生能源不得受制于日本经济，并且最好也能有个办法不要受到日本一般政治的干扰。日本政党执政交替频繁，施政重点很难保持一致。我们不清楚在日本政体里，有没有可能建立一个独立结构不受或可以减轻来自经济与政治的压力？美国倒是有一例可供参考。美国联储会（Federal Reserve Board）除了理事与主席由总统提名与国会参议院认可之外，是个真正独立机构，不听命于总统、国会，或美国的任何机构与任何势力。联储会成立的目的就是为了保证中央金融系统不受来自政治、经济，或任何势力的影响。日本洁生能源就是需要这样一个机构组织，姑且称之为"洁生能源省"，简称洁生省。洁生省不听命于首相、日本国会、日本任何一方势力。有关洁生大臣与其重要部属任命与任期可参考联储会组织章程。

洁生省预算需要有国会立法，比如在经济顺差里抽成，或以GDP百分比用作预算，固定下来，国会不得每年随意更改。发展洁生能源不是只有口号，就像每次只听楼梯响，不见人下来，必须口号与金钱一致。洁生能源是明天的能源，要解决能源问题第一是认识，其次是决心，要有"背水一战"的精神。日本国家只要展示决心，做到有独立机构与独立预算，日本科学/工程领域就会胆大，奋勇向前。

日稻六：日本必须清楚自己资源贫乏，在发展洁生能源上，必须没机会找机会，抓了机会就得全力以赴，就算洁生能源成本比化石能源、比核电高出许多也在所不惜。要记得去认识能源安全与供能稳定的重要性。日本风电还有点资源，我们就下手来作一个粗略的估计。

首先解释下风电的一些特性。风电一天只有某些时间发电，多半是在夜晚。风电发电功率起伏很大，作为电源很不稳定，增加电网运作上的困难。所以风电或电网得具备储能设置。储能若是直接以电池储电，在规模与环保方面都有难处。若以电转热来储热是可以做到的，需要时再二次发电。我们假设平均发电时间一天八小时，Capacity Factor为1/3。假设由储热二次发电的效率为1/3，这是说风电功率如果原先给的是1GW，经由储热与二次发电过程大概最多只得100MW，减低了十倍。储热的好处是，二次发电很稳，应用于基本与巅峰负荷都非常适用，由于移时方便，特性上变成与主流电源一模一样。

据称经济产业省与环境省对日本潜在可用风力都有估计，总风电功率在2,000GW左右，主要是离岸风电，陆上风电只占15%左右。如果就拿风电潜力2,000GW作估算起点，经储热与二次发电，在除以10之后，得出二次发电（24小时连续）平均功率为200GW，发电余热的热功率为400GW。一年累积下来风电所生产的电量为We=6,300PJ（1750TWhe），二次发电余热热量为Wt=12,600PJ（3,500TWht）。

我们使用PJ(Pita Joules)能量单位是为了方便直接与2007年日本能流图作比较（见下页图）。2007能源总量是22,000PJ，分成两路，发电用能9,800PJ与非发电用能12,200PJ。发电总量是3,700PJ，比上面估计所得We要少2,600PJ。非发电用能也比Wt要少400PJ。这是说风电有可能可以全面承担起日本2007年的能流支出。我们特意一步一步都作出解释，除非起点2,000GW总风电功率有量级上的误差，结论应该就是这样了。很有意思吧。保守点说，风电有希望解决日本至少大部分能源问题。所以，发展风电对日本来说应该是全力以赴、在所不计、刻不容缓的工作。

第九章 结 语

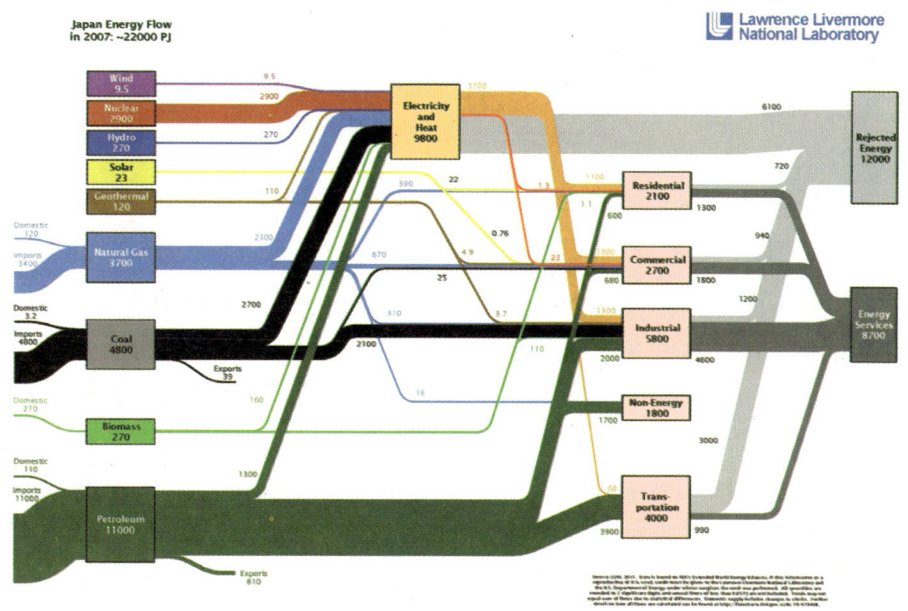

图9.1 美国LLNL所绘制的日本2007年能流面条图。

日本大陆棚很狭窄，离海岸很近就是深水区（水深大于50m）了。日本风电大部分都是离岸，而离岸风电又大部分在深水区，所以还得发展浮式风车技术，浮式成本比核电贵个十多倍是可能的事。问题是日本政治与日本经济能让风电这样发展吗？当然不让，或今天让、明天反悔又不让。设置成立独立机构与独立预算就是要躲开这些政治与经济的干扰。

站在日本明日生存的立场，当然不能等，非但不能等，还得全力以赴。风电是日本唯一有重量的洁生能源，所以不能等。核电可以供电，站在能源安全与供能稳定的立场，也不能等。那么怎么办呢？这就是为什么"日稻"坚持要求独立机构与独立预算的另外一个原因了。如果同在经济产业省里，风电在经费上哪可能抢得过核电，核电对当前经济影响巨大、上下势力关系又多，就算经济产业省吃了豹子胆，也不敢推进成本昂贵的风电，最多做几个实验拖延时间而已。经济产业省如此，环境省与文部科学省更不用说了，所以有必要成立洁生能源省来自立门户。独立机构与独立预算要靠日本国会与日本政府有足够的认识与远见来作安排，这不会容易，有可能很难做到。麻烦就在没有别的路可以走。可能情况是核能继续上马，希望不要打压风电，将来风电强大后可以接任核电,让核能可以下马。如果核电不肯让,死压住了风电不让上,供热就得一直依靠化石能源,变成没有美国富家子本钱,模样倒是与美国一模一样。这出戏我们只得站在边上看,"日稻"只是戏目介绍,惊险与凄惨,美国与日本各演各的。

日稻七:一般说来,估算能量如果恰恰好,那就意味了一定不够。不够怎么办?日本往北走有两串岛屿,最北是美国的Aleutian阿留申群岛,南边下来是俄国的Kuril千岛群岛。阿留申风力特好,世界首屈一指。日本第二次世界大战期间曾占领过其中Attu与Kiska二岛,应该十分清楚。日本应该尝试向美国长期租借,起码西半边,甚至可以尝试购买部分岛屿。阿留申要发展大概有世界顶级的艰难。距离北海道三千千米也太远了些,要用海底直流超高压电缆输电,与德国Desetec计划一样。俄国的千岛群岛虽说距离近,可是日俄两国政治距离就像地球到月亮一样远。第二次世界大战结束近七十年,两国和约还没签,不懂里面新仇旧恨有多深,到底在拖什么?

另外可能是依靠中国。日本太阳能资源薄弱,中国西部与外蒙戈壁沙漠不仅日照良好,风能也十分丰沛。这事美国帮不上忙,需要日本、外蒙、韩国与中国展开合作。特别是中国,掌握了能源输送渠道。譬如说,电网可以从山东东部顶端入黄海,经由韩国,最后接上日本电网。

在日本,如果有人丢一片纸在人行道上,在几分钟内就会有人捡起来放到附近垃圾筒里。如果汽车有擦撞,有可能两边驾驶都会急着下车向对方致歉,鞠躬不已。大城市里,住房很小,为女儿买架钢琴,就得有人睡在钢琴下。在日本很难买到假货,事关店主名声,士可杀不可辱。做事人人认真、负责。要求节能,就可以做到全世界上单位耗能所生产的GDP几近于最高。

我们说不能指望经济会有远见,日本上层领导阶级是有名的没有远见,夜郎自大,一次又一次误导日本,真的是对不起日本国民。若以世界政治水准来说,日本上层难以入流。怎会如此呢?有社会文化原因?不懂!社会学家应该可以告诉我们这里面是什么一回事?日本与英国同是岛国,英国在鼎盛时期日不落,那是何等威风,可是过去就是过去,要有吻别过去、面对现实、面对明天(包括明天能源)的勇气。拿得起、放得下,才是好汉。英国领导阶层讲求现实,思想成熟到滑头地步。还真看不懂日本政客在耍什么把戏?显然没把日本明天当回事,把紧邻从俄国、韩国到中国全得罪光了。"日稻"是我们为日本明天能源所扎的一个稻草人,就是这些日本上层领导的短见把"日稻"也逼上了富士山。可真是"风萧萧兮、富士山；日稻一去兮、不复还"，也成了日本武士，很是凄凉，十分悲壮。

9.2 提纲

从本书开头到这里，这是一段颇为漫长的故事。好的、精彩的故事，就是再长，读者也会如数家珍一样，前前后后记得十分清楚。本书没有关云长的大刀义气，没有林黛玉的细致爱情，读者能看到此处已经是十分有耐心了，所以看到后头忘了前头是很自然的事。其实，本书也不特别看重细节，只要不将大刀与爱情相混就可以了。能源题目大，大到像个大树林，容易见树不见林。人在一个大树林里走动，前后左右都是树，自然会是见树又见树。为了见林就得穿过大树林，绕着林边走上一程。所以本书并没有完全专注于能源，而是陆陆续续与历史、农业、工业、经济、政治、教育都沾了点边。不过，看起来好像很复杂，其实复杂也只是见树又见树的最初印象。整条途径其实每段都有自己的逻辑，环环相扣，并不偶然，而最终是希望读者不是见树又见树，而是有个见林的感觉。所以我们在这里，以见林的角度来做个提纲。

大体上，本书说的可以分为四大块，分别为：

（1）明日能源

科学已经知道明日能源是什么模样与如何去全面替换化石能源，主要两个关键要件就是：① ［9010］能流模式；②"聚光储热"太阳能。分别有"能稻"与"源稻"作说明。

（2）何去何从

中国太阳能资源都在西部，资源应该够用，西部开发不容易→何去何从，两个例子：美国的"挡路掩杀"与德国的"破釜沉舟"。

（3）"西聚"科技

怎样来进行西部开发？以太阳热能作动力，应用大棚与热网技术设置。大棚包括农业大棚与聚光大棚。从"聚光储热"经由大棚农业、大棚工业，最后到达"西聚"三目的地：①解决能源环保问题；②发展可持久生活方式；③建立避风港。

（4）"西聚"安排

为什么"西聚"新楼会扛上代表"现代文明"的老楼？如何在经济、政治与教育上解套,请见"经稻"、"政稻"、"教稻"、"日稻"与"远稻"。不要小看了一群稻草人,草木皆兵。

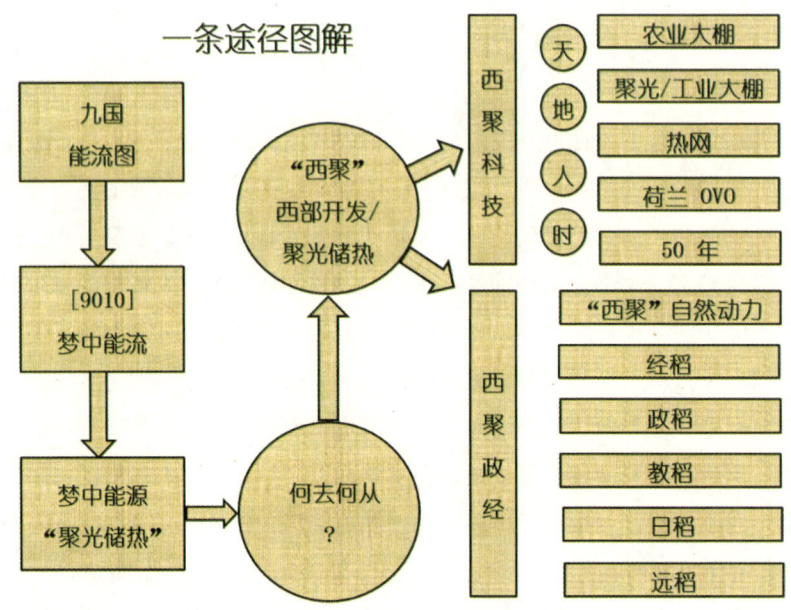

图9.02 图解"一条途径"。从能流经由何去何从,到"西聚"科技与"西聚"安排。

略为深入一些,这就开始有些复杂了,我们可以将其看成七条路段的组合。轨迹还算清楚,并不难认。我们在这里作些归纳,复述每个路段里的重点,也算是温习的一部分。

1. "西聚"总体目标线(第七章)

在我们所知道或可猜测范围内,我们尽可能让"西聚"(西部开发/聚光储热)目标比较具体,给出形象,甚至一些感觉。这是说利用西部太阳能资源的总体草案计划是:

占地上:总共二十万平方千米,相当于两个浙江省。一半做聚光/工业大棚,一半农业大棚。聚光所得高温热能经储热、热网、换热后发电、供热工业,最后汇集供热农业大棚。可将占地划分为一千个小县,每县有大棚区二百平方千米,有自己的工业、农业、住家城镇。

能量生产上:全部来自清洁可再生能源。电量生产是中国2007年电量的两倍,热量生产也是2007年的两倍。电能上电网供应全国，24小时按负荷变化稳定供电。县区内分布有热网。热能不能输远，只能供县区内工业、农业、商业与住家就地使用。

西部生产总值：能量生产应该占全国80%上下(其他像水电、生物能、地热也是清洁可再生能源)。GDP应该大于全国总产值50%。

开发时限：50年。

开发耗资：相当于3到5个伊拉克战争的费用。中央在开发前期出资较大，后期由地方与产业自行承担。以西部最后达到的GDP来算，应该是没几年就能回本。

2. 能流线（第三章）

一般社会对能源问题在认识上不够健全，好比偏重电能，忽视了热能。也没有认识到在工业耗能里主要部分是热能，电能只占25%左右。所以会以为能源问题就是发电问题。最近雾霾现象严重，追究起来根本原因就是能源供热问题，工业供热加上了冬季供暖。这是说所谓"能源问题"不是能之源头或电之源头，应该从能流开始认识，不能只顾源头，不认输能方式与能耗。

我们使用了美国LLNL所绘制九个国家和地区的能流面条图作分析。详情请参阅第三章。能流有两处值得特别注意：

其一，是能量分配上，集中区与分散区所占之比。像一些国家是以［4060］作分配，这是说总能量分40%到集中区，60%到分散区；

其二，是废能之由来与怎样来减低废能。

［9010］分配比是"梦中能流"，好处在高效率使用能源与新能源有机会可以全面取代化石能源。里面重点有广设热网，交通电力化，全面热电联用等，十分注意将废能减至最低。"梦中能流"要求在洁生能源里有个主力能源。

3. 聚光储热线（第四章）

在洁生能源里有没有主力能源能满足"梦中能流"要求？有！就是"聚光储热"。第四章主要就是逐条证明"聚光储热"满足主力能源条件，同时简单介绍了一些不同的聚光设置与欧美一些国家光热科研机构。就是因为"聚光储热"是主流能源，洁生能源可以成为人类明日能源，不仅不需要任何协助，并且有力量取代化石能源与核电。

4. 中国何去何从线（第五章）

既然美国与德国科学家都知道"聚光储热"能撑明日能源大旗，为什么没见到朝这方向发展呢？这是个有趣并且十分重要的问题，详情请阅第五章，我们简单归纳到四个方面：

精神态度：化石能源打造了现代经济与现代生活，使得现代文明带有惯性与惰性。美国沉迷在现代经济所带来的生活舒适与方便中，无意自拔。德国穷小子对现实认识比较清楚，愿意为能源环保"背水一战"，在废核一举上得见其"破釜沉舟"的决心。

太阳能资源（DNI）：美国西南角资源充沛，开发容易。德国纬度过高，欠缺DNI资源，所以想帮助开发北非撒哈拉沙漠的太阳能，将电能经由直流高压电网输往欧洲。

市场经济机制：市场分供热与供电。在供热上，欧美都认识到目前没有可能挑战天然气，只能延后考虑洁生能源的供热应用。其实，欧洲的天然气供应依赖俄国过深，已经影响到能源安全（Energy Security）。在供电上，美国既得利益工商业集团是以自由市场来抵制新能源发展，十分成功。而德国是以立法收税来抵制市场机制，让新能源有发展成长机会。像德国Desertec计划那是不理睬什么市场机制，一个伊拉克，咔一声就摆桌上了。

热源特性：热能不能输远，只能就热源附近使用。美国耗能工业只有在化石能源短缺的时候才会考虑迁往西南角。德国情况一样，耗能工业迁往北非恐怕也是最后关头的事。所以欧美只会对"聚光储热"作供电有兴趣。欧美科学家目前也没有将洁生能源供热列入能源计划之内。对外界来说，只知欧美偏重发电，可能会误会以为供热不重要，其实只是后延供热考虑。

中国是不是有足够的太阳能资源？在第五章里我们把德国DLR在REACESS项目所得的科研结果作了些延伸。看来中国西部有足够太阳能资源，只是西部地理环境与气候过于严峻，开发不容易，并且中国不能以煤供热，所以耗能工业与部分人口需要迁往西部以太阳能供热。美国能源态度是能拖就拖，而德国相反，有"破釜沉舟"的精神准备。中国何去何从，要靠中国自己作决定。在作决定之前，得对自己处境与能源本身有个比较健全的认识，不然不仅会误导自己，并且没有"破釜沉舟"与"背水一战"的心理准备恐怕也难成事。何去何从是个极为重要问题，并且就像正式棋赛里一样，计时时针不停地滴答在动。

5. 沙漠大棚农业线（第六章）

沙漠里一般是不可能发展农业的，不过只要沙漠里日照不错，再有一点水，海水、咸水、地下水，在雨水少（年降雨量>50mm）的地方收集雨水也行，这就能以"聚光储热"来发展大棚农业。第六章里，我们举Sundrop与SFP为实例来说明沙漠里是可以发展农业的。最近三十年，大棚农业本身也在突飞猛进，西班牙与荷兰的大棚农业成长十分迅速就是两例。荷兰小小国家，居然在农产品进出口量上位居世界第二，仅次于美国，这使得我们十分好奇，认识了荷兰引以自傲的OVO组织系统。大棚农业是中国"西聚"（西部开发/聚光储热）重要的一环。

6. "西聚"科技线（第七章）

"西聚"是要在西部作全面发展，包括能源、农业、工业、城镇、交通与学校。因为西部地理环境与气候因素使得开发工作很不容易，所以要靠科技的力量来克服种种困难。我们分为四个方面作考虑："天"、"地"、"人"、"时"。"天"主要是按大棚农业模式以大棚来隔离气候。"地"是考虑怎样以太阳热能来发展工业。"人"是考虑到人才选拔、训练与组织。"时"是对时间上的推算与掌握。

开发西部最大的困难是西部气候，建造大棚可以用来隔离气候。不管外面情况多糟，棚里都可以维持在一个过得去的状态。这自然会需要大量能量，而这正是"聚光储热"可以供给的。第七章里讨论大棚的材料、结构与成本。ETFE是建造大棚最好的材料（北京水立方所使用），有必要自行大量生产。太阳能可以参与生产，降低成本。大棚分农业大棚与聚光大棚，前者讲究温度控制，后者要求棚顶透光有如玻璃。

聚光大棚是用来保护聚光装备，使其不受气候影响，包括强风、雨雪、冰雹、沙尘、严寒等。聚光器在没有风力与使用ETFE镜膜的情况下，受力情况会有巨大改变，需要重新设计聚光器结构以增大镜面与减低成本。聚光大棚内分布有热网，方便输热。工业按热能使用温度也有一定安排以提高热能使用效率。棚内有发电区将聚光所得热能用作发电，而以余热供热中低温工业区域。最后一步是将所有低温热能输往农业大棚。

由于工程初期带发展性质，并且工程规模不小，所以我们考虑到人才的选拔、训练与组织。譬如工程上有问题，立即会有科研专家前来协同解决。科技上新发现与新知识需要安排上下左右传播很快。考虑中是以荷兰农业OVO系统作参考。时间上，工程是两年一期，成长翻倍也是两年为期，推算出来全面替换化石能源所需时间，带准备期5年，总共50年。

7. "西聚"政治经济线（第八章）

"聚光储热"是西部开发在能源、政治与经济上的天然动力：

能源上——生产的热能大部分用于西部开发本身；能源清洁、有持久性。

政治上——热能量大，地方政府与产业有利可图，会主动参与西部开发。

经济上——内循环与外循环相互提携，形成滚雪球般成长。

"西聚"与"西资"大不相同。"西聚"的底盘是新能源。以新能源作动力，远胜过一般以政治与经济作动力的作法。

本书里有许多地方谈到现代经济与洁生能源之间的对立关系。认识这关系十分重要，弄不清楚就会容易产生误导。从第二章起，我们就开始谈论3E死结与嗜酒老人，随后第五章、第八章与第九章"日稻"也都没放过这对立关系。我们还请出了美国总统与第二次世界大战西线联军统帅艾森豪威尔将军。总结就是为了要说两句话：

话一，现代文明里的现代经济没有办法可以引导人类走出能源困境；

话二，现代经济是洁生能源的真正的绊脚石。

在第八章里，我们详细讨论了现代经济与"聚光储热"之间关系，包括市场机制的近利短见与其适用范围。同时强调替换能源不是上下螺丝钉，而是一场革命，"能源革命"。不管现代经济对现代文明有多大贡献，更换能源就会更换时代。现代经济属于化石能源时代，老楼的主宰，带有时代的惯性与惰性，不容易被取代。要现代经济在思维框框上跳出圈圈是不可能的事，因其本身就是圈圈。这是替换能源无可避免的困难。

中国的情况又更复杂了一些。现代经济对中国现代化贡献很大，正因如此，其绊脚效应也更大。并且现代化还未完成，有待继续，而在同时又不得不面对能源问题。这变成现代经济是取是舍各有要求，很容易造成行政上的混乱。我们在"经稻"、"政稻"与"日稻"里提出一个解套办法，基本上是仿效邓小平先生的特区制以一国两楼将西部的"西聚"与东部的现代经济作隔离。中国"工业革命"前半部是以化石能源建立工业，后半部是以工业之力来推进洁生能源，最终以新楼取代老楼。

9.3 "远稻"

为什么能源问题特别需要远见？这是因为化石能源建造了现代社会经济系统，形成了现代文明。现代文明有自己思考框架与方式，所以政治与科学需要站得更高，以远见来突破圈圈，跳出现有文明的框框，来寻找解决能源问题的途径。就像一说起能源问题大多数人就会以东部现在经济生活方式作出发点来思考解决的方法。这是潜意识在作祟，未能突破化石能源所建文明与社会的框框。换句话说，不往高处站，没有远见就很难认识到中国西部才会是关键所在。我们把散在书里各处的观点汇集形成了四个组群，经过略为组织后扎成一个"远稻"以方便参考。"远稻"十分简洁，逻辑上比较清楚，容易跟踪。

远稻一群：洁生能源

○ 能源问题是能流问题。是从能之源头流到各个能耗应用的整个过程。

○ 工业能耗一般以供热为主，供电只占25%。解决能源问题得兼顾供热与供电。

○ 解决能源问题得以洁生能源全面替换化石能源。

○［9010］能流模式适合洁生能源应用。

○ "聚光储热"弥补了太阳能两大缺点，得以成为洁生能源中唯一的主力能源。

○［9010］+"聚光储热"所形成的组合有能力以洁生能源全面替换化石能源。

○ 新组合没有化石能源方便。热能不能输远，需要在热源附近以热网输热作供热应用。

远稻二群："西聚"

○ 开发西部有"西聚"与"西资"两种方式，开发动力与目标不同。

○ 中国太阳能资源在西部，"西聚"是开发西部与发展"聚光储热"。

○ 因为巨量热能只能就地使用，使得"聚光储热"成为开发西部天然、持久的能源动力。

○ 巨量热能带动了地方参与开发，使得"聚光储热"成为开发西部天然、持久的政治动力。

○ 热能以滚雪球方式带动了内循环与外循环，使得开发西部有天然、持久的经济动力。

○ "西聚"以大棚抵御气候→大棚种类、材料（ETFE）、建筑结构、规格、预算。

○ 聚光大棚→"聚光储热"。

○ "聚光储热"→大棚农业。

○ 大棚工业→热网输热、输热安排、绝热材料（Aerogel）、换热、储热。

○ "聚光储热"→大棚工业。

○ 西部开发：十万平方千米聚光/工业大棚+十万平方千米农业/住家大棚，分一千小县镇。

○ "西聚"：供电与供热能量分别为中国2007年的2倍，预计GDP占全国总值一半以上。

○ "西聚"：工程需时50年！

○ "西聚"：工程预算3—5个伊拉克，前期主要由中央负责，后期由地方承担。

远稻三群：新楼与老楼

○ 现代文明是老楼，化石能源是基层，现代经济是主宰老楼的势力。明日文明是新楼，"能源革命"是想为新楼建造一个洁生能源的基层。

○ 现代经济既没有认识也没有能力解决能源问题。所提方案像供电的核电不可再生，而供热的天然气根本就是化石能源。现代经济不可能跳出现代文明的圈圈，因为自己就是圈圈。现代经济也想开发西部，"西资"就是开发方式。

○ 有远见的政治与有骨气的科学可以跳出圈圈，需要二者联手来为新楼建设洁生能源基层。

○ 独立机构：现代经济是洁生能源的绊脚石，需要隔离与保护。

○ 独立预算：发展洁生能源不是口号，不能转身就忘。

○ 中央放手：洁生能源需要自由创新。

○ 科研引导：科研站地较高，比较客观公正，眼光较远。

○ 地方主动：热能就地应用，需要地方参与并自动自发。

○ 给年轻人机会：年轻人是最大未开发的资源，新楼的洁生能源需要新力量、新精神。

远稻四群：生存与持久

○ 中国目前问题不少，有能源问题、资源问题、排放问题、污染问题、水源问题，粮食已开始依靠进口，经济及工业又过度依赖环球市场。除了原材料的资源问题，许多问题"西聚"可以直接解决，或给予帮助。"西聚"的动力是"聚光储热"，来自太阳能，既强大还又持久。

○ 譬如说能源就跟水源有密切关系。至少美国如此，火电水冷用去美国几乎一半的水源。

○ "西聚"有三个作用：解决能源环保问题、发展可持久生活方式与建设西部成为"避风港"。

○ 有了洁生能源作支撑就能以大棚来抵御气候、发展农业、发展工业与建设城镇。西部小县区可以生产基本生活所需，做到自给自足，同时也有力量以内外两循环像滚雪球一样成长。

○ 气候变化可以影响农产带来饥荒。大棚有抵御气候作用。

○ 环球经济变化也可能带来灾难。"西聚"有自己能源、自己生产、自己市场与广大成长空间，基本上一关门也能自己过活，不受干扰。

○ 东部都会城市非常脆弱，分布稠密，没有多少抗灾能力，容易出现混乱。所以西部不可能借用东部经验来作建设。"西聚"强调"生存"，一个或数个小县区依靠自己的能源、农业与工业就能自给自足。并且人人都能动手实干，很有抗灾信心。这是说，开发西部是有意养成社会与个人的顽强生存本领，把西部建设成为抵御灾难的"避风港"。

○ 教育改革实验：西部是新地方、新机会，以新精神与新原则来发展新教育。"西聚"就是位有严格标准的教师，不合格就得重来。让西部社会可以摆脱传统科举的应试教育。

○ 生产需要能源，也需要作为原材料的资源，两者平行。能源可以有洁生能源持久供应，资源却是有限。对持久性来说，资源是个自己独立的问题，比能源更为困难。

○ 西部确实是新地方，有新机会，是培植新习惯的好地方。"西聚"重视持久，在环境保护、资源回收与资源节用上，不仅不能容忍目前东部状况西移，并且还得强过世界上这方面最先进的一些国家。

○ "西聚"就是中国"工业革命"的后半段。认识中国"工业革命"有前后两个半段。前半段是以化石能源与现代经济来建立工业，后半段是以洁生能源与保护资源环境来剪除化石能源与替代现代经济。

美国是现代经济最成功的一例，成功的背后一般都有代价，如果代价里带有毁灭的种子，而种子又是深埋在难以更改的想法与习惯里，这就惹上了天大的麻烦。常常也就是人们所赖以成功的因素才是最需要注意的事物，这也是艾森豪威尔总统拖到离职前最后一次讲话里，觉得非作些告诫不可的原因。现代经济只是一个高效率工具，像只贼船，上了船就只得没命往前划，在近利的引诱下并不知道自己去哪。狗有眼睛，狗尾巴（现代经济）有触觉没眼睛，狗尾巴摇狗，就难以知道去向了。其实注意观察一下，也不是一点都不知道。美国一手印钞机，一手枪杆子，以世界资源维持美国经济需求，没出事环球一片繁荣，一出事就会不可收拾。

中国现代化很快、很成功，主要也是驾驶了现代经济的列车。成功的背后也有代价，也有危险。危险之一就是相信狗尾巴有眼睛，以为可以带领走出能源及环保困境，可以容忍挥霍资源，与美国情况大体一致。这种信念一旦深入也很难更改，人人都陶醉在现代化的成功里，以为成功可以一再翻版。中国对现代化要求快速，模仿省事，不仅快速，并且还能降低成本，是市场机制所鼓励的。整套模仿一旦形成习气，自然而然就会使得自主创新无法落实。所以是要经济还是要创新？现实会是水往低处流。

"西聚"的路没人走过，需要自己开路，走出自己的路。这应该是一个再造河山与修整自己的机会，一个不是金钱能够买到的机会。再造河山不仅是西部地理上的河山，化沙漠为桑田，也关系到科学/工程要有机会独立创新，并知道怎样树立真正的科学精神，要认识到真正有用、充实一生的教育，建立起顽强的生存本领及一种可持久的生活方式。为了节用资源，我们生活水准可能会降低一些，不过提高了的是生活素质。只有通过自己的参与、自己的努力，才能真正体会到"一粥一饭当思来处不易；半丝半缕恒念物力维艰"的真正意义，才会爱惜自己的河山、自己的社会，爱惜与在历史长流里属于自己的一段时间与生活使命。

One Tough but Sure Road to Blue Sky
A Pathway to Solve China's Energy and Environment Problems

Book Outline:

The road to Blue Sky (Energy Revolution in China) can be divided into 3 sections. The first is to find among all the clean and renewable energy a primary energy source that is capable of replacing all fossil fuels. Fortunately, the luck is with us. Solar energy is clean and renewable. If the sunlight can be focused to raise energy intensity and to produce high temperature thermal energy, and if the thermal energy can be stored to provide continuous and stable energy output (both thermal and electrical) as needed at later times, the so called CSP (Concentrated Solar Power with Thermal Storage) is indeed the Primary Energy Source capable of replacing all Fossil Fuels. It is more expensive than the Fossil Fuels at present and less convenient in the application, but it is adequate to meet the energy demands of modern China. So, with CSP we have a good start with the Energy Revolution.

The second section is to disallow modern Economics the lead role in the development of future energy. As a product of Industrial Revolution and fossil fuels, Modern Civilization, especially the Economics, has been a major roadblock to the Energy Revolution. People prefers subconsciously the least expensive and with the least perturbation to the modern economics and society; as a result, it encourages the temporary, the superficial and the incomplete solutions to the energy problem。For instance, the nature gas (for thermal) and the nuclear power (for electric), all non-renewable, clearly mean temporary or intermediate, not a lasting solution. We need to realize modern Economics is incapable to solve the energy problem, as evident by the situation in America at present. The energy revolution needs the objective spirit of Science and the far sight of the old political wisdom, not so much the market mechanism and the democratic vote.

The third section is "W-CSP", that is, to develop China West and CSP together. China West is rich in Solar energy, but it is tough to do any development work there because of the severe weather and geologic condition. However, with the tremendous amount of thermal energy that CSP provides, it will be a good match to the task. We describe how CSP can be employed to establish the agriculture and the industry there。 We emphasize the spirit of "W-CSP" is to survive and to sustain, and we hope China West can be made into a safe haven for tomorrow. And with the support of the renewable energy, it also is a good opportunity to establish a sustainable way of life there。 We have studied issues involving Technology, Politics, Economy and Education that may be of help to "W-CSP". China can make a major contribution to the Human Civilization of Tomorrow if it recognizes that the mission to modernize China includes not only to industrialize the nation using fossil fuels, but to employ its industry and political might to rid of fossil fuels forever by completing the Energy Revolution。